KB059715

행복한 엄마들의 아기 존중 육아법

베이비 위스퍼

행복한 엄마들의 아기 존중 육아법

베이비 위스퍼

Secrets of the Baby Whisperer

트레이시 호그 · 멜린다 블로우 지음
노혜숙 옮김
김수연(아기발달전문가) 감수

세종서적

Secrets of the Baby Whisperer by Tracy Hogg and Melinda Blau
Copyright ⓒ 2000 by Tracy Hogg and Melinda Blau
Korean language edition published by arrangement with Ballantine Publishing Group,
a division of Random House, Inc. through Shin Won Agency Co.
Translation copyright ⓒ 2001 by Sejong Books

이 책의 한국어판 저작권은 신원 에이전시를 통한 저작권자와의 독점계약에 의해서 세종서적㈜에
있습니다. 신저작권법에 의해 한국 내에서 보호를 받는 저작물이므로 무단전재와 무단복제를 금합니다.

행복한 엄마들의 아기존중 육아법
베이비 위스퍼

지은이 트레이시 호그 · 멜린다 블로우
옮긴이 노혜숙
펴낸이 오세인
펴낸곳 세종서적(주)

주간 정소연
기획 · 편집 이진아 김하얀
디자인 전성연 전아름
마케팅 임종호
경영지원 홍성우

출판등록 1992년 3월 4일 제4-172호
주소 서울시 광진구 천호대로132길 15, 세종 SMS빌딩 3층
전화 경영지원 (02)778-4179, 마케팅 (02)775-7011
팩스 (02)776-4013
홈페이지 www.sejongbooks.co.kr
네이버 포스트 post.naver.com/sejongbook
페이스북 www.facebook.com/sejongbooks
원고 모집 sejong.edit@gmail.com

초판 1쇄 발행 2001년 10월 30일
86쇄 발행 2023년 1월 2일

ISBN 89-8407-107-2 04590
ISBN 89-8407-106-4 (전2권)

• 잘못 만들어진 책은 바꾸어드립니다.
• 값은 뒤표지에 있습니다.

감수의 글

말로서 자신을 표현하지 못하는 아기를 이해하고 잘 키우고 싶은 것은 모든 부모들의 소망이다. 갓 태어난 아기들 역시 세상에 대해 하고 싶은 말들이 있다. 다만 세상이 요구하는 '언어' 라는 수단을 갖지 못한 아기들은 답답할 뿐이다. 아기들은 끊임없이 양육자의 태도를 관찰하면서 양육자가 자신에게 원하는 바가 무엇인지 알아내려고 애쓴다. 반면 아직도 많은 엄마 아빠들은 아기는 아무런 사고도 할 수 없는 존재라고 단정하고 마치 기계를 다루듯 아기를 양육하는 태도를 보이곤 한다.

전쟁 후 인구수를 늘리기 위해 자녀를 많이 낳던 시절에는 아기에 대해 별로 민감하지 않은 양육자라 하더라도 아기를 여러 명 키우면서 자연스럽게 아기의 작은 움직임과 울음소리의 차이를 알아채고 아기가 무엇을 원하는지 알 수 있었다. 그러나 핵가족의 보편화와 아기를 한두 명 정도만 낳는 문화 속에서 살고 있는 요즘 엄마들은 잘 키워보고 싶은 마음과는 달리 아기를 이해할 수 없어 양육 스트레스를 겪는다.

아기를 키우며 고민하고 당황하는 초보 엄마 아빠들에게 아주 반가운 책이 출간되었다. 20년 동안 5,000명 이상의 아기를 보살펴오면서 아기들과의 교감하는 뛰어난 능력으로 '베이비 위스퍼러' 라고 불리는 영국 출신의 간호사 트레이시 호그가 정성을 쏟아 훌륭한 육아서를 펴낸 것이다. 아기라는 작은 존재를 잘 이해할 수 있도록 도와주는 이 책에서 트레이시 호그는 자신이 터득한 육아 비밀을 들려준다. 참을성이 많고 상냥하고 매력적인 외할머니의 양육 태도를 이 책을 읽는 아기 엄마들에게 전수하고 싶다고 그녀는 전한다. 트레이시 호그는 영국 특유의 차분한 문화권에서 외할머니라는 지혜로운 존재의 영향과 자신의 학문적인 노력, 다시 말해 영국 간호사 과정과 미국에서의 전문 아동 간호사 과정을 통해 배운 지식, 그리고 무엇보다도 5,000명이 넘는 아기와 엄마들을 지켜본 경험을 토대로 아기의 행동을 이해하는 방법에 대해 체계적으로 정리해 놓고 있다. 이 책에서 트레이시 호그는 아기와 의사소통이 가능하다고 이야기하고 있으며, 부모들이 배우면 누구나 아기와 함께 이야기를 나눌 수 있다고 말한다. 그러므로 부모로서 할 수 있다는 자신감을 가지라고 책 전반에 걸쳐 이야기한다.

베이비 위스퍼러는 말을 잘 다룬다는 호스 위스퍼러에서 나온 말이라고 한다. 말을 잘 다루는 사람이 인내심을 갖고 천천히 말을 향해 다가가서 귀를 귀울이고 조심스럽게 말을 건네듯이 초보 엄마 아빠들이 베이비 위스퍼러가 되는 비결은 잠시 멈춰 서서 조용히 자신의 자리를 지키고 스스로 평온함을 유지하는 것이라고 말한다. 이런 태도가 말을 진정시킬 수 있듯이 항상 평온하게 서서히 아기에게 다가가는 태도를 가져야 부모들은 아기의 언어를 해석하고 이해하는 법을 배울 수 있다고 강조한다.

최근 2~3년 동안 우리나라의 경우, 아기에 대한 관심이 매우 높아 각종 육아서와 육아 정보를 제공하는 인터넷 사이트가 급증하고 있는 실정이다. '책'이라는 매체나 인터넷을 통해 전해지는 육아 정보의 문제점은 마치 음식 만드는 법을 가르치듯이 기술적인 측면에서만 육아 방법들을 전해주고 있다는 데 있다. 특히 첫아기를 가진 엄마들이 이러한 육아서나 육아 정보를 접한 경우 자기의 아기에게 적합하게 적용되지 않으면 엄마들은 당황하게 된다. 트레이시 호그가 자신의 경험을 통해 제시하는 육아법은 절대적인 육아 방법이 아니라 아기라는 존재의 특성과 양육 방법의 다양성을 제시해 주어 양육자가 상황에 적절히 대처할 수 있게 도와준다. 뿐만 아니라 아기 중심이 아니라 아기와 가족 전체가 행복하고 편안해질 수 있는 육아법을 보여준다.

트레이시 호그의 책을 읽다보면 육아서라기보다는 갓난아기가 태어난 집에서 일어날 수 있는 문제들을 어떤 관점에서 접근해야 할지에 대한 그녀의 육아관을 살펴볼 수 있어 그 기쁨이 더 크다. 첫아기를 키우는 엄마 아빠들은 물론이고 아기가 이미 다 커버린 부모라 할지라도 다시 한 번 이 책을 읽으면서 아기와 더불어 사는 삶이란 어떠해야 하는지에 대해 생각해 볼 수 있는 좋은 기회가 될 수 있을 것이다.

이 책을 읽으면서 앞으로 20년 정도는 이보다 더 부모에게 도움이 되는 육아서가 나오기 힘들겠다는 생각을 한다. 이미 미국에서 출간되자마자 베스트셀러로 주목받은 이 책을 그곳에서 공부하고 있는 사촌동생이 챙겨 보내준 지 얼마 되지 않았은데, 벌써 세종서적에서 출간을 준비하고, 감수와 추천의 글을 부탁해 오니 얼마나 기쁜 일인지 모른다. 우리나라의 엄마들에게도 무척이나 반가운 책이 될 것으로 여겨진다.

이 책은 정말 좋은 육아서이며 필자가 쓴다 해도 갓난아기를 위한 육아서를 이 정도로 정성 들여 쓰지는 못할 것이다. 그래서 한편으로는 아기 부모들에게 도움이 되는 책을 써야 한다는 그 동안의 부담감에서 벗어날 수 있어서 이 글을 쓰는 마음이 가볍기까지 하다.

아무쪼록 이 책이 아기를 낳고 키우는 힘든 여정에 들어선 우리나라의 엄마 아빠들에게 큰 힘이 되어줄거라 믿으며, 좋은 책을 잘 택해서 번역하고 출간하는 세종서적의 사장님과 편집자들의 수고에 고마움을 전한다. 되도록이면 많은 부모님들이 이 책을 읽고 많이 생각하고 그 동안의 혼란스러웠던 육아 정보를 재정리할 수 있는 좋은 기회가 되기를 간절히 바란다.

김수연 | 아기발달전문가(김수연 아기발달연구소 소장)

추천의 글

나는 예비 부모들에게 "우리가 참고로 할 만한 책을 추천해 주세요"라는 부탁을 종종 받는다. 하지만 의학에 기초한 책이라면 모를까, 쉽고 실용적이면서 신생아의 행동과 발달에 대해 사례별로 꼼꼼하게 짚어주는 충실한 책을 한 권 선택하라면 언제나 난감해지곤 했다. 그런데 이제 그 고민이 해결된 셈이다.

『행복한 엄마들의 아기 존중 육아법, 베이비 위스퍼』에서 트레이시 호그는 첫아기를 키우는 초보 부모들에게 커다란 선물을 안겨주었다. 이 책은 부모가 아이의 천성을 일찌감치 파악하고 신생아의 의사 표현과 행동을 이해할 수 있는 기본틀을 제공하여, 궁극적으로 아기가 너무 많이 울거나 수시로 먹거나 밤에 자주 깨는 등의 전반적인 문제들을 효과적으로 바로잡을 수 있도록 도와준다. 트레이시는 기지 넘치는 말솜씨로 편안하게 수다를 떨고 농담도 하면서, 실용적이고 전문적인 지식을 쉽게 전달해 준다. 이 책은 딱딱하지 않고 쉽게 읽히면서도 가장 까다로운 육아 문제들을 해결할 수 있는 유익한 정보로 가득하다.

많은 초보 엄마 아빠들은 아기가 태어나기도 전에 친척이나 친구 또는 책이나 인터넷에서 쏟아지는 온갖 정보의 홍수 속에서 오히려 혼란과 불안에 휩싸이기 쉽다. 그런가 하면 요즘 신생아의 일반적인 문제를 다루는 출판물들은 너무 독단으로 흐르거나 지나치게 원칙이 없고 느슨하다. 그래서 초보 엄마 아빠들은 갈팡질팡하다가 종종 '임기응변식 육아' 스타일로 발전해서, 본의아니게 문제를 점점 더 크게 확대시키곤 한다.

이 책에서 트레이시는 일정한 리듬에 따라 생활하는 규칙적인 일과의 중요성을 강조한다. 트레이시는 먹고 활동하고 잠자는 규칙적인 일과를 통해 아기가 먹는 것과 자는 것을 구분하게 되고, 덕분에 부모들도 시간 여유를 가질 수 있는 'E.A.S.Y.' 주기를 제안한다. 그 과정을 통해 아기는 엄마젖이나 젖병이 없이도 스스로 진정하고 편안해지는 법을 배운다. 또한 부모들은 아기가 충분히 먹은 후에 우는 울음이나 행동을 관찰하면 좀더 정확한 이해가 가능해진다.

아기를 돌보면서도 예전처럼 모든 일을 완벽하게 해내고 싶어하는 산모들에게 트레이시는 'S.L.O.W.'로 속도를 늦추라고 권한다. 출산 후에는 가족 모두 새로운 상황에 적응하고 문제점들을 미리 예상해서 준비를 해야 한다. 따라서 쉽게 분간하기 어려운 아기의 의사 표현을 이해하는 법을 배울 필요가 있다. 트레이시는 부모가 아기의 신체 언어와 외부 자극에 대한 반응을 관찰해서, 아기가 기본적으로 무엇을 요구하는지 알아내는 요령을 가르쳐준다.

적절한 시기에 이 책을 읽지 못한 부모들에게는, 지속적인 문제점들을 해결하는 유용한 조언도 잊지 않았다. 오래된 습관도 고칠 수 있다. 트레이시가 가르쳐주는 대로 인내심을 갖고 따라해 보면 잘못된 잠버릇이나 투정을 어느 정도 바로잡을 수 있다.

『행복한 엄마들의 아기 존중 육아법, 베이비 위스퍼』는 우리가 두고두고 참고로 할 수 있는 손때 묻은 애독서가 되어줄 것이다.

자넷 J. 리벤스타인, M.D.,F.A.A.P.
캘리포니아 엔시노 발레리 소아과학회, 캘리포니아 로스앤젤레스 세다스 시나이 메디컬센터, 로스앤젤레스 어린이병원 소아과 주치의

감사의 말

내가 하는 일을 진술한 글로 옮겨서 이렇게 훌륭한 책을 내도록 해준 멜린다 블로우에게 감사의 뜻을 전한다. 그녀는 우리가 처음 만났을 때부터 아기들에 대한 나의 육아 방침을 완전히 이해했다. 그녀의 우정과 노고에 진심으로 감사한다.

나의 훌륭한 두 딸 사라와 소피에게도 고마움을 전하고 싶다. 처음으로 나의 재능을 발견하고 보다 깊이 있게 아기들과 교감할 수 있었던 것은 모두 너희들 덕분이다. 그리고 우리 대가족, 특히 어머니와 외할머니가 보여준 인내심과 끊임없는 성원과 격려 역시 큰 힘이 되어주었다.

오랜 세월 동안 내게 가족의 기쁨과 소중한 시간을 함께 나눌 기회를 주었던 고객들에 대한 고마움은 이루 다 표현할 길이 없다. 특히 리지 셀더스가 베풀어준 호의와 우정은 영원히 잊지 못할 것이다.

끝으로, 나에게는 생소한 영역인 출판 세계와 접하게 해준 분들에게 감사한다. 특히 이 책을 기획하고 성공적으로 마무리해 준 로웬스타인 어소시에이츠의 에일린 코프, 내가 하는 일의 가치를 인정해 준 발렌타인 출판사의 사장 지나 센트렐로와 지속적인 뒷받침을 아끼지 않은 편집장 모린 오닐에게 진심으로 감사한다.

캘리포니아에서 트레이시 호그

트레이시 호그의 마술을 지켜보는 것은 내게 더없는 즐거움이었다. 나는 많은 육아 전문가를 만나왔고 또 직접 아이들을 키운 부모이기도 하지만, 그녀의 통찰력과 지혜에는 감탄을 금할 길이 없다. 끝없는 질문에 참을성 있게 대답해 주고 자신의 세계로 나를 초대해 준 트레이시와 엄마를 내게 빌려준 사라와 소피에게 고마움을 전한다. 그녀의 고객들 역시 나를 기꺼이 집으로 초대해서 아기를 만나게 해주었다. 보니 스트릭랜드 박사 덕분에 알게 된 레이첼 클리프튼 박사는 내게 전반적인 영아 문제 연구의 세계로 가는 문을 열어주었다. 그 밖에 친절하게 자료를 보내준 다른 전문가들에게도 깊이 감사한다.

언제나 나에게 현명한 조언을 아끼지 않은 두 분의 스승, 80대의 편지 친구 헨리에타 레브너와 친구나 친척보다 더 가까운 루스 아줌마에게도 감사 인사를 보낸다. 그들은 진정으로 글쓰는 일을 이해하고 나를 격려해 주는 분들이다. 그리고 내가 이 책을 쓰는 동안 결혼을 계획했던 제니퍼와 피터에게, 뒤늦게 미안한 마음을 전한다. "지금은 얘기할 시간이 없다"고 말한 나를 변함없이 사랑해 주어서 정말 고맙다. 그리고 이 기회를 빌려 몸은 멀리 있지만 마음은 언제나 함께 있는 우리 가족들, 마크, 케이, 제레미, 로레나에게 사랑을 전한다.

매사추세츠에서 멜린다 블로우

차례

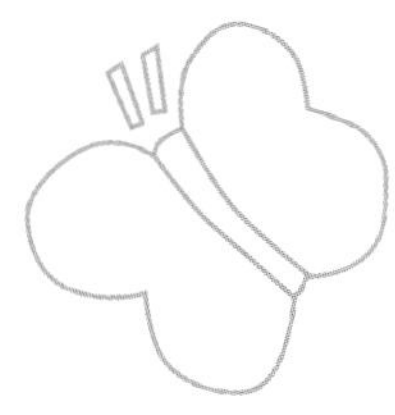

프롤로그

베이비 위스퍼러가 되기까지

아이들을 선하게 키우는 최선의 방법은 행복하게 해주는 것이다.

—오스카 와일드

아기의 언어를 배우자

사실 '베이비 위스퍼러'는 내가 생각해 낸 이름이 아니다. 어떤 고객이 나를 그렇게 불렀다. 그런데 그 이름이 나를 부르는 다른 어떤 호칭보다 무척 마음에 들었다. '마녀'는 좀 무시무시하고, '마술사'는 너무 신비적이고, '호그'는 마치 내 식욕을 빗대어 부르는 것처럼 들린다.* 그래서 나는 베이비 위스퍼러가 되기로 했다. 이 이름은 또 내가 하는 일을 아주 잘 설명해 주는 수식어이기도 하다.

여러분은 아마 '호스 위스퍼러'가 무엇인지 알고 있을 것이다. 또는 같은 제목의 책이나 영화를 보았을 것이다. 그렇다면 로버트 레드포드가 연기한 인물이 상처받은 말을 어떻게 다루었는지 기억할 것이다. 그는 인내심을 갖고 천천히 말을 향해 다가가서 귀를 기울이고 관찰한다. 그리고 조심스럽게 거리를 유지하면서 그 가여운 짐승의 문제에 대해 곰곰이 생각한다. 충분히 시간을 보낸 후에 그는 마침내 말에게 접근해서 눈을 똑바로 쳐다보고 부드럽게 말을 건다. 호스 위스퍼러는 시종일관 바위처럼 굳건하게 자기 자리를 지키면서 스스로 평온함을 유지했고, 그런 그의 태도가 말을 진정시킬 수 있었다.

내 말을 오해하지 말기 바란다. 신생아를 말에 비유하는 것이 아니다. 다만 나와 아이들의 관계가 이와 비슷하다는 것이다. 부모들은 내가 어떤 특별한 재능을 타고났다고 생각하지만, 사실 내가 하는 일에 신비로운 무언가가 있는 것은 아니며 특별한 사람들만 소유하고 있는 능력도 아니다.

베이비 위스퍼러가 되는 것은 존중하고, 경청하고, 관찰하고, 해석

---

* 저자의 성 hogg는 돼지라는 뜻의 hog와 발음이 같다.

하는 문제다. 하지만 하룻밤 사이에 배울 수는 없다. 나는 5,000명 이상의 아기들을 지켜보고 말을 걸어왔다. 나는 갓난아기의 언어를 이해할 수 있는데, 이제부터 여러분에게도 그 언어를 터득하는 요령을 가르쳐주려고 한다. 이 방법은 어떤 부모라도 배울 수 있으며, 부모라면 모두 배워야 한다.

나는 최고의 베이비 위스퍼러

나는 이 일을 위해 평생을 준비해 왔다고 해도 과언이 아니다. 나는 영국의 요크셔에서 성장했는데, 내게 가장 큰 영향을 미친 사람은 외할머니였다. 외할머니는 지금 여든여섯으로, 내가 만나본 그 누구보다도 참을성이 많은 분이다. 게다가 그녀는 상냥하고 매력적인 여인이다. 외할머니 역시 아무리 투정이 심한 아기라도 달랠 수 있는 베이비 위스퍼러였다. 할머니는 우리 딸들(내 인생에 가장 큰 영향을 준 또 다른 두 사람)이 태어났을 때 나를 지도해 주고 안심시켜 주었을 뿐 아니라, 나의 어린 시절에도 중요한 사람이었다.

나는 어릴 때 잠시도 가만히 있지 못하고 촐랑대는 말괄량이였지만 외할머니는 언제나 게임이나 이야기로 나의 극성맞은 에너지를 가라앉혔다. 예를 들어, 극장 앞에 줄을 서서 기다릴 때 꼬마아이들이 흔히 그렇듯이 나는 투정을 부리면서 외할머니의 소매를 끌어당기곤 했다.

"얼마나 더 기다려야 들어가는 거예요? 더 이상 못 기다리겠어요."

돌아가신 친할머니 앞에서 내가 그렇게 버릇없는 행동을 했다면 아마 호된 꾸지람을 들었을 것이다. 친할머니는 아이들의 투정을 받아주면 안 된다고 생각하는 완고한 분이셨다. 그러나 외할머니는 엄격하지 않았다.

내가 투정을 부리자 그녀는 단지 나를 한번 흘긋 보더니 장난기 어린 눈으로 말했다.

"불평하면서 자기 생각만 하면 세상 구경을 못하지. 저기 좀 봐라."

외할머니는 어딘가에 시선을 고정시켰다. "저기 가는 엄마와 아기 보이니? 저 사람들은 오늘 어디에 가고 있는 걸까?"

"프랑스에 가고 있어요." 나는 즉시 외할머니가 묻는 의도를 알아채고 말했다.

"무엇을 타고 갈까?"

"점보제트기요."

"비행기를 타면 어느 자리에 앉을까?" 외할머니는 질문을 끊임없이 계속했다.

그렇게 작은 게임을 하는 동안 우리는 어느새 기다림에서 벗어나게 되었을 뿐 아니라 그 엄마와 아기에 관한 이야기를 만들어냈다.

외할머니는 끊임없이 내 상상력을 시험했다. 가게 쇼윈도에 진열된 웨딩드레스를 보면 내게 물었다. "얼마나 많은 사람들이 저 드레스를 입어볼 것 같니?" 만일 내가 "두 사람이요"라고 말하면 계속해서 더 자세하게 물었다. "그들은 어떻게 해서 그 가게에 오게 되었을까?" "저 드레스는 어디서 만들었을까?" "누가 진주알을 붙였을까?"

외할머니가 질문을 끝냈을 때 나는 인도에서 한 농부가 드레스를 만드는 면사가 될 목화씨를 심고 있는 그림을 상상하고 있었다.

사실, 외할머니뿐 아니라 그녀의 여동생과 어머니(나의 외증조모), 그리고 나의 어머니까지 우리 가족은 모두 이야기꾼이다. 그들은 아이들에게 무언가 지적을 해주고 싶으면 항상 그와 관련된 이야기로 시작했다. 나 또한 그러한 재능을 물려받았고, 지금도 부모들과 함께 일하면서 종종 이야기와 비유법을 사용한다. 예를 들어 전축 소리가 쿵쿵 울리는 곳에서 피곤한 아기를 재울 수 없다는 말을 하고 싶으면 "당신이라면 고속도로 위에 침대를 내다놓고 잠을 잘 수 있겠어요?" 라고 비유해 말하곤 한다. 부모들에게 어떤 제안을 할 때 그런 식의 이미지를 상상하게 해주면 이래라저래라 하고 지시하는 것보다 훨씬 설득력이 있다.

우리 집안 여자들이 내 재능을 계발하는 데 도움이 되었다면, 외할아버지는 그 재능을 활용하는 방법을 귀띔해 주었다. 외할아버지는 정신병원에서 수간호사로 일했다. 어느 성탄절 날 그는 어린이병동에 어머니와 나를 데리고 갔다. 이상한 소리가 들리고 냄새가 나는 음침한 곳이었고, 어린 내 눈에는 어리둥절한 것처럼 보이는 아이들이 휠체어에 앉아 있거나 바닥에 흩어진 베개를 베고 누워 있는 모습이 비쳤다. 나는 당시 일곱 살이 채 안 되었지만 아직도 우리 어머니가 두려움과 동정의 눈물을 흘리던 모습을 생생하게 기억하고 있다.

하지만 나는 신이 났다. 대부분의 사람들은 환자들을 두려워하고 가까이 가지 않으려고 한다는 것을 알고 있었지만, 나는 그렇지 않았다. 나는 할아버지에게 다시 데리고 가달라고 졸랐다. 여러 차례 방문한 후 어느 날, 외할아버지가 넌지시 말했다.

"너는 커서 이런 간호사 일을 해도 되겠구나, 트레이시. 너는 네 외할머니처럼 마음이 아주 넓고 참을성이 많으니 말이다."

그 말은 내게 그 어떤 칭찬보다 근사하게 들렸고, 결국 할아버지의 판단이 옳았음을 입증했다. 열여덟 살 때 나는 영국에 있는 5년 반 과정의 간호학교에 입학했다. 나는 과 수석으로 졸업하지는 못했지만 인내심 면에서는 누구에게도 뒤지지 않았다. '실습'은 영국에서는 아주 중요한 과목이다. 나는 듣기 · 관찰하기 · 감정이입에서 아주 우수한 성적을 받았고, 간호학교위원회에서 해마다 뛰어난 인내심을 보여준 학생에게 수여하는 '올해의 간호사상'을 받기도 했다.

나는 영국에서 정식 간호사와 조산원이 되었고, 장애아들을 전문으로 담당했다. 그들 중에는 의사 표현을 제대로 하지 못하는 아이들이 있었는데, 정확히 말하자면 그렇지도 않다. 아기들과 마찬가지로 그들은 외침이나 신체 언어를 통해서 의사를 표현하는 일종의 비언어적 대화법을 갖고 있었다. 그들을 도와주기 위해 나는 그들의 언어를 이해하고 해석하는 법을 배웠다.

아기와 엄마의 행복한 속삭임

나는 아기들을 직접 받아내고 돌보면서 아기의 비언어적 표현 역시 이해할 수 있다는 사실을 깨닫게 되었다. 그후 미국으로 건너와 유아 간호학을 전공했고, 이곳에서는 '보모'라고 부르는 신생아와 산모를 위한 도우미가 되었다. 나는 뉴욕과 로스앤젤레스에 사는 부부들을 위해 일했는데, 초보 엄마 아빠들에게 베이비 위스퍼러가 되는 비결, 즉 잠시 멈춰서서 아기가 요구하는 것이 무엇인지를 이해한 다음 아기를 달래는 방법을 가르쳐주었다.

나는 아기에게 규칙에 대한 감각을 길러주고 독립적인 존재가 되도록 도와주는 것이 부모로서 마땅히 해야 할 일이라고 믿으며, 그렇게 가르쳐왔다. 가족이 아기의 일부가 되는 것이 아니라 아기가 가족의 일부가 되어야 한다는 취지에서 '가족 모두에게' 도움이 되는 방향으로 유도했다. 가족 모두가 행복하다면 아기도 함께 편안해질 것이다.

나는 어떤 집에서 도움을 청할 때마다 매우 영광스럽게 생각한다. 그때가 그들의 인생에 있어 황금과도 같은 시간임을 알기 때문이다. 그들은 하루하루를 정신없이 보내고 밤잠을 설치기도 하겠지만, 생애 최고의 기쁨을 경험하기도 한다. 나는 그들이 힘든 나날 속에서도 아기를 키우는 기쁨을 만끽할 수 있도록 도와준다고 생각하며 보람을 느낀다.

나는 때로 가족들과 함께 생활하기도 하지만, 그보다는 아기가 태어난 후 처음 며칠이나 몇 주일 동안 하루 한두 시간씩 들러서 상담해 주는 경우가 더 많다. 나는 30 · 40대의 엄마 아빠를 많이 만난다. 그들은 이미 정돈된 생활에 익숙해져 있다. 그러다가 부모가 되어 불안정한 위치에 놓이면 어쩔 줄 모르고 당황한다. "어쩌다 우리가 이렇게 되었지?" 특히 첫 아이를 둔 부모는 누구나 다 마찬가지다. 나는 세상 사람들이 다 아는 유명인사에서부터 우리 이웃에 사는 평범한 사람들까지 다양한 엄마 아빠를 만나왔다. 분명한 사실은 처음 아기를 돌보는 부모는 아무리 능력 있는 사람이라도 두려움을 느낀다는 것이다.

사실, 내 호출기는 거의 하루종일 울려댄다(때로는 한밤중에도). 모두 절실하게 도움을 구하는 부모들이다. "트레이시, 크리시는 언제나 배가 고픈 것 같은데 왜 그럴까요?" "트레이시, 제이슨은 왜 나를 보고 웃었다가도 금방 또 울음을 터뜨릴까요?" "트레이시, 어떻게 하면 좋을지 모르겠어요. 조이가 밤새 악을 쓰고 울면서 잠을 안 잔답니다." "트레이시, 남편이 아이를 너무 많이 안아주는 것 같아요. 그만두라고 할까요?"

믿기지 않을지 모르지만, 20년이 넘게 부모들과 상담하면서 나는 종종 전화로 문제를 진단할 수 있게 되었다. 특히 전에 만나본 적이 있는 아기라면 좀더 정확하게 문제를 알아낼 수 있다. 어떤 때는 아기 울음소리를 들을 수 있도록 전화를 아기에게 가까이 가져가라고 하기도 한다(때때로 엄마도 같이 운다). 아니면 후닥닥 달려가 보기도 하고 필요하면 그 집에 가서 밤을 지내면서, 아기를 불안하게 하거나 일상을 혼란시키는 무언가 다른 일이 있는지 관찰한다. 지금까지 내가 이해하지 못한 아기나 개선할 수 없는 문제는 없었다.

먼저, 아기를 존중해 주자

내 고객들은 종종 말한다.

"트레이시, 당신이 하는 걸 보면 아주 쉬워 보이네요."

사실, 나에게는 쉬운 일이다. 나는 아기들과 통하기 때문이다. 나는 아기들을 존중한다. 그리고 그것이 베이비 위스퍼러가 되는 데 반드시 필요한 전제 조건이라고 생각한다.

> 모든 아기는 언어와 느낌과 특별한 개성을 가진, 따라서 마땅히 존중받아야 하는 존재다.

'존중'은 이 책에서 내내 다루어지는 주제다. 만일 우리가 아기를 한 사람의 인격체로 생각한다면 자연히 아기를 존중하게 될 것이다. 존중의 사전적 의미는 '폭력을 당하지 않고 방해받지 않는 것'이다. 누군가가 나에게 권위적으로 또는 함부로 말하거나 허락 없이 내 몸에 손을 대면 폭력을 당한 기분이 든다. 또한 상황을 분명하게 설명해 주지 않고 나를 무시하면 화가 나고 깊은 상처를 받는다.

아기들도 마찬가지다. 그런데 사람들은 아기에게 권위적으로 말할 뿐만 아니라 때로는 아기가 그 자리에 없는 것처럼 행동한다. 부모나 보모가 아기를 보고 마치 생명이 없는 물체에 대해 이야기하듯이 이러쿵저러쿵 하는 것은 비인격적이고 무례한 태도다. 더 나쁜 것은 한마디 설명도 없이 아기를 잡아당기고 끌어안고 하는 것이다. 어른에게는 아기의 공간을 침해할 권리라도 있는 것처럼 말이다.

나는 아기 주변에 보이지 않는 경계선을 그리라고 제안한다. 나는 그것을 '존중의 둘레'라고 부르는데, 앞으로는 아기에게 허락을 구하거나 상황을 설명하지 않은 채 함부로 그 선을 넘어가지 말아야 한다.

분만실에서도 나는 금방 태어난 아기의 이름을 부른다. 나는 요람에 누운 작은 존재를 그냥 '아기'라고 생각하지 않는다. 아기 이름을 제대로 불러보자. 그러면 아기가 무기력한 덩어리가 아닌 '작은 사람'으로 보일 것이다. 실제로 나는 신생아를 병원에서 혹은 집에 온 몇 시간 후나 몇 주일 후에 처음 만났을 때, 항상 나를 먼저 소개하고 내가 그 자리에 오게 된 이유를 설명한다. 나는 아기의 초롱초롱한 눈을 들여다보면서 말한다.

"안녕, 새미! 난 트레이시라고 한다. 우리는 처음 만났으니까 내 목소리를 들어본 적이 없을 거야. 내가 여기 온 이유는 너와 네가 원하는 것을 알기 위해서야. 그리고 엄마 아빠가 네가 무슨 말을 하는지 이해하도록 도와줄 거야."

그러면 어떤 엄마는 말한다.

"왜 아기에게 그런 말을 하죠? 겨우 사흘밖에 안 된 아기예요. 무슨 말인지 이해하지 못할 텐데요."

"글쎄요. 알아들을지도 모르죠. 아기가 내 말을 알아듣는데 내가 아무 말도 하지 않으면 아기가 얼마나 이상하게 느낄지 상상해봐요."

특히 지난 10년 동안 과학자들은 신생아들이 우리가 생각했던 것보다 더 많이 알고 있을 뿐더러 더 많이 이해한다는 사실을 알아냈다. 연구에 따르면, 아기들은 소리와 냄새에 민감하고 시각적인 형태를 구분할 수 있으며, 몇 주일 이내에 기억력이 발전하기 시작한다. 따라서 작은 새미가 내 말을 이해하지 못한다고 해도, 천천히 움직이면서 편안한 목소리로 말하는 사람과 불쑥 들어와서 마구 흔들어대는 사람과의 차이는 분명하게 느낄 것이다. 아기에게 이해력이 있다면 처음 만나는 순간 내가 자신을 존중하고 있다는 것을 알아차릴 것이다.

아기와 대화를 나누자

베이비 위스퍼러가 되는 비결은 아기에게 항상 귀를 기울이면서 아기가 어느 정도 우리가 하는 말을 알아듣는다는 사실을 인정하는 것이다. 요즘 나오는 육아에 관한 책들을 보면 모두 '아기에게 이야기를 해주라'고 말한다. 하지만 그 정도로는 부족하다. 나는 부모들에게 '아기와 대화하라'고 말한다. 아기는 실제로 대답하지 못하지만 옹알이와 울음과 몸짓으로 의사를 표현한다. 따라서 실제로 아기와의 양방향 대화가 가능하다.

아기와 대화한다는 것은 아기를 존중하는 방법 중 하나다. 우리는 대개 관심이 가는 사람이 있으면 그와 대화를 나누려고 한다. 처음 누군가에게 접근할 때는 우선 자신부터 소개하고 무슨 일로 찾아왔는지 이야기한다. 우리는 '실례합니다' '고맙습니다' '미안합니다'는 말로 예의를 갖춘다. 그런 다음 계속 이야기를 해나갈 것이다. 아기에게도 그와 같은 배려를 해야 하지 않을까?

또한 아기가 좋아하고 싫어하는 것을 알아야 한다. 1장에서 설명하겠지만, 어떤 아기들은 다루기가 쉽고 어떤 아기들은 예민하거나 고집이 세며 어떤 아기들은 성장 발달이 느리다. 아기를 정말 존중한다면 어떤 기준에 맞춰 비교하지 말고 있는 그대로 받아들여야 한다. 이 책에서 월령별로 설명하지 않는 이유도 바로 그 때문이다. 아기는 주변 세상에 대해 자기 나름대로 반응할 권리가 있다. 엄마가 일찍 대화를 시도할수록 그만큼 아기가 어떤 성격인지 엄마에게 무엇을 원하는지를 빨리 이해할 수 있다.

모든 부모는 자녀들이 독립적이며 존경과 칭찬을 받는 원만한 인간이 되기를 바란다. 그렇다면 갓난아기 때부터 그렇게 길러야 한다. 아이가 다 자랄 때까지 기다릴 일이 아니다. 또한 부모가 되는 것은 평생의 숙제이며, 아기에게 본보기가 되어주어야 한다는 것을 기억하자. 부모가 아기에게 귀를 기울이고 존중하면 아기도 다른 사람에게 귀를 기울이고 존중할 줄 아는 사람으로 성장할 것이다.

> 부모가 시간을 갖고 관찰하면서 아기가 하는 말을 이해하는 법을 배운다면 아기도 만족하고 가족들도 투정을 부리는 아기에게 휘둘리지 않게 될 것이다.

부모가 아기의 요구를 이해하고 최선을 다해 보살피면 아기는 안정적인 성격으로 자란다. 아기는 어떤 문제가 생기더라도 누군가 자신을 위해 그 자리에 있어줄 것이라고 안심하기 때문에 내려놓아도 울지 않게 된다. 결국 부모가 아기의 신호를 올바로 이해하게 되면 아기가 보채는 일이 줄어들고 더 빨리 혼자 노는 법을 배우게 된다. 가끔씩 아기의 신호를 놓치는 일은 있을 수 있다.

자신감을 갖자

아이에게 어떻게 해야 할지를 알고 자신감을 갖게 되면 마음이 편해진다. 불행히도 바쁜 현대 생활로 인해 엄마 아빠들은 정신없이 꽉 짜여진 시간표에 쫓기며 살고 있다. 그러다 보니 아기를 달래려고 하기 전에 자기 자신부터 늦추어야 한다는 생각을 하지 못한다. 그래서 내가 하는 일의 일부는 엄마 아빠가 속도를 늦추어 아기를 이해하고 무엇보다 그들 자신의 내면의 목소리에 귀 기울이도록 돕는 것이다.

안타깝게도 요즘 많은 부모들은 넘쳐나는 정보의 홍수 속에서 방황하기 쉽다. 아기를 임신하면 잡지와 책을 읽고 여기저기 알아보고 인터넷을 뒤지고 친구와 가족과 온갖 종류의 전문가들에게 귀를 기울인다. 그 모두가 유익한 자료이겠지만, 막상 아기가 태어날 때가 되면 아무것도 몰랐을 때보다 오히려 더 혼란스러워지게 된다. 더 나쁜 것은 스스로의 판단력이 다른 사람의 생각에 묻혀버리는 것이다.

물론 아는 것은 힘이다. 그래서 내가 아는 모든 기술을 이 책을 통해 여러분에게 가르쳐주려고 한다. 하지만 무엇보다 중요한 것은 부모 스스로 육아에 대한 자신감을 갖는 것이다. 부모로서 자신감을 가지려면 자신의 아이에게 적절한 방법이 무엇인지를 알아야 한다. 모든 아기는 특별하며, 엄마 아빠들도 마찬가지다. 따라서 가족마다 필요로 하는 것이 제각기 다르다. 내가 우리 딸들을 키운 방법은 여러분에게는 아무 소용이 없다.

부모가 아기의 요구를 이해하고 맞추어줄 수 있다고 생각하면 자신감을 갖고 더욱 잘하게 된다. 그리고 점점 쉬워질 것이라고 장담할 수 있다. 나는 매일 부모들에게 아기를 이해하고 의사 소통하는 법을 가르치면서, 아기들의 이해와 능력이 쑥쑥 자라는 것은 물론 부모들 자신도 점점 숙달되고 자신감을 갖는 것을 보고 있다.

나도 베이비 위스퍼러가 될 수 있다

누구라도 베이비 위스퍼러가 될 수 있다. 실제로 아기에게서 무엇을 보고 들어야 하는지 깨닫고 나면 대부분의 엄마 아빠들은 아기를 쉽게 이해한다. 나의 진짜 '마술'은 초보 엄마 아빠를 안심시키는 것이다. 초보 부모들은 도와주는 사람을 필요로 하고 그래서 나를 부른다.

물어볼 것은 너무 많은데 주변에 대답해 줄 사람이 없는 경우가 많기 때문이다.

나는 그들을 안심시켜 주고 나서 말한다. "계획을 세우는 일부터 시작합시다." 나는 그들에게 먼저 규칙적인 일과의 실천 방법부터 설명하고 그 다음에 내가 아는 다른 것들을 알려준다.

아기를 키우다 보면 가슴이 철렁 내려앉는 일도 많다. 또 아무리 해도 당장에는 아무 보람도 느낄 수 없는 경우도 많다. 나는 부모들이 이 책을 읽고 모든 일에 여유를 갖고 대처할 수 있는 유머감각과 현실적인 판단 능력을 갖게 되기를 바란다. 우선 이 책에서 어떤 종류의 도움을 받을 수 있는지 알아보자.

♥ 아기의 성격과 각각의 특징을 이해한다. 1장의 점검 사항을 참고하여 앞으로 마주하게 될 도전을 준비하자.

♥ 부모 자신의 성향과 적응력을 알아본다. 아기가 태어나면 생활이 변한다. 자신이 원래 임기응변식으로 생활하는 사람인지 아니면 세밀한 부분까지 모든 것을 계획하는 사람인지 아는 것이 중요하다(2장).

♥ 아기의 수유 · 활동 · 수면 그리고 부모의 시간을 갖는 순서로, 하루를 규칙적으로 생활하는 E.A.S.Y. 일과표를 설명한다. E.A.S.Y.는 아기를 보살피면서 엄마가 낮잠을 자거나 목욕을 하고 동네를 한바퀴 돌면서 몸과 마음을 회복할 수 있는 여유를 갖게 해주는 방법이다. 2장에서는 E.A.S.Y.에 대한 개요, 4장에서는 수유, 5장에서는 활동, 6장에서는 수면, 7장에서는 엄마의 몸과 마음을 건강하고 건전하게 유지할 수 있는 방법을 상세하게 설명할 것이다.

♥ 베이비 위스퍼러에게 필요한 기술, 즉 아기의 언어를 관찰하고 이해하며 투정부릴 때 달래는 요령을 배운다(3장). 부모 자신의 객관적인 관찰력과 판단력도 함께 기를 수 있도록 도와줄 것이다.

좋은 부모가 되려면…

내가 읽어본 어떤 책에는 '좋은 어머니가 되려면 모유를 먹여야 한다'는 구절이 있었다. 터무니없는 소리! 아기를 얼마나 잘 키우는가 하는 문제는 무엇을 먹이고 기저귀를 어떤 식으로 갈아주고 어떻게 잠을 재우는가에 달려 있는 것이 아니다. 게다가 아기가 태어나고 처음 몇 주 만에 좋은 부모가 될 수는 없다. 좋은 부모가 되는 것은 오랜 시간이 걸리는 일이다. 아이가 자라면서 부모가 자신을 이해한다는 것을 알게 되면 자연스럽게 아이 쪽에서 먼저 조언과 도움을 청하게 된다. 그러나 좋은 부모가 되기 위해서는 우선 다음과 같은 기본 자세가 필요하다.

- 아기를 존중한다.
- 아기를 독립적인 존재로 생각한다.
- 일방적이 아닌 양방향 대화를 나눈다.
- 귀를 기울이고, 아기의 요구를 들어준다.
- 매일 충실하고 규칙적이며 예측 가능한 환경을 제공하여 아기가 다음에 어떤 일이 있을지 알 수 있도록 한다.

♥ 임신과 출산에 관련된 특수 상황과 육아 문제들을 짚어보겠다. 입양을 통해 아기를 얻는 경우, 조산을 하거나 출산시에 문제가 생겨 병원에서 곧바로 퇴원하지 못하는 경우, 쌍둥이를 낳았을 때의 기쁨과 도전 등을 알아본다(8장).

♥ 잘못된 습관을 바로잡는 나의 '3일 마술'을 소개한다(9장). 부모들이 본의아니게 아기에게 잘못된 습관을 들이는 이른바 '임기응변식 육아'를 설명한 뒤, 원인을 분석한다. 그리고 그 해결책을 A.B.C.

전략으로 간단히 설명한다.

나는 재미있게 읽을 수 있는 책을 쓰려고 했다. 육아에 관한 책들은 보통 처음부터 끝까지 정독하기보다는 필요한 부분을 찾아서 읽게 된다. 이 책도 모유에 관해 알고 싶다면 수유에 관한 내용을, 잠버릇에 문제가 있다면 수면에 관한 내용을 펴보면 된다. 다만 이 책을 처음 접한다면, 적어도 나의 기본적인 철학과 접근 방법을 설명한 3장까지는 계속해서 읽어보기 바란다. 그러면 나머지 뒷부분은 필요한 부분만 찾아 읽는다고 해도 아기를 존중해 주면서 동시에 아기에게 가정을 송두리째 점령당하지 않도록 한다는 나의 생각과 조언에 비추어서 이해할 수 있을 것이다.

아기를 키우면서 우리는 그 어느 때보다 커다란 인생의 변화를 맞이한다. 결혼이나 새로운 직장이나 사랑하는 사람의 죽음보다도 더 큰 변화다. 이제부터 전혀 다른 생활에 적응해야 한다는 것은 생각만 해도 두려운 일이다. 또한 아무도 자신을 이해해 주지 않는다는 느낌이 들기도 한다. 산모들은 종종 무기력증에 빠지거나 모유를 먹이면서 문제가 있는 사람은 자기뿐이라고 생각한다. 또 어떤 엄마는 바로 아기와 사랑에 빠지는데 자신은 왜 그런 느낌이 없는지 걱정한다. 한편 아빠들은 스스로 다른 아빠보다 자상하지 못하다고 생각한다.

내가 여러분의 거실로 찾아갈 수는 없지만 이 책을 통해 여러분이 내 목소리를 들을 수 있기를 바란다. 내가 젊은 엄마였을 때 외할머니가 나에게 해준 것처럼, 나도 여러분에게 든든한 안내자가 되어주고 싶다. 처음에는 잠이 모자라고 허둥대겠지만, 그런 시간은 영원히 지속되지 않는다는 것을 알게 되길 바라며, 부모로서 최선을 다하고 있다는 자신감을 갖기 바란다. 다른 부모들도 역시 힘들기는 마찬가지이며, 머잖아 어려움에서 벗어날 것이라고 스스로를 위로할 줄 알아야 한다.

내가 들려주는 방법과 요령, 다시 말해 베이비 위스퍼러의 비밀이 여러분의 머리와 마음에 새겨지기를 바란다. 그러면 부모가 자기 생활을 포기하지 않으면서 아기를 좀더 행복하고 편안하게 해줄 수 있을 것이다. 가장 중요한 것은 부모로서의 능력에 대해 스스로 자신감을 갖는 것이다. 나는 직접 경험에 의해 모든 엄마 아빠들이 자상하고 믿음직하고 유능한 부모, 즉 베이비 위스퍼러가 될 소질을 갖고 있다는 것을 알고 있다.

1장

사랑으로 맞이하기

아기와 엄마의 행복한 속삭임

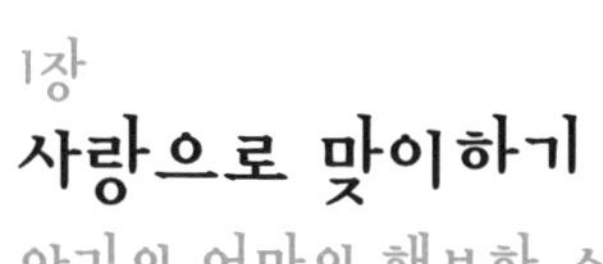

나는 아기가 얼마나 울어대는지 알고 아연실색했다. 이럴 줄은 정말 상상도 못했다. 솔직히 말해서 고양이 한 마리를 키우는 정도로만 생각했으니까.

—안느 라모의 『육아 일기』 중에서

오, 세상에! 우리에게 아기가 생겼어요!

처음으로 부모가 되는 기쁨과 공포로 말하자면, 우리가 성인이 된 후에 그와 비견할 만한 사건은 없을 것이다. 다행히 계속 유지되는 것은 기쁨이지만 처음에는 종종 불안과 두려움에 사로잡힌다.

33세의 그래픽 디자이너인 앨런은 아내 수잔을 병원에서 데리고 나오던 날을 생생히 기억한다. 우연히도 그날은 그들의 네 번째 결혼기념일이었다. 27세의 작가 수잔은 순산을 했으며, 아름다운 푸른 눈의 아기 아론은 돌보기가 수월했고 별로 울지도 않았다. 이틀째가 되던 날, 엄마와 아빠는 소란스러운 병원에서 벗어나 가족으로서 새 출발을 한다는 기대감에 들떠 있었다.

"휘파람을 불면서 아내가 있는 병실을 향해 걸어갔습니다. 모든 것이 완벽해 보였죠. 내가 들어가기 직전에 아론은 젖을 먹고 아내 품에 안겨 잠들어 있었습니다. 내가 상상했던 그대로였죠. 우리가 엘리베이터를 타고 내려가자 간호사가 아내를 휠체어에 태워 밖으로 데리고 나가도록 도와주었습니다. 자동차 문을 열고 보니 유아용 카시트를 설치하지 않았더군요. 그걸 제대로 설치하는 데 30분이나 걸렸습니다. 마침내 나는 조심조심 아론을 그 안에 눕혔습니다. 정말 천사 같더군요. 나는 아내를 도와 차에 태우고 참을성이 많은 간호사에게 감사를 표한 후 운전석에 앉았습니다. 그런데 갑자기, 뒷좌석에서 아론이 조그맣게 소리를 내기 시작하는 거예요. 우는 것은 아니었지만 병원에서는 들은 적이 없는 소리였죠. 아내는 나를 바라보았고 나는 아내를 바라보았습니다. 오, 맙소사! 이제 어떻게 하지?"

모든 부모는 앨런처럼 '이제 어쩌나' 하는 순간을 맞는다. 어떤 부모들은 병원에서, 어떤 부모들은 집으로 가는 차 안에서 아니면 집에 도착하자마자 그런 일이 닥친다. 신체적 · 정신적 충격, 무기력한 아기를 돌봐야 하는 현실 등등, 너무나 많은 일들이 진행된다. 아무도 그런 충격에 준비가 되어 있지 않다. 어떤 엄마는 인정한다. "온갖 책들을 읽었지만 아무 준비도 되어 있지 않았어요." 또 어떤 엄마는 회상한다. "이것저것 생각할 일들이 너무 많았어요. 저도 많이 울었죠."

모든 것이 새롭고 낯설게 마련인 처음 4~5일 동안 가장 힘들어하는 경우가 많다. 당연히 나는 불안해하는 부모들로부터 질문 공세를 받는다. "젖을 얼마나 오래 먹여야 하나요?" "왜 저렇게 다리를 들어올리고 있죠?" "이렇게 기저귀를 갈아주는 것이 맞나요?" "변 색깔이 왜 이럴까요?" 물론, 모두들 가장 끈질기게 묻는 질문은 "아기가 왜 우는 걸까요?"이다.

부모들, 특히 엄마들은 종종 자신이 모든 것을 알아야 한다고 생각하기 때문에 죄의식을 느낀다. 아기가 이제 1개월이 된 어떤 엄마는 이렇게 털어놓았다. "내가 뭔가 잘못하고 있는 게 아닌지 정말 두려웠지만, 다른 사람에게 도와달라고 하거나 물어보고 싶지 않았어요."

내가 부모들에게 제일 먼저, 그리고 끊임없이 하는 이야기는 아주 천~천히 하라는 것이다. 아기를 알게 될 때까지는 시간이 필요하다. 인내와 조용한 환경뿐만 아니라 힘과 정력이 요구된다. 존경심과 친절이 요구된다. 책임과 훈련이 요구되며, 주의와 세심한 관찰이 요구된다. 시간과 연습이 요구된다. 제대로 하기까지 많은 시행착오가 요구된다. 그리고 부모 자신의 직관에 귀를 기울이는 노력이 요구된다. 내가 얼마나 여러 번 '요구된다'는 말을 했는지에 주목하자. 처음에는 많은 것이 그저 '요구되며' 아기에게 '받는' 것은 거의 없다.

아이를 기르면서 느끼는 기쁨과 보람은 말로 다할 수 없다는 것을 나는 보장할 수 있다. 하지만 그것은 하루아침에 이루어지는 일이 아니다. 부모들은 몇 달 또는 몇 년에 걸쳐 오랫동안 기쁨과 보람을 느끼게 될 것이다. 게다가 사람들마다 경험하는 것이 다르다. 어떤 엄마는 아기를 처음 집에 데리고 와서 보낸 며칠 동안을 돌이켜보면서 이야기한다. "내가 잘하고 있는지 모르겠더군요. 사람들마다 잘한다는 기준이 다르니까요." 또한 모든 아기가 다르다. 그래서 나는 엄마들에게, 그들의 아기를 지난 9개월 동안 꿈꿔왔던 존재가 아니라 지금 보고 있는 그대로 이해하라고 말한다.

이 장에서는 우리가 아기에 대해 알아둘 점들을 이야기하겠다. 하지만 우선 처음 집에 와서 며칠 동안 어떻게 보내야 할지에 대해 생각해 보기로 하자.

집에 온 첫날

나는 새로 태어난 아기뿐만 아니라 가족 전체를 대변한다고 스스로 생각하기 때문에, 내가 하는 일에는 부모들에게 상황을 올바로 이해시키는 것도 포함된다. 나는 처음 시작할 때 엄마 아빠에게 말한다.

"이 상황은 영원히 계속되지 않습니다. 점차 침착해질 것이며, 자신감도 생길 겁니다. 당신들은 최고의 부모가 될 수 있습니다. 그리고 언제부턴가 정말 거짓말처럼 아기가 밤새도록 잘 겁니다. 하지만 지금은 기대치를 낮추세요. 좋은 날도 있고 힘든 날도 있을 거라고, 마음의 준비를 하십시오. 서둘러 완벽해지려고 애쓰지 마세요."

한마디 더

집에 오는 날을 대비해서 미리 준비해 두면 모두가 좀더 행복해질 것이다. 병과 튜브의 마개는 느슨하게 해두고, 새로 산 물건들은 포장을 풀어두자. 그리면 아기를 안고 그런 것들과 씨름하지 않아도 된다!

나는 늘 엄마들에게 환기시킨다.

"오늘은 집에 온 첫날입니다. 모든 걸 도와주고 대답해 주고 고통을 덜어주는 병원의 보호에서 처음으로 벗어난 날입니다. 이제부터 스스로 해결해야 합니다."

물론 어떤 엄마들은 병원에서 나온 것을 기뻐한다. 간호사들은 퉁명스럽거나 아리송한 충고를 해주었을지 모른다. 그리고 병원 관계자와 방문객들이 들락거려서 편안히 쉬기가 어려웠을 것이다. 어쨌든 대부분의 엄마들은 집에 올 때 보통 겁을 먹거나 불안하거나 지치거나 통증을 느끼는 상태이며, 더러는 그 모든 증상을 갖고 있다.

그래서 나는 천천히 입장하라고 권한다. 문을 열고 집안에 들어설 때 마음을 가다듬고 심호흡을 세 번 정도 하자. 그리고 단순하게 생각

귀가하기 전의 점검 사항

처음부터 아기를 수월하게 돌보려면 분만 예정일 한 달 전에 아기를 위한 준비를 모두 갖추어 두어야 한다. 준비가 잘되어 있을수록 침착하게 시작할 수 있고 아기를 주의깊게 관찰할 수 있는 여유가 생긴다.

- 아기침대와 이불 등 침구를 정리한다.
- 아기 용품, 즉 수건, 기저귀, 면봉, 알코올 등 필요한 것들을 손닿는 곳에 정리해 둔다.
- 아기가 처음 입을 옷을 준비한다. 모두 포장을 풀고 꼬리표를 떼고 표백제가 없는 중성 세제로 세탁해 둔다.
- 냉장고와 냉동고를 채운다. 분만예정일 1~2주일 전부터 냉동해 둘 수 있는 음식을 만들어놓는다.
- 병원에 너무 많은 짐을 가져가지 않는다.

하자. 새로운 모험을 시작한다고 생각하고 자신과 남편을 탐험가라고 생각하자. 그리고 무슨 일이 일어나도 객관적이 될 수 있어야 한다. 산후는 험난한 지형을 통과하는 힘든 시기이다. 그 길에서는 거의 모두가 비틀거린다.

내 말을 믿어도 좋다. 나는 엄마들이 집에 오는 순간 당혹감을 느낀다는 것을 알고 있다. 하지만 내가 시키는 대로 단순한 귀가 의식을 따라해보면 덜 허둥댈 것이다.

♥ 아기를 안고 집안을 한바퀴 돌아보면서 대화를 시작하자. 마치 엄마는 박물관의 큐레이터이고 아기는 귀빈이 된 것처럼 집안을 구경시켜 주자. 앞에서 내가 '존중'에 대해 한 말을 기억하라. 엄마는 자신의 소중한 아기를 스스로 생각하고 느낄 수 있는 어엿한 인격체로 대해 주어야 한다. 물론 아기는 우리가 이해하지 못하는 말을 한다. 하지만 아기의 이름을 부르면서 일방적이 아닌 양방향의 대화를 나누어야 한다.

아기를 품에 안고 이제부터 아기가 살게 될 곳을 보여주자. 아기와 대화를 나누자. 이방 저방 다니면서 부드럽고 나직한 목소리로 설명해 주자. "여기는 부엌이야. 여기서 아빠와 엄마가 요리를 한단다" "여기는 우리가 샤워하는 욕실이야" 등등. 바보처럼 느껴질 수도 있다. 처음 부모가 된 사람들은 아기와 대화를 시작할 때 대부분 어색해한다. 그래도 참고 해보자. 자꾸 하다 보면 금방 익숙해진다. 엄마의 품안에 있는 아기가 감각을 지닌, 엄마의 목소리와 냄새까지 이미 알고 있는 '작은 사람'이라는 사실을 잊지 말자.

♥ 엄마가 아기를 데리고 집안을 한바퀴 돌아보는 사이에 아빠나 할머니는 따뜻한 차를 준비한다. 나는 차를 무척이나 좋아한다. 우리 고

향에서는 산모가 집에 오면 이웃집 아줌마가 달려와서 주전자를 올려 놓는다. 그것은 매우 영국적인 풍습으로, 나는 이곳의 가족들에게도 가르쳐주었다. 향기로운 차 한 잔을 마시고 나면 엄마는 자신이 탄생시킨 훌륭한 창조물에 대해 알고 싶은 마음이 간절해질 것이다.

방문객을 제한하자

처음 며칠간은 방문객을 아주 가까운 친척과 친구로 제한하자. 친정어머니가 요리와 청소 등의 집안일과 아기 돌보는 일을 도와줄 수 있다면 가장 좋다. 일보다는 아기에 대해 배우는 시간을 갖도록 하자.

아기에게 부분목욕을 시키고 수유를 한다(수유에 대한 정보와 조언은 4장, 부분목욕에 대해서는 205쪽 참고). 엄마 혼자만 충격을 받은 것이 아니라는 사실을 명심하자. 아기도 힘든 여행을 했다. 조그만 아기가 분만실의 밝은 불빛에 나왔을 때를 상상해 보자. 처음 듣는 목소리의 이상한 사람들에게 엄청난 속도와 힘으로 작은 몸이 문질리고 찔리고 꼬집힌다. 신생아실에서 다른 아기들에 둘러싸여 며칠을 보낸 후에는 다시 병원에서 집으로 옮겨진다. 만일 입양아라면 그 여행은 훨씬 더 길었을 것이다.

한마디 더

병원의 신생아실은 거의 태내처럼 아주 덥게 유지되고 있다. 따라서 아기방의 실내 온도는 22~23도가 적당하다.

이제 엄마가 자신이 창조한 기적을 자세히 관찰할 수 있는 기회가 왔다. 아마 아기의 벗은 몸을 처음 볼지도 모른다. 구석구석 아기의 몸과 친해지자. 조그만 손가락 발가락을 하나하나 살펴보자. 아기와 대화를 계속 나누면서 아기와의 유대감을 강화하자. 목욕이 끝나면 수유를 하고 아기가 조는 모습을 지켜보자. 처음 시작할 때부터 아기 침대에서 잠들게 하자(6장 잠재우기 요령을 참고하자).

"하지만 눈을 뜨고 있는 걸요." 미용사인 게일은 이틀 된 딸이 침대 범퍼에 세워놓은 아기 사진을 말똥말똥 쳐다보는 것을 보면서 나에게 항의했다. 나는 게일에게 방에서 나가 좀 쉬라고 했지만 그녀는 막무가내였다. "아기가 아직 졸려하지 않아요."

나는 많은 엄마들에게서 똑같은 항의를 들어왔다. 하지만 나는 아기가 아직 잠들지 않았어도 내려놓고 침대에서 멀어지라고 말한다.

♥ 낮잠을 자자. 짐도 풀지 말고, 전화도 하지 말고, 집안일이나 다른 여러 가지 해야 할 일들에 대해서는 잊어버리자. 산모는 지칠 대로 지쳐 있다. 아기가 자는 시간에 쉬어야 한다. 사실 산모는 위대한 자연의 기적을 이루어냈다. 아기가 탄생의 충격에서 회복되려면 며칠이 걸린다. 하루나 이틀 된 신생아는 한 번에 6시간씩 계속해서 자기 때문에, 그 동안 산모도 충격에서 회복하는 시간을 어느 정도 가

할 일은 조금씩 나누어서 처리하자

산모는 자기 몸도 주체하기 힘들다. 다른 일로 부담을 더하지 말자. 소식을 알리거나 감사 인사를 보내지 못했다고 자책하지 말고, 해야 할 하루 목표량을 최소한으로 줄이자. 할 일을 '긴급' '좀 나중에' '몸이 나아질 때까지 기다릴 수 있음'으로 묶어서 우선 순위를 정하자. 사실 따져보면 어떤 일들은 지금 당장 하지 않아도 그럭저럭 지낼 수 있다는 것을 알게 될 것이다.

질 수 있다. 하지만 아기가 아주 순해 보인다고 해도 '폭풍 전야의 고요함'일지 모른다! 아기가 산모의 몸에서 약을 흡수했을지도 모르고, 자연분만을 했더라도 산도를 비집고 나오느라 지쳐 있을 수도 있다. 아직은 본연의 모습을 드러내지 않고 있을지도 모르지만, 곧 아기의 진짜 기질을 쉽게 알게 될 것이다.

우리 아기는 어떤 기질을 가졌을까

"병원에서는 정말 천사 같았죠. 그런데 지금은 왜 이렇게 울어댈까요?" 리사는 로비가 태어난 지 사흘째 되는 날 이렇게 하소연했다.

이럴 때 나는 아기가 일단 집에 오면 엄마가 상상해 온 아기처럼 행동하는 일은 아주 드물다는 사실을 주지시킨다.

실제로, 모든 아기들은 먹고 자고 자극에 반응하는 방식이 다 다르기 때문에 달랠 수 있는 방식도 다르다. 아기가 3~5일이 되면 우리가 보통 천성 · 성격 · 개성 · 본성이라고 부르는 기질이 드러난다. 나는 직접 내 눈으로 봐서 알고 있다. 나는 내가 돌봤던 아기들과 계속 만나고 있기 때문이다. 그들이 어린이와 청소년으로 자라면서 사람들에게 인사를 하고, 새로운 상황에 적응하고, 부모와 친구들을 대하는 것을 보면 나는 어김없이 그들의 갓난아기 적 모습을 떠올린다.

2주나 빨리 나오는 바람에 엄마 아빠를 놀라게 만든, 여위고 빨간 얼굴의 데이비를 안정시키려면 소음과 빛을 막아주고 특별히 많이 안아주어야 했다. 데이비는 지금 아장아장 걸어다니지만 아직도 많이 수줍어하는 편이다.

11일 동안 밤새도록 잠을 잤던 환한 얼굴의 안나는 엄마에게 아주 수월한 아기였다. 정자를 기증받아 인공수정으로 임신한 독신의 엄마

기질은 선천적일까, 후천적일까?

아기와 어린이의 성격에 대해 연구하는 하버드 대학 연구원 제롬 케이건은 사회적 환경의 영향력이 천성보다 우세하다고 배웠다. 그러나 지난 20년간의 연구를 바탕으로 그는 다른 이야기를 들려준다.
그는 『갤런의 예언』이라는 저서에서 다음과 같이 이야기한다.
"건강하고 똑똑하게 태어나 경제적으로 안정된 가정에서 애정을 듬뿍 받고 자란 아이가 느긋하고 스스럼없고 마음껏 웃을 수 있는 성격이 되지 못하는 것을 보면 가끔씩 서글퍼진다. 그런 아이들은 우울해지기 쉽고 앞날을 걱정하는 천성 때문에 갈등을 겪을 것이다."

는 첫 1주일이 지나자 나의 도움이 필요하지 않았다. 열두 살이 된 안나는 지금도 두 팔을 활짝 벌리고 세상을 맞이한다.

그리고 서로 너무나 달랐던 쌍둥이 남자아기들이 있었다. 숀은 엄마젖을 잘 먹고 방긋방긋 웃었지만, 케빈은 처음 한 달 동안 젖을 먹이기가 힘들었고 끊임없이 불만스러워하는 것 같았다. 지금은 그 가족과 연락이 끊겼지만, 나는 숀이 아직도 케빈보다 밝은 성격일 거라고 장담할 수 있다.

나의 임상 관찰은 제쳐두고라도, 많은 심리학자들이 기질의 일관성을 증명해 왔고 기질을 구분하는 방법도 개발해 왔다. 하버드 대학 연구원 제롬 케이건을 비롯한 심리학자들은, 실제로 어떤 아기는 다른 아기들보다 좀더 예민하고 어떤 아기는 까다롭다고 말한다. 또 어떤 아기는 심술궂고 어떤 아기는 상냥하며 어떤 아기는 원만하다고 말한다. 기질은 환경을 인식하고 적응하는 방식에 영향을 주기 때문에 부모는 아기의 기질에 따라 어떻게 해주어야 편안하게 느끼는지 알아둘 필요가 있다.

분명히 말해둘 것은 기질이 우리에게 영향을 미치기는 하지만 결코 나중까지 그렇다는 것은 아니다. 말썽이 많은 아기라고 해서 자라서까지 우유를 토하지는 않는다. 겁이 많은 아기라고 해서 친구들한테 따돌림을 받으라는 법은 없다. 우리는 감히 천성을 무시할 수는 없지만, 천성보다는 양육이 성장에 더 중요한 역할을 한다. 그래도 우리가 아기를 최대한 지원하고 발전시키기 위해서는 그가 어떤 보따리를 안고 세상에 나왔는지 알아둘 필요가 있다.

내 경험에 의하면 아기들의 유형을 대략 5가지로 분류할 수 있다. 나는 그 5가지 기질의 아이들을 '천사 아기' '모범생 아기' '예민한 아기' '씩씩한 아기' '심술쟁이 아기'라고 부르고 각각에 대해 설명하려고 한다. 그리고 여러분이 직접 아기의 기질을 판단할 수 있도록 5일에서 8개월 된 건강한 아기에게 적용할 수 있는 20가지 선다형 문제를 만들어보았다. 단, 처음 2주 동안에는 실제로 일시적인 기질 변화가 나타날 수 있다는 점을 고려하자. 예를 들어, 포경수술이나 황달과 같은 증세는 아기들을 졸립게 만들기 때문에 진짜 기질이 바로 드러나지 않는다.

엄마와 아빠가 각자 따로 질문에 답하도록 하자. 만일 독신 엄마나 아빠라면 부모형제나 친척, 친한 친구, 보모 등 함께 아기를 보살피는 사람에게 협조를 구하자. 두 사람이 각자 답을 작성하는 이유는 우선, 각자 아기를 보는 눈이 다르기 때문이다. 두 사람의 의견이 정확하게 같을 수는 없다. 둘째, 아기는 상대에 따라 다르게 반응한다. 당연한 일이다. 셋째, 부모는 아기에게 자신을 투사하는 경향이 있으며 때로는 아기를 자신과 동일시해서 자기식대로 판단한다. 부모는 자신도 모르게 아이의 어떤 특성에 지나치게 집중하거나 무시할 수 있다. 예를 들어 엄마가 수줍어하는 성격이고 어릴 때 따돌림을 받았다면, 아기가 낯선 사람을 보고 운다는 사실에 지나치게 집착할 수 있다. 아기가 자기처럼 사회성이 부족하고 놀림거리가 된다고 생각하면 고통스러울 테니까 말이다. 또 어떤 부모는 일찌감치 아기에게 기대를 걸고 그 기대에 맞추어 생각한다. 아기가 처음 머리를 가누면 아빠가 말한다. "꼬마 축구선수가 탄생했군." 아기에게 음악을 들려주자 곧 조용해지면 다섯 살 때부터 피아노를 쳤던 엄마가 말한다. "우리 아기가 벌써 음악을 감상할 줄 아네!"

부디 두 사람이 서로 자기 답이 맞다고 다투지 말기 바란다. 누가 더 똑똑하고 누가 더 아기를 잘 아는지 시험하는 문제가 아니다. 우리 인생에 찾아온 한 '작은 사람'을 이해하기 위한 것이다. 다음의 지시에 따라 답에 점수를 매기면 우리 아기에게 어떤 기질이 가장 잘 맞는지 알게 될 것이다. 아기가 여기 해당되기도 하고 저기 해당되기도 하는 것은 당연하다. 이 테스트의 목적은 아기를 어떤 틀에 끼워 맞추는 것이 아니다. 단지 아기에게서 볼 수 있는 우는 버릇, 반응, 잠자는 버릇, 성향을 파악해서 궁극적으로 아기가 필요로 하는 것이 무엇인지를 좀더 잘 판단하기 위한 것이다.

아기의 기질 테스트

다음 각각의 질문에 자신의 아기를 가장 근접하게 묘사한 문장을 골라보자.

1. 우리 아기는
   - A. 좀처럼 울지 않는다.
   - B. 배가 고프거나 피곤하거나 놀랐을 때만 운다.
   - C. 뚜렷한 이유 없이 운다.
   - D. 큰 소리로 울며, 엄마가 달래주지 않으면 금방 자지러진다.
   - E. 자주 운다.
2. 잠잘 시간이 되면 우리 아기는
   - A. 침대에서 평화롭게 누워 있다가 잠이 든다.
   - B. 대체로 20분 이내에 잠이 든다.
   - C. 잠투정을 하고, 잠이 들 것 같으면서도 계속 깨어 있다.
   - D. 매우 설치므로 종종 강보로 싸주거나 안아주어야 한다.
   - E. 많이 울고 내려놓으면 싫어한다.
3. 아침에 깨어나서 우리 아기는
   - A. 좀처럼 울지 않고, 내가 방에 들어갈 때까지 침대에서 놀고 있다.
   - B. 옹알이를 하고 주위를 살핀다.
   - C. 즉시 보살피지 않으면 울기 시작한다.
   - D. 소리를 지른다.
   - E. 흐느껴 운다.
4. 우리 아기는
   - A. 뭔가를 보면 웃는다.
   - B. 어르면 웃는다.
   - C. 어르면 웃지만, 때로는 이내 울기 시작한다.
   - D. 많이 웃고 아주 요란하게 아기 소리를 내는 경향이 있다.
   - E. 마음이 내키면 웃는다.
5. 외출할 때 데리고 나가면 우리 아기는
   - A. 얼마든지 데리고 다닐 수 있다.
   - B. 너무 번잡하거나 불편한 장소가 아니라면 괜찮다.
   - C. 많이 칭얼거린다.
   - D. 계속 주의해 주어야 한다.
   - E. 여기저기 데리고 다니는 것을 싫어한다.

6. 낯선 사람이 다정하게 어르면 우리 아기는

A. 금방 웃는다.

B. 시간이 걸리지만 대체로 금방 웃는 편이다.

C. 그 사람이 마음에 들지 않으면 운다.

D. 매우 흥분한다.

E. 좀처럼 웃지 않는다.

7. 개가 짖거나 문이 쾅하고 닫히는 등 큰 소리가 나면 우리 아기는

A. 동요하지 않는다.

B. 반응을 보이지만 크게 신경쓰지 않는다.

C. 눈에 띄게 몸을 움츠리고 종종 울기도 한다.

D. 같이 소리를 지른다.

E. 울기 시작한다.

8. 처음 목욕을 시켰을 때 우리 아기는

A. 오리처럼 물을 좋아했다.

B. 약간 놀랐으나 금방 좋아했다.

C. 매우 민감하게 반응하면서 몸을 약간 떨고 두려워했다.

D. 요란하게 팔다리를 휘두르고 물을 튕겼다.

E. 목욕하기 싫어 울었다.

9. 우리 아기의 신체 언어는 보통

A. 거의 항상 유연하고 기민하다.

B. 대체로 유연하다.

C. 긴장하고 외부 자극에 매우 민감하게 반응한다.

D. 팔다리를 휘젓는 등 요란한 편이다.

E. 종종 팔다리가 상당히 뻣뻣할 정도로 굳어 있다.

10. 우리 아기가 크고 공격적인 소리를 낼 때는

A. 이따금씩.

B. 놀면서 매우 흥분했을 때만.

C. 거의 없다.

D. 자주.

E. 화가 났을 때.

11. 기저귀를 갈거나 목욕을 하거나 옷을 입힐 때 우리 아기는

A. 수월한 편이다.

B. 천천히 무엇을 하고 있는지 알게 하면 괜찮다.

C. 벗기는 것을 참지 못하는 듯 종종 칭얼거린다.

D. 많이 꿈틀거리고 손에 잡히는 것을 끌어당기려고 한다.
E. 옷 입히는 것이 항상 전쟁일 정도로 싫어한다.

12. 우리 아기를 갑자기 햇빛이나 형광등 아래 같은 밝은 빛에 데리고 나가면

A. 잘 참아낸다.
B. 때로 깜짝 놀란다.
C. 심하게 눈을 깜빡거리거나 얼굴을 돌린다.
D. 흥분한다.
E. 짜증낸다.

13-1. (조제분유을 먹이는 경우) 수유할 때 우리 아기는

A. 항상 주의를 집중해 잘 빨고, 보통 20분 이내로 먹는다.
B. 급성장기에는 다소 차이가 있지만 일반적으로 잘 먹는다.
C. 꾸물거리므로 다 먹기까지 시간이 오래 걸린다.
D. 젖병을 단단히 잡고, 너무 많이 먹는 경향이 있다.
E. 종종 투정을 부리고 시간이 오래 걸린다.

13-2. (모유를 먹이는 경우) 수유할 때 우리 아기는

A. 첫날부터 젖을 확실하게 빤다.
B. 젖을 잘 빨기까지 하루 이틀 정도 걸렸지만 지금은 잘하고 있다.
C. 항상 빨고 싶어하지만, 먹는 법을 잊어버린 것처럼 젖을 물었다 놓았다 한다.
D. 자신이 원하는 방식대로 안아주기만 하면 잘 먹는다.
E. 젖이 잘 빨리지 않는 듯 짜증을 부리고 보챈다.

14. 엄마와 아기 사이의 의사 소통은

A. 아기가 자신이 필요로 하는 것을 항상 정확하게 표현한다.
B. 대충 옹알이를 알아듣는 편이다.
C. 나를 보고 울기도 해서 종종 어리둥절하게 만든다.
D. 좋고 싫은 것을 분명하게, 종종 떠들썩하게 주장한다.
E. 늘 크고 성난 울음으로 관심을 요구한다.

15. 가족들이 모여 많은 사람이 안아주려고 할 때 우리 아기는

A. 붙임성이 매우 좋다.
B. 사람을 다소 가린다.
C. 여러 사람이 안으면 곧잘 운다.
D. 불편하다고 느끼면 울거나 안으려는 사람의 팔을 밀어낸다.
E. 엄마와 아빠를 제외하고 누구에게도 가지 않는다.

16. 외출에서 돌아오면 우리 아기는

A. 금방 안정된다.

B. 익숙해지려면 몇 분이 걸린다.

C. 매우 칭얼거린다.

D. 종종 흥분해서 진정이 되지 않는다.

E. 짜증을 부리고 괴로운 듯 행동한다.

17. 우리 아기는

A. 오랫동안 혼자 놀 수 있다.

B. 15분 가량 혼자 놀 수 있다.

C. 주변이 익숙하지 않으면 잘 놀지 않는다.

D. 자극이 많아야 잘 논다.

E. 무슨 일에도 쉽게 즐거워하지 않는다.

18. 우리 아기에게서 가장 눈에 띄는 점은

A. 신기할 정도로 잘 적응하고 수월하다.

B. 정확하게 예정표에 따라 성장한다.

C. 모든 것에 민감하다.

D. 공격적이다.

E. 짜증을 부린다.

19. 우리 아기는

A. 자기 침대를 아주 편안하게 느끼는 듯하다.

B. 대체로 자기 침대를 좋아하는 편이다.

C. 침대 안에서 불안감을 느끼는 것 같다.

D. 침대를 감옥처럼 느끼고 답답해한다.

E. 침대에 내려놓는 것을 싫어한다.

20. 우리 아기를 한마디로 표현하면

A. 더없이 온순해 집에 아기가 있는 것 같지 않다.

B. 다루기가 쉽고 예측하기도 쉽다.

C. 매우 섬세한 작은 존재다.

D. 기기 시작하면 모든 것을 들어엎을 것 같다.

E. 전에도 이 세상에 살았던 것처럼 행동한다.

위의 질문에 대한 답을 두 사람이 각각 A, B, C, D, E로 써서 각각의 문자가 몇 번 나왔는지 세어본다.

A–천사 아기 B–모범생 아기 C–예민한 아기 D–씩씩한 아기 E–심술쟁이 아기

아기 기질에 맞추기

계산을 해보면 주로 한두 가지 기질이 많이 나올 것이다. 각각의 기질에 대한 설명은 산통*이나 젖니가 나는 등의 특별한 발달 과정에 관련된 일시적인 현상이 아니라, 아기의 일상적인 존재 방식에 관한 것이다. 다음의 개략적인 설명을 읽으면서 우리 아기가 이런 기질에도 속하고 저런 기질에도 속한다고 생각할 수도 있다. 5가지 기질 묘사를 모두 읽어보자. 각 기질마다 내가 만난 아기들 중에서 거의 정확하게 일치하는 아기를 예로 들어 설명했다.

♥ 천사 아기 처음 임신한 여성이라면 누구나 꿈꾸는 온순한 아기다. 폴린이 바로 그렇다. 나긋나긋하고 끝없이 미소를 짓고 떼를 쓰는 법이 없으며, 기분을 쉽게 읽을 수 있다. 새로운 환경에 개의치 않으며 지극히 편안하다. 사실 어디라도 데리고 다닐 수 있다. 수월하게 먹고, 놀고, 잠자고, 깨어나서도 울지 않는다. 아침에 가보면 침대에서 인형에게 이야기를 하거나 벽의 줄무늬를 바라보고 혼자 놀면서 종알거리고 있는 것을 볼 수 있다. 천사 아기는 종종 스스로 자제하기도 하지만, 자신의 신호가 잘못 받아들여질 때는 다소 짜증을 낼 수 있다. 그러면 그저 아기를 끌어안고 "너무 힘든가 보구나" 하고 위로해 주면 그만이다. 그러고 나서 자장가를 틀어주고 방을 편안하고 어둡게 만들어주자. 이렇게 조용한 환경 속에서 천사 아기는 혼자 잠이 들 것이다.

---

* 주기적 · 발작적으로 일어나는 복통.

♥ 모범생 아기 예측이 가능해서 다루기가 아주 수월한 아기다. 올리버는 예정대로 잘 따라가므로 부모를 놀라게 하는 일이 별로 없다. 모든 성장 과정이 계획표대로 순조롭게 진행된다. 3개월이 되면 밤새 잠을 자고, 5개월에 뒤집고, 6개월에 앉는 등 시계처럼 정확한 성장 속도를 갖고 있다. 식욕이 갑자기 증가하는 동안에는 몸무게가 늘거나 비약적인 발전을 보인다. 1주일쯤 되면 15분 정도는 혼자 놀고 옹알이도 많이 할 뿐만 아니라 주위를 두리번거린다. 그리고 자기를 보고 웃는 사람을 보면 따라 웃는다. 정상적으로 겪는 불안정한 시기도 있지만 달래기가 쉽고, 재우기도 수월하다.

♥ 예민한 아기 마이클처럼 극도로 민감한 아기에게는 세상이 감각적 도전의 연속이다. 창문 밖에서 오토바이가 웅웅거리는 소리, TV가 울리는 소리, 이웃집 개가 짖는 소리에 놀라서 움찔거린다. 밝은 빛이 들어오면 눈을 깜박이며 고개를 돌린다. 때로는 아무 이유 없이, 엄마를 보고도 울어댄다. 그럴 때는 자신의 아기 언어로 "이제 그만, 나는 평화롭고 조용한 곳이 필요해요"라고 외친다. 사람들이 안아주거나 외출하면 투정을 부린다. 몇 분 정도는 혼자 놀지만 누군가 익숙한 사람, 예를들어 엄마, 아빠, 할머니가 옆에 있어야 안심한다. 이런 기질의 아기는 빨기를 좋아하기 때문에 배가 고프다는 신호로 오해하는 경우가 많다. 그럴 때는 노리개젖꼭지를 물려주자. 또 아무때나 젖을 먹고 때로는 먹는 방법을 잊어버린 것처럼 행동하며, 낮이나 밤이나 좀처럼 잠들지 못한다. 예민한 아기들은 신체 체계가 불안하기 때문에 시간표에서 쉽게 벗어난다. 조금 오래 낮잠을 자거나 수유를 거르거나 뜻밖의 방문객이 있거나 여행을 하는 등 생활의 작은 변화에도 당황할 수 있다. 예민한 아기를 달래기 위해서는 태내와 같은 환경을 만들어주어야 한다. 아기를 강보에 싸서 끌어안고 아기 귀 가까이에

서 규칙적으로 쉬…쉬…쉬 소리(태내에서 양수가 움직이는 소리)를 내면서 심장이 박동하는 것처럼 아기 등을 가볍게 다독거린다. 이렇게 하면 대부분의 아기가 편안해하는데, 특히 예민한 아기에게 효과적이다. 예민한 아기의 부모라면 하루속히 그가 보내는 신호와 울음의 의미를 배워야만 삶이 좀더 수월해질 것이다. 다행히 이런 아기들은 체계와 예측 가능한 상황을 좋아하므로 뜻밖에 부모를 놀라게 하는 일은 없다.

♥ 씩씩한 아기 엄마 뱃속에서부터 자신이 좋아하는 것과 싫어하는 것을 분명히 알고 나온 것처럼 행동하고, 서슴없이 그것을 표현한다. 카렌 같은 아기들은 매우 시끄럽고 때로 공격적이다. 아침에 일어나서 종종 엄마 아빠를 찾으며 소리를 지른다. 배변을 하고 난 뒤에도잠시도 누워 있는 것을 참지 못하고 "기저귀를 갈아달라"고 떠들썩하게 불편함을 표현한다. 실제로 큰 소리로 종알거리기를 잘하고 신체 언어가 다소 수선스럽다. 카렌은 계속 팔다리를 휘두르면서 잠을 안 자고 흥분하기 때문에 종종 강보에 둘둘 말아서 재워야 한다. 울기 시작할 때 그대로 두면 속수무책으로 숨이 넘어갈 것 같은 지경에 이른다. 씩씩한 아기는 일찍부터 젖병을 잡고 먹는다. 또 다른 아기들을 보면 먼저 아는 체하고, 손에 쥐는 힘이 생기면 장난감을 빼앗으려 든다.

♥ 심술쟁이 아기 나는 개빈과 같은 아기를 보면, 전에 이 세상에서 산 적이 있는데 다시 돌아온 것이 전혀 즐겁지 않은 것 같다고 말한다. 물론 농담으로 하는 말이지만, 어쨌든 이러한 성격의 아기는 무슨 이유에선지 세상이 온통 못마땅하다는 듯 불평을 한다. 개빈은 매일 아침 칭얼거리고, 하루종일 좀처럼 웃지 않고, 매일 밤 잠투정을 한

다. 이런 못된 성질을 받아주지 못하는 보모들은 오래 견디지 못한다. 개빈은 처음에 목욕을 싫어했고, 기저귀를 갈아주거나 옷을 입히려고 하면 짜증을 내고 성질을 부렸다. 엄마가 젖을 먹여보려고 했지만, 젖이 잘 나오지 않자(모유가 내려와서 젖꼭지를 통과하는 속도가 느렸다) 개빈은 조바심을 쳤다. 엄마는 방법을 바꿔서 분유를 먹여보았지만 개빈의 까다로운 기질 때문에 여전히 어려웠다. 심술쟁이 아기를 달래려면 특히 인내심이 필요하다. 이런 아기는 화를 잘 내고 울음소리가 크고 길다. 따라서 쉬…쉬…쉬 하는 소리를 울음소리보다 더 크게 내야 한다. 강보에 싸여 있는 것을 싫어하고 분명하게 표현한다. 울음이 위험 수위에 이르면 쉬… 소리 대신 아기를 앞뒤로 가볍게 흔들면서 규칙적으로 "괜찮아, 괜찮아, 괜찮아"라고 말해주자.

한마디 더

아기를 달랠 때는 양옆이나 위아래가 아니라 앞뒤로 흔들도록 하자. 아기가 태어나기 전에는 엄마가 걸을 때마다 뱃속에서 앞뒤로 흔들렸기 때문에 그런 움직임에 익숙하고 안정감을 느낀다.

상상과 현실은 다르다

이제 여러분은 자신의 아기가 어떤 기질인지 알았을 것이다. 어쩌면 두 가지 기질의 중간일 수도 있다. 어쨌든 여기서 의도하는 바는 엄마들을 안내하고 깨우쳐주려는 것이지 겁주려는 것이 아니다. 또한 아기가 어떤 기질인지를 구별하는 것보다는 아기에게서 어떤 점을 미리 예상할 수 있고 어떻게 다루어야 하는지 아는 것이 중요하다.

그런데 잠깐, 당신이 꿈꾸던 그런 아기가 아니라고? 달래기가 어렵다고? 몸부림을 친다고? 짜증을 부린다고? 안겨 있는 것을 싫어한다고? 그래서 당신은 어찌할 바를 모르고 약간은 화가 날지도 모른다. 실망스러울 수도 있다. 하지만 그건 당신뿐만이 아니다. 실제로 임신 9개월 동안 모든 부모들은 자신들이 기대하는 아기의 이미지, 즉 어떻게 생겼고, 어떤 아이로 자랄 것인지, 커서는 어떤 사람이 될 것인지를 마음속으로 그려본다. 임신이 잘 안 돼서 초산이 늦은 엄마 아빠들은 특히 더하다.

36세에 모범생 아기를 낳은 사라는 리지가 5주째 되었을 때 나에게 털어놓았다. "처음에는 아기와 있는 시간이 그다지 즐겁지 않았습니다. 그래서 나에게 모성애가 부족한 것이 아닌가라는 생각이 들었죠." 입양을 통해 아기를 얻은 40대 후반의 변호사 낸시는 줄리안이 천사 아기였음에도 불구하고 아기를 돌보는 일이 얼마나 어려운지를 알고는 도저히 엄두가 나지 않았다. 그녀는 태어난 지 나흘 된 아들을 내

첫눈에 반하다?

눈길이 마주치면서 바로 사랑에 빠지는 일은 영화에서는 흔히 볼 수 있다. 하지만 현실에서 남녀가 그렇게 만나는 일은 흔치 않다. 엄마와 아기도 마찬가지다. 어떤 엄마들은 곧바로 사랑에 빠지기도 하지만, 대부분의 경우 다소 시간이 걸린다. 산모는 지쳐 있고 충격을 받았을 뿐만 아니라 겁먹고 있다. 게다가 무엇보다 힘든 일은, 완벽하기를 바라는 것이다. 하지만 완벽할 수는 없다. 그러므로 자신을 탓하지 말자. 아기를 사랑하기까지 시간이 걸릴 수 있다. 어른들도 그렇듯이 진정한 사랑은 상대방을 알게 되면서 싹튼다.

려다보면서 애걸을 했다. "얘야, 우리 좀 살려다오."

적응 기간은 아기가 도착하기 전에 부모가 어떤 식으로 생활했는지에 따라 며칠이나 몇 주 아니면 그보다 더 오래 걸릴 수도 있다. 하지만 아무리 오래 걸린다고 해도 결국 언젠가는 아기와 함께하는 생활을 인정하게 될 것이다. 아주 깔끔한 부모라면 주변이 어질러지는 것을 참기 힘들지도 모르고, 계획적인 부모라면 시간에 쫓겨서 허둥지둥하는 것이 속상할지도 모른다.

한마디 더

엄마들은 먼저 출산 경험을 한 친구 · 자매 · 친정어머니 등과 이야기를 나누면 많은 위로를 받을 수 있다. 산모의 감정 기복이 심한 현상은 정상이라는 사실을 깨달을 수 있을 것이다. 그러나 아빠들은 친구들에게 털어놓는 것이 별로 도움이 되지 않을 수도 있다. 내가 만나는 '아빠와 함께' 그룹의 남자들이 하는 말을 들어보면, 처음 아빠가 된 남자들은 특히 수면과 섹스 부족에 대해 서로 경쟁하듯 불만을 호소한다고 한다.

흥미로운 사실은 아기가 어떤 기질인지는 별로 상관이 없다는 것이다. 부모들의 기대가 너무 유별나기 때문에 어떤 아기도(천사 아기일지라도) 마음에 쏙 들기가 어렵다.

킴과 조나단은 맞벌이 부부였다. 클레어가 태어났을 때 내가 보기에는 그보다 더 사랑스러운 아기는 세상에 없을 것 같았다. 잘 먹고, 혼자서도 잘 놀고, 잠도 잘 잤고, 울음소리도 쉽게 구분이 되었다. 나는 곧 이 집에서 떠나게 될 것이라고 생각했다. 그런데 놀랍게도 아빠가 걱정을 했다. "우리 아이가 너무 수동적이지 않나요?" 그가 물었다. "너무 많이 자는 게 아닌가요? 너무 얌전하면 나를 따르지 않을 텐데요!" 내가 보기에는 그가 수면 부족을 호소하는 친구들과 우위를 겨룰 수 없어서 약간은 실망하지 않았나 싶었다. 나는 그에게 축복받은 줄 알라고 안심시켰다. 클레어 같은 천사 아기들은 즐거움 그 자체다. 누군들 이런 아기를 부러워하지 않겠는가?

물론, 조용하고 순한 아기를 기대하고 상상했다가 전혀 다른 아기가 나왔을 때 충격을 받는 경우가 더 많다. 그들은 처음 며칠간, 신생아가 아직 하루종일 잠을 잘 때는 실제로 꿈이 이루어졌다고 믿는다. 그러다가 아기가 갑자기 원기왕성해지고 충동적으로 변한다. 부모는 처음에 "우리가 뭘 잘못했나?" 하고 어리둥절해한다. 그 다음에는 "어떻게 해야 하지?" 하고 쩔쩔맨다. 우선 너무 많은 기대를 했다는 사실을 인정하고 그 기대치를 낮추자.

한마디 더

아기를 아름다운 인생에 도전하는 승부수로 생각하라. 우리 모두는 인생에서 배워야 하는 교훈이 있는데, 누가 또는 무엇이 우리의 스승이 되어줄지 모른다. 지금은 아기가 스승이다.

부모들은 때로 자신들이 느끼는 실망감을 의식하지 못하기도 하고, 그 실망감에 대해 말하기가 창피스러울지도 모른다. 그래서 아기와 첫눈에 사랑에 빠질 수 없다거나, 마음속으로 그리던 것처럼 사랑스럽고 온순한 아기가 아니라는 사실을 털어놓으려고 하지 않는다. 나는 그런 부부들을 수도 없이 만나보았다. 하지만 다음에 예로 드는 사람들의 이야기를 들어보면 다소 위안을 받을 수 있을 것이다.

♥ 매리와 팀 매리는 우아한 태도와 훌륭한 품성을 지닌 명랑하고 온화한 여성이다. 그녀의 남편 또한 아주 침착하고 안정적이고 편안한 사람이다. 그들의 딸 메이블은 태어나서 처음 사흘 동안 천사 아기

처럼 보였다. 첫날 밤에는 6시간 동안 내리 잠을 잤고, 다음날 밤에도 그만큼 잤다. 하지만 병원에서 집으로 데리고 온 후에 메이블의 진짜 기질이 드러나기 시작했다. 메이블은 아무때나 잠을 잤을 뿐만 아니라 달래기가 무척 힘들었으며, 쉽게 잠들지 않았다. 게다가 작은 소리에도 깜짝깜짝 놀라 울었다. 손님들이 안으면 몸부림을 치고 칭얼거렸다. 종종 뚜렷한 이유도 없이 우는 것처럼 보였다.

매리와 팀은 그들의 아이가 신경질적이라는 사실이 믿어지지 않았다. 메이블은 분명 그들이 바라던 아기가 아니었다. 나는 그들이 메이블을 있는 그대로, 다시 말해 예민한 아기로 볼 수 있도록 해주었다. 메이블은 안정된 환경을 좋아했다. 따라서 부모가 시간을 갖고 기다리고 아기 주변을 특히 조용하게 해주어야 했다. 아기가 환경에 적응하게 하려면 관대함과 인내심을 발휘할 필요가 있었다. 그들의 작은 딸은 고유한 개성을 가진 섬세한 인격체였다. 문제는 민감한 성격이 아니라 아이가 자신을 표현하는 방식에 있었다. 그리고 나는 엄마 아빠의 품성으로 미루어볼 때, 사과 열매가 나무에서 그리 멀리 떨어졌으리라고는 생각하지 않았다. 메이블은 엄마처럼 점진적인 속도가 필요했다. 그리고 아빠처럼 평온함을 갈망했다.

그러한 깨달음과 약간의 격려에 힘입어 매리와 팀은 메이블이 친구의 아기들처럼 행동하기를 더 이상 바라지 않고 있는 그대로 받아들이게 되었다. 그들은 아기 주변에서 템포를 줄였고, 안아주는 사람들의 숫자를 제한했으며, 좀더 유심히 아기를 관찰하기 시작했다.

무엇보다 매리와 팀은 메이블이 매우 분명한 신호를 준다는 사실을 알아냈다. 메이블은 지치기 시작하면 자신을 바라보는 사람이나 장난감에서 얼굴을 돌렸다. 아기의 방식으로 메이블은 부모에게 말하고 있었다. "자극은 이제 그만!" 부모가 그런 신호에 재빨리 대처하면 메이블은 좀더 수월하게 낮잠을 잤다. 하지만 그 신호를 놓치면 울어대기 시작했고, 달래기까지는 어김없이 많은 시간이 걸렸다. 어느 날 내가 잠깐 방문했을 때, 엄마는 메이블에 대한 소식을 전하기에 바빠서 깜빡 그 신호를 놓쳐버렸다. 메이블이 울기 시작했다. 그러자 엄마가 상냥하게 말했다. "미안하다, 얘야. 네게 관심을 주지 못했구나."

♥ 제인과 아서 내가 좋아하는 이 사랑스러운 부부는 7년을 기다린 끝에 아기를 가졌다. 제임스 역시 병원에서는 천사 아기처럼 보였다. 하지만 집에 데려오자 기저귀를 갈 때나 목욕할 때나 울었고, 한번 울기 시작하면 건잡을 수가 없었다. 제인과 아서는 유머감각이 뛰어나고 즐길 줄 아는 사람들이었지만, 제임스에게는 미소조차 지을 수가 없었다. 아기는 모든 것이 못마땅한 것처럼 보였다. "우리 애는 정말 너무 많이 울어요." 제인이 말했다. "젖을 먹다가도 짜증을 냅니다. 낮잠 자는 시간이 기다려질 정도예요."

엄마는 그런 말을 입 밖에 내는 것조차 속이 상했다. 대부분의 부모들처럼 제인과 아서는 자신들에게 잘못이 있다고 생각했다. "한 걸음 물러서서 제임스를 개인으로 바라봅시다." 내가 제안했다. "내가 보기에 제임스는 '엄마, 기저귀를 갈 때는 서둘러주세요'라든가, '오, 아니에요. 아직 젖 먹을 시간이 아니에요'라든가, 아니면 '뭐라고요? 목욕을 또 하라고요?' 라는 말을 하고 있는 거예요."

내가 일단 그들의 심술쟁이 아기의 목소리를 들려주자 제인과 아서의 유머감각이 발동했다. 나는 그들에게 심술쟁이 아기들에 대한 '전생' 이론을 이야기해 주었다. 그들은 무슨 말인지 충분히 이해가 된다는 듯 배를 잡고 웃었다. "우리 아버지가 그랬어요. 하지만 우린 그런 아버지를 사랑합니다. 그저 그의 성격이려니 생각하죠." 작은 제임스는 더 이상 고의로 그들의 삶을 분열시키기 위해 태어난 작은 괴물처럼 보이지 않았다. 제임스는 이제 다른 사람들과 마찬가지로 자신의 기질과 욕구를 가진, 따라서 마땅히 존중받아야 하는 개인으로 존재했다.

이제 아기를 목욕시킬 때가 되면 제인과 아서는 겁을 먹지 않고 제임스가 서서히 물과 친해질 수 있는 시간 여유를 주면서 자신들의 경험담을 들려준다. "네가 좋아하지 않는다는 건 나도 알아. 하지만 얼마 안 가 목욕물에서 나오기 싫다고 울게 될 걸." 또 더 이상 아기를 강보에 싸두지 않았다. 그들은 제임스의 요구를 미리 예상하는 법을 배웠고, 위기 상황을 피할 수 있다면 모두가 더 평화롭게 지낼 수 있다는 사실을 깨달았다. 이제 6개월이 된 제임스는 아직도 투정을 부리긴 하지만, 제인과 아서는 그것을 그의 천성으로 받아들이고, 적어도 더 심각한 분위기로 몰고가지는 않게 되었다. 다행히 작은 제임스는 일찌감치 자신을 납득시킬 수 있었다.

이 같은 사례들로 미루어보면 베이비 위스퍼러가 반드시 갖추어야 하는 두 가지 조건이 무엇인지 알 수 있을 것이다. 그것은 바로 존중과 상식이다. 어른들이 제각기 다른 것처럼 아기들도 그렇다. 언니의 아들이 어떤 식으로 안겨서 젖을 먹는 것을 좋아한다거나 강보에 싸여 있기를 좋아한다고 해서, 내 아들도 그러리라고는 생각할 수 없다. 친구의 딸이 밝은 성격을 가졌고 낯선 사람들에게 쉽게 안긴다고 해서, 내 딸도 그러리라고는 기대할 수 없다. 어떤 아기를 바라는지에 대해서는 잊어버리자. 아기를 있는 그대로 이해하고 각자에게 가장 적절한 방법을 찾아야 한다. 그리고 장담하건대, 엄마가 찬찬히 지켜보고 귀를 기울인다면 아기는 정확하게 자신이 요구하는 것이 무엇인지, 어떤 도움이 필요한지를 말해줄 것이다.

궁극적으로, 이러한 감정이입과 이해를 통해 아기는 인생을 좀더 수월하게 사는 법을 배울 것이다. 그 과정에서 스스로 힘을 기르고 약점을 보완하게 될 것이기 때문이다. 그리고 또 반가운 소식이 있다.

모든 아기는 성격과 상관없이, 생활이 평온하고 안정될 때 더 수월하게 자라준다는 것이다. 다음 장에서는 우리 가족 모두가 행복해질 수 있는 일과표를 소개하겠다.

2장

E.A.S.Y.로 편안하게 키우자

행복한 아기와 엄마를 만드는 아주 쉬운 육아법

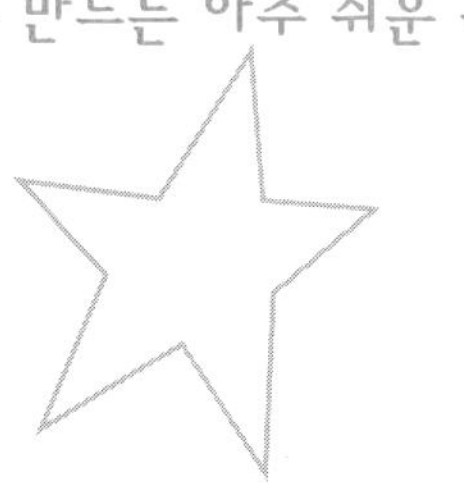

배가 고프면 먹어라. 목이 마르면 마셔라. 피곤하면 자라.

—불교 금언

나는 아기가 처음부터 규칙적으로 생활하면 더 편안해할 것 같다는 생각이 들었다. 실제로 친구의 아기를 보고 그것이 좋다는 것을 알았다.

—어느 모범생 아기의 엄마

행복한 아기와 엄마를 만드는 E.A.S.Y. 일과표

불안하고 당황하고 지치고, 무엇보다 잠이 부족한 부모들이 매일 나에게 전화를 건다. 그들은 질문을 퍼붓고 가정 생활이 엉망진창이 되었으니 해결책을 가르쳐달라고 호소한다. 어떤 특별한 문제가 있더라도 나는 언제나 같은 처방, 즉 규칙적인 일과를 제안한다.

33세의 테리는 5주일 된 가스가 "젖을 먹을 줄 모른다"고 생각하고 나에게 전화를 했다. "우리 아이가 젖을 제대로 못 먹어요. 거의 1시간씩 먹으면서 계속 젖꼭지를 뱉어냅니다."

나는 맨 먼저 "매일 규칙적으로 먹이고 있나요?"라고 물었다.

그녀가 머뭇거렸다. 아니라는 의미였다. 나는 상황을 직접 보고 듣기 위해 잠시 후에 들르겠다고 약속했다. 하지만 그 정도만 들어도 무슨 일이 일어나고 있는지 알 것 같았다.

"시간표라구요?" 내가 해결책을 제시하자 테리가 펄쩍 뛰었다. "안 돼요, 안 돼. 시간표는 안 돼요. 저는 평생 일을 하면서 정확하게 시간표대로 살았어요. 그러다가 우리 아기와 지내려고 일을 그만두었는데, 이젠 아기도 시간표에 맞춰서 키우라는 건가요?"

정확한 마감 시간이나 엄밀한 원칙을 지키라는 뜻이 아니었다. 다만 가스의 요구에 따라 조정할 수 있는, 확실하면서도 융통성이 있는 기준을 세우자는 것이었다.

"엄마가 상상하는 그런 시간표가 아닙니다. 기본틀과 질서를 갖춘 규칙적인 생활을 하라는 거죠. 정해진 시간을 지키는 것과는 거리가 멉니다. 다만, 아기에게 일관되고 정돈된 환경을 만들어줄 필요가 있다는 얘기죠."

테리는 여전히 회의적이었지만 내가 시키는 대로 하면 가스의 문제를 해결할 수 있을 뿐 아니라 아기의 언어도 이해할 수 있다고 설득하자 기분이 다소 풀어졌다. 나는 매 시간마다 수유를 하는 것은 그녀가 아기의 신호를 잘못 해석한다는 의미라고 설명했다. 정상적인 아기는 매 시간 먹지 않는다. 가스는 어쩌면 엄마가 상상하는 것보다 좀더 잘 먹고 있는지도 모른다. 젖을 입에서 뺀다는 것은 "다 먹었어요"라는 뜻인데 엄마가 계속 물려주는 것일 수도 있다. 그렇다면 아기가 짜증을 부릴 수밖에 없다.

엄마 자신도 잘 지내지 못했다. 그녀는 오후 4시에 꽃무늬 잠옷을 입고 있었다. 잠시 짬을 내서 샤워할 여유도 없는 것처럼 보였다. 물론 아기를 낳은 지 얼마 되지 않았다면 누구라도 오후 4시에 잠옷을 입고 있을 수 있다. 하지만 아기가 5주일이 되었을 때에도 그런 모습은 아니기 바란다.

테리는 어쩌면 일과표를 짜는 것이 너무 단순한 처방이라고 생각했을지도 모른다. 그러나 믿기지 않겠지만, 수유 문제, 불규칙한 잠버릇 또는 산통으로 오인할 수 있는 증세 등 지금 어떤 문제가 있든지 상관없이, 종종 규칙적인 일과가 그 모든 문제를 해결할 수 있다. 그리고 아직도 힘든 시간을 보내고 있다면 이제는 적어도 올바른 방향으로 조금씩 나아갈 수 있을 것이다.

테리는 본의아니게 가스의 신호를 무시하고 있었다. 또한 가스가 따라올 수 있도록 안내하는 대신 스스로 알아서 하게 했다. 그렇다. 요즘 엄마들은 대개 아기가 하자는 대로 따라간다. 그것은 어쩌면 한때 아기들을 너무 강압적으로 길렀던 것에 대한 반동일지도 모른다. 그런데 유감스럽게도 그러한 철학이 부모들로 하여금 모든 체계와 규칙이 아기의 자연스러운 표현력과 발전을 저해한다는 잘못된 생각을 갖게 만든다. 나는 그런 엄마 아빠들에게 말한다. "댁의 아이는 아기에 불과해요. 무엇이 자신에게 좋은지 모른답니다." 아기를 존중해 주는 것과 내버려두는 것은 커다란 차이가 있다는 사실을 기억하자.

나는 가족 전체를 위한 방법을 추구하기 때문에 항상 부모들에게 말한다. "아기가 부모 생활에 따라오게 해야지 그 반대가 되면 안 됩니다. 만일 부모가 아기에게 맞추어, 아기가 원할 때 먹고 자고 한다면 머지않아 집안이 온통 혼란에 빠질 겁니다." 그래서 나는 항상 '처음 시작부터' 아기가 따라올 수 있는 확실하고 일관된 환경을 만들어 주고 부모가 솔선수범하라고 제안한다. 나는 그 방법을 E.A.S.Y.라고 부르는데, 실제로도 그 이름만큼이나 실천하기가 쉽다.

E.A.S.Y.는 누구나 쉽게 할 수 있다

E.A.S.Y.는 내가 아기를 처음 만나서 함께 시작하는 규칙적인 일과를 말한다. 이 일과는 태어난 첫날부터 시작하는 것이 가장 좋다. 한 주기를 3시간 정도마다 반복한다고 생각하고 다음의 과정을 순서대로 진행하면 된다.

♥ E－수유(Eating) 아기에게는 먹는 것이 무엇보다 중요한 일이다. 아기들은 꼬마 대식가다. 체중에 비교하면 뚱뚱한 사람보다도 2~3배의 칼로리를 섭취한다(4장에서 수유 문제를 자세히 설명하겠다).

♥ A－활동(Activity) 아기는 3개월이 될 때까지 약 70퍼센트의 시간을 먹고 자는 일로 보낸다. 잠을 자지 않을 때는 기저귀를 갈거나 목욕을 하거나 누워서 옹알이를 하거나 유모차를 타고 산책하는 것이 전부다. 우리가 볼 때에는 그다지 대단한 일 같지 않지만, 그런 것들이 다 아기가 하는 활동이다(5장에서 활동에 대해 좀더 설명하겠다).

♥ S—수면(Sleeping) 시간에 맞춰 자거나 불규칙하게 자는 것에 상관없이, 모든 아기는 자기 자리에서 잠드는 법을 배워야 한다. 그래야 독립성도 길러줄 수 있다(좀더 자세한 내용은 6장에서 설명하겠다).

♥ Y—엄마(You) 아기가 잠든 후에는 엄마 자신을 위한 시간이 있어야 한다. 불가능하다고? 아니다. E.A.S.Y.를 제대로 따라한다면 산모

E.A.S.Y. 시간표

아기들마다 조금씩 차이는 있지만, 보통 태어나서 3개월까지는 다음과 같은 순서대로 진행하면 된다. 물론 아기가 좀더 잘 먹고 혼자서도 잘 놀게 되면 약간씩 조정한다.

♥ E—수유 엄마젖이나 젖병으로 25분에서 40분간 먹는다. 2.7킬로그램이 넘는 정상아의 수유 간격은 2시간 반에서 3시간 정도이다.

♥ A—활동 45분 정도 활동한다. 기저귀를 갈고 옷을 입히고 하루 한 번 기분 좋은 목욕을 하는 것 등이 활동에 포함된다.

♥ S—수면 잠들기까지 15분 정도 걸리고, 30분에서 1시간 정도씩 낮잠을 자며 처음 2~3주가 지나면 밤에 점차 오래 자게 된다.

♥ Y—엄마 아기가 잠을 잘 때 1시간 정도 엄마를 위한 시간 여유가 있다. 아기가 크면 수유 시간이 짧아지고 혼자서도 잘 놀고 낮잠 시간이 길어지면서 엄마를 위한 시간도 많아진다.

가 몇 시간 간격으로 쉬면서 원기를 회복할 여유가 생기며, 일단 엄마가 건강해지면 모든 일이 좀더 수월해진다. 처음 6주(산후조리 시기) 동안, 산모는 출산의 충격에서 몸과 마음을 회복해야 한다. 서둘러 예전과 같은 생활로 돌아가려고 하거나 아기에게 수시로 젖을 먹이면 나중에 후유증이 생길 수 있다(7장에서 좀더 설명하겠다).

E.A.S.Y.는 부모들이 양극을 달리는 두 가지 육아법 사이에서 갈등하지 않아도 되는 합리적이고 실용적인 방법이다. 한쪽에는 아기를 올바로 '훈련'시키기 위해 아이를 엄하게 키우라고 말하는 전문가들이 있다. 그들은 가끔씩 아기를 울게 내버려두고 약간은 실망시킬 필요가 있다고 말한다. 울 때마다 안아주면 '응석받이'가 되므로, 철저하게 시간표를 지키고 엄마의 생활과 요구에 아기가 따라오도록 하라는 것이다.

한편 그 반대편에서는 요즘 유행하는, 아기가 하자는 대로 따라가라는 철학을 가진 사람들이 엄마들에게 '아기가 달라는 대로' 수유하라고 말한다. 하지만 그러다가는 아이를 결국 떼쟁이로 만들기 쉽다. 그 취지는 '자기 주장이 분명한 아이로 키우기 위해서는 엄마가 아이가 하자는 대로 모든 요구를 들어주어야 한다'는 것인데, 무턱대고 아기를 따라가다가는 부모의 생활을 포기해야 할 것이다.

사실, 위의 두 가지 방법에는 모두 문제가 있다. 하나는 아기를 존중하지 않는다는 것이고, 다른 하나는 부모를 존중하지 않는다는 것이다. 하지만 E.A.S.Y.는 아기의 요구뿐 아니라 가족 구성원 모두의 요구를 반영한다. 즉 아기에게 귀를 기울이고 주의깊게 관찰하면서 아기의 요구를 존중하는 동시에 가족의 생활에 적응시키는 방법이다. 아기가 요구할 때마다 먹이거나 정확한 시간표에 따라서 먹이는 것과 어떻게 다른지에 대해서는 보충설명을 참고하기 바란다.

아기의 요구에 따르는 방식	E.A.S.Y.	정확한 시간표 지키기
아기가 울 때마다 매일 10~12회 수유한다.	융통성을 허용하면서, 2시간 반에서 3시간 간격으로 수유 · 활동 · 수면 · 엄마의 시간이 반복된다.	정해진 시간표에 맞추어 3시간에서 4시간 간격으로 정기적인 수유를 한다.
아기가 주도하므로 예측 불가능하다.	아기가 따라올 수 있는 속도를 정해주고 다음에 무슨 일이 있을지 알게 하므로, 예측 가능하다.	예측 가능하지만 불안감을 조성한다. 부모가 정한 시간표에 아기가 따라오지 못할 수 있다.
부모는 아기의 신호를 이해하지 못하고 그 해석법 또한 배우지 않으므로 아기가 울면 무조건 배가 고픈 것으로 잘못 해석한다.	논리적이기 때문에 부모가 아기의 요구를 예상할 수 있으며 여러 가지 울음을 구분하기 쉽다.	시간표에 맞지 않으면 아기가 울어도 무시할 수 있다. 부모가 아기의 신호를 이해하지 못하고 그 해석법 또한 배우지 않는다.
아기가 시간표를 정하는 셈이므로 부모의 생활이 없다.	부모의 생활을 계획할 수 있다.	시간에 쫓긴다.
종종 한바탕 소동이 일어나는 등 혼란스럽다.	아기의 신호와 울음을 이해할 수 있기 때문에 양육에 자신감이 생긴다.	아기가 시간표와 맞지 않으면 종종 죄책감과 불안을 느끼고 화가 나기도 한다.

E.A.S.Y. 일과표 이래서 좋다

사람은 습관적인 동물이므로 나이에 상관없이 규칙적으로 하는 일들을 좀더 잘한다. 일상생활에는 보통 체계와 질서가 있으며, 모든 일에는 순서가 있다.

잠시 우리 자신의 일과를 생각해 보자. 의식적으로 느끼지는 못해도 우리는 매일 아침, 저녁식탁, 취침 시간에 되풀이되는 의식을 수행하고 있다. 그 중 한 가지라도 잘못되면 어떤 기분이 드는가? 수도 배관에 문제가 생겨서 아침에 샤워를 하지 못하거나, 출근길이 막혀서 다른 길로 돌아가야 한다거나, 식사 시간이 평소보다 조금 늦어지거나 하는 사소한 일 때문에 하루가 온통 엉망이 될 수도 있다. 아기라고 해서 다를 것이 없다. 아기들도 역시 우리처럼 정해진 일과가 있어야 하며, 그래서 E.A.S.Y.가 필요한 것이다.

♥ 아기는 뜻밖의 사건을 좋아하지 않는다. 아기의 섬세한 신체 체계는 매일 어느 정도 같은 시간에 같은 순서로 먹고 자고 놀고 할 때 최고로 기능한다. 물론 조금씩 달라질 수는 있지만 뒤죽박죽이 되면 곤란하다. 아기들, 특히 신생아들은 또 다음에 무슨 일이 있을지 아는 것을 좋아한다. 그들은 뜻밖의 사건에 잘 대처하지 못한다.

덴버 대학의 마셜 헤이스 박사가 실험한 신생아의 시각 인식에 관한 연구를 생각해 보자. 아기들의 눈은 처음 1년 동안 약간 근시이긴 하지만, 갓 태어나서부터 매우 종합적으로 사물을 인식하기 때문에 TV 화면에서 익숙한 유형을 볼 때 앞으로 일어날 일을 미리 찾는다고 한다. 헤이스는 아기들의 안구 운동을 추적함으로써 "아기들은 예상 가능한 이미지에 쉽게 적응한다. 그리고 예상이 빗나가면 당황한다"는 결론에 도달했다. 이 이론을 일반적인 상황에서도 적용할 수 있을까? '물론'이라고 헤이스는 말한다. "아기들은 정해진 절차를 필요로 하고 좋아한다."

♥ E.A.S.Y.는 아기가 자연스러운 일상사에 익숙해지도록 한다. 어떤 엄마들은 아기에게 젖을 먹인 후 곧바로 침대에 눕힌다. 아기들이 종종 수유 도중에 잠이 들기 때문일 수도 있다. 나는 두 가지 이유에서 그것이 바람직하지 않다고 생각한다. 첫째, 아기가 엄마젖이나 젖병에 의존하게 되어 얼마 안 가 잠들 때마다 찾을 것이다. 둘째, 아기가 정말 식사 후에 곧바로 잠자는 것을 좋아할지 의심스럽다. 우리는 휴일에 과식을 하지 않는 한 그렇게 하지 않는다. 대개는 식사 후에 어떤 활동을 하게 된다. 아침식사를 하고 나서 출근을 하거나 학교에 가고, 점심을 먹고 나서 좀더 일하거나 공부를 하거나 놀고, 저녁식사 후에는 목욕을 하고 취침하는 식으로 말이다. 아기도 그와 같은 순서에 자연스럽게 익숙해지도록 하자.

♥ 규칙과 체계는 가족 구성원 모두에게 안정감을 준다. 규칙적인 생활을 하면 자연히 아기가 따라올 수 있는 속도가 정해지고 다음에 무엇이 올지 알 수 있는 환경이 된다. E.A.S.Y.는 아기에게 귀를 기울이고 요구에 반응하는 것이므로, 그다지 정확하지는 않지만 부모가 정하는 합리적인 순서에 따라 일과를 진행하게 된다. 예를 들어보자. 저녁 5~6시 경에, 음식 냄새가 풍겨나오거나 시끄러운 음악소리가 들리거나 아이들이 소란을 피우지 않는 아기방이나 아니면 적어도 조용한 장소를 정해서 수유를 한다(E). 그 다음에는 활동 단계로 들어간다(A). 저녁 시간이라면 목욕을 시킨다. 목욕은 매번 같은 방식으로 한다(207~210쪽 참고). 잠옷이나 편한 옷을 입히고, 잘 시간이 되면 침실의 조명 밝기를 낮추고 조용한 음악을 틀어준다(S).

이 계획의 장점은 단순하면서도 단계마다 아기뿐 아니라 다른 가족들도 다음에 무슨 일이 있을지 알 수 있다는 것이다. 엄마 아빠는 자신의 생활을 계획할 수 있을 뿐만 아니라 다른 형제들도 뒷전으로 밀려나는 일이 없을 것이다. 결국 가족 모두가 필요한 사랑과 관심을 받을 수 있다.

♥ E.A.S.Y.는 아기의 말을 이해하는 데 도움이 된다. 나는 많은 아기들을 다루어왔기 때문에 아기의 언어를 알고 있다. 내 귀에는 "배가 고파요, 젖을 주세요"라는 울음이 "기저귀가 젖었어요, 갈아주세요"라는 울음과 분명히 다르게 들린다. 나의 목표는 부모들도 역시 아기의 언어를 이해할 수 있도록 귀를 기울이고 관찰하는 법을 가르치는 것이다. 하지만 시간과 연습이 필요하고 약간의 시행착오가 있을 수 있다. E.A.S.Y.는 엄마가 아기 언어에 익숙해지기 전까지 아기가 원하는 것을 알아챌 수 있도록 도와줄 것이다.

예를 들어보자. 아기가 수유를 하고 나서(E) 20분간 거실 담요에 누워 너울거리는 흑백의 선들을 바라보고 있다(A). 그러다가 갑자기 울기 시작하면 엄마는 아기가 피곤하다는 것을 알아채고 다음에 올 일, 즉 잠재울 준비를 한다(S). 아기 입에 무언가를 물리거나, 차에 태워 드라이브를 하거나, 살벌한 진동의자나 그네에 태우지 않고(그런 것들은 아기를 더욱 불편하게 만든다) 침대로 데려가서 잠자는 분위기를 만들어준다. 아기는 곧 혼자 잠이 든다.

♥ E.A.S.Y.는 아기에게 확실하면서도 융통성 있는 기준이 된다. E.A.S.Y.는 아기의 기질과 요구에 맞추어 적용할 수 있는 지침과 일과표의 역할을 한다. 나는 그레타의 엄마 준을 도와주면서 E.A.S.Y.를 네 차례나 변형시켜야 했다. 그녀는 첫달에만 모유를 먹이고 분유

로 바꿨다. 수유 방법이 바뀌면 규칙도 바꿔야 한다. 또 그레타는 심술쟁이 아기였으므로 그 까다로운 성격에 맞춰주어야 했다. 게다가 준은 그레타가 계획한 대로 정확히 따라주지 않으면 노심초사하는 완벽주의자였다. 그 모든 요인을 감안해서 E.A.S.Y.를 수정하고 조정할 필요가 있었다.

먹고 활동하고 자는 순서는 항상 그대로 유지되지만, 아기가 자라면서 E.A.S.Y. 또한 변한다. 68쪽의 신생아를 위한 E.A.S.Y. 시간표는 일반적으로 3개월까지 적용할 수 있다. 3개월을 전후로, 아기들은 깨어 있는 시간이 길어지고, 낮잠 자는 횟수가 줄어들고, 젖을 좀더 잘 먹으므로 먹는 시간이 오래 걸리지 않는다. 또 그때쯤이면 부모도 아기를 좀더 잘 알게 되므로 일과를 따라하기가 훨씬 쉬워질 것이다.

♥ E.A.S.Y.는 남편이나 다른 사람으로부터 도움받기에 편리하다.

갓난아기를 돌보는 엄마들은 흔히 자기 시간이 없다고 호소하면서 종종 남편이 육아를 도와주지 않는다고 원망한다. 내가 방문하는 많은 가정에도 그런 문제가 있다. 사실, 남편에게 하소연을 하다가 "뭐가 그렇게 불만이오? 겨우 아이 하나 키우는 걸 가지고"라는 말을 듣는 것처럼 울화가 치미는 일은 없다.

"하루종일 아이를 안고 걸어야 했어요. 2시간이나 울어댔어요." 엄마는 말한다. 그녀가 정말 원하는 것은 단지 하소연을 하는 것이다. 하지만 남편은 해결책을 제안한답시고 불쑥, "포대기를 사주지" 또는 "데리고 산책을 나가지 그랬어"라고 말한다. 그러면 엄마는 화가 나고 섭섭해진다. 남편 입장에서는 난처하고 귀찮다. 아내가 정말 어떻게 하루를 보내는지 모르는 남편은 '도대체 나보고 어떻게 하라는 거야?'라고 생각한다. 그래서 신문 뒤로 숨어버리거나 텔레비전을 켜고 좋아하는 농구 경기나 보고 싶어한다. 그쯤 되면 아내는 화가 머리끝까지 치밀어오르고, 두 사람은 함께 아기의 요구를 해결하기보다 부부싸움에 열중한다.

E.A.S.Y.가 구원해 줄 것이다! 생활에 체계가 잡히면 아빠는 엄마가 어떻게 하루를 보내는지 알게 될 것이고, 무엇보다 함께 참여할 수 있다. 남자들은 구체적인 임무가 주어지면 쉽게 도와준다. 남편이 7시에 집에 온다면 하루 일과에 따라 그에게 어떤 일을 맡길지 결정할 수 있다. 남자들은 대체로 저녁 수유를 하고 목욕시키는 것을 좋아한다.

드물기는 하지만, 아빠가 하루종일 집에 있고 엄마는 직장에 나가는 집도 있다. 나는 어느 쪽이든 밖에서 돌아오면 둘이서 함께 아기와 30분 정도를 보내라고 제안한다. 그러고 나서 하루종일 집에 있었던 사람에게 밖에 나가 산책을 하면서 기분전환을 할 수 있도록 해주자.

한마디 더

퇴근해서 집에 돌아오면, 하루종일 사무실 안에만 있었다고 해도 항상 옷을 갈아입어야 한다. 옷에 바깥 냄새가 배어 있으면 아기의 예민한 감각을 혼란시킬 수 있다. 또 옷을 갈아입으면 외출복이 더럽혀질까 봐 염려하지 않아도 된다.

라이안과 사라의 경우, E.A.S.Y. 덕분에 아기 테디에게 서로 잘하려고 하다가 말다툼을 벌이는 일이 줄어들었다. 라이안은 내가 처음 정기적으로 테디를 돌보게 되었을 때 여행을 많이 다녔다. 그는 집에 돌아오면 당연히 아들을 안고 어르면서 많은 시간을 보내고 싶어했다. 작은 테디는 오래지않아 아빠에게 안겨 있는 것에 익숙해졌고, 3주가 되었을 때에는 실제로 엄마가 아기를 내려놓는 것이 불가능해졌다. 아빠는 자기도 모르게 테디에게 항상, 특히 잠을 자기 전에 안아주어야 하는 버릇을 들여놓았다.

사라가 도움을 청했을 때 나는 테디가 사람을 '버팀목'으로 삼지 않고도 잠들 수 있고, 특히 그녀의 남편이 다시 여행을 떠난 후에 불쌍한 엄마가 아기를 안고 다녀야 하는 일이 없도록 바로잡아야 한다고 설명했다. 테디는 아직 어렸기 때문에 제자리로 돌아오기까지 이틀밖에 걸리지 않았다. 다행히 라이안은 E.A.S.Y.의 가치를 이해하고, 여행에서 돌아오면 아내를 도와주었다.

홀로 아기를 키워야 하는 엄마나 아빠는 어떨까? 그들에게는 곁에서 도와줄 사람이 없기 때문에 처음에 한동안 어려운 시간을 보낸다. 하지만 38세의 카렌은 아이를 혼자 키우는 것이 스트레스를 덜 받기 때문에 다른 부부들보다 오히려 낫다고 생각한다. "무엇을 해야 하고 어떻게 해야 하는지를 놓고 싸울 사람이 없잖아요."

사실 카렌은 E.A.S.Y. 덕분에 매튜를 돌봐줄 사람을 부르기가 수월했다. 그녀는 당시를 회상한다.

"모든 것을 적어놓고 가족이나 친구들이 아기를 대신 돌봐줄 때마다 매튜가 무엇을 필요로 하는지, 언제 낮잠을 자는지, 언제 노는지 등등을 정확하게 알려줄 수 있었죠. 어떻게 돌봐야 할지 고민할 필요가 없었어요."

시기를 놓치지 말자

여기서 이야기하는 규칙적인 일과라는 개념은 아마 여러분이 친구들에게 듣거나 다른 책에서 읽은 것과 상반될 것이다. 조그만 갓난아기의 하루를 계획하자고 말하면 대부분 반가워하지 않는다. 어떤 사람은 잔인하다고도 생각한다. 게다가 친지나 친구들뿐만 아니라 많은 책들이 보통 3개월 정도부터 일종의 일과표를 정하라고 제안한다. 그때가 되면 아기의 몸무게가 어느 정도 늘고 규칙적인 잠버릇이 생긴다는 것이다.

터무니없는 소리다! 무엇 때문에 기다리는가? 3개월이 되면 보통 어느 정도 안정된다. 하지만 3개월이 되었다고 해서 저절로 규칙적이 되는 것은 아니다. 대부분의 아기가 그 무렵에 현저한 발전을 하지만, 사실 규칙이란 나이 문제가 아니라 학습의 문제다. 천사 아기나 모범생 아기들은 그 이전에라도 스스로 규칙적이 된다. 하지만 그렇지 못한 아기들은 3개월이 되면 안정되는 것이 아니라, 먹거나 잠자는 일에서 '문제'가 생길 것이다. 이런 문제들은 대개 초기에 잡으면 피할 수 있거나 적어도 줄일 수 있다.

E.A.S.Y.는 엄마가 아기를 인도하면서 동시에 아기의 요구를 알게 해준다. 그래서 엄마들은 대개 3개월 정도가 되면 아기의 습관과 언어를 이해할 수 있다. 또한 아기에게 곧바로 좋은 습관을 들일 수 있다. 시기를 놓치지 말기 바란다. 즉 우리 가족이 어떻게 생활하는 것이 좋은지를 생각해서, 아기가 병원에서 집에 오는 첫날부터 그런 식으로 시작하라는 것이다. 아기의 요구를 들어주면서 동시에 가족 생활에 곧바로 동화시키는, 즉 가족 전체를 위한 육아라는 내 의견에 동의한다면 E.A.S.Y.를 따라하자. 물론 어떤 방법을 선택하는지는 각자에게 달려 있다.

문제는 부모들이 종종 스스로 선택한다는 사실을 모르는 채, 내가 '임기응변식 육아'라고 부르는 방식으로 생활한다는 것이다. 그들은 처음 몇 주일 동안 아기를 어떤 식으로 키울 것인지 생각하지 않고 지낸다. 아니면 부모의 태도와 행동이 아기에게 어떤 영향을 주는지 의식하지 못한다. 그래서 시기를 놓치게 된다.

사실, 상황을 어렵게 만드는 쪽은 아기가 아니라 부모다. 부모로서 우리는 항상 솔선수범해야 한다. 아기보다는 우리가 더 많이 알고 있다! 아기들이 저마다 자신의 독특한 개성을 타고나는 것은 사실이지만, 부모가 어떻게 하느냐에 따라 달라지기도 한다. 나는 부모가 우왕좌왕하는 바람에 천사 아기와 모범생 아기들이 '떼쟁이'로 변하는 것을 보아왔다. 아기가 어떤 기질이건, 아기의 버릇을 들이는 것은 부모의 손에 달려 있다. 따라서 우리 자신이 어떻게 하고 있는지를 돌아봐야 한다.

또한 우리의 일과에 비추어 생각해 보자. 우리의 하루가 뜻밖의 사건이나 방해로 일상의 균형을 잃어버린다면 어떻겠는가? 짜증이 나고 불안하며 화가 나서 식욕이 떨어지고 잠을 이루지 못할 수도 있다.

깨어 있는 육아

불교에서는 주변을 완전히 의식하면서 순간순간에 전념하는 것을 '깨어 있는' 상태라고 부른다. 나는 신생아를 돌볼 때도 그런 자세로 임하라고 제안한다. 우리가 은연중에 아이에게 어떤 버릇을 들이고 있는 것은 아닌지 좀더 주의를 기울이자. 아기를 안고 재우는 부모들에게 나는 9킬로그램의 감자 바구니를 들고 1시간 반 동안 그렇게 서 있어 보라고 한다. 이제부터 몇 달 동안 그런 식으로 살 수 있겠는가? 그리고 끊임없이 아기 비위를 맞춰주려는 부모들에게 묻는다. "아이가 좀더 컸을 때 당신은 어떤 생활을 하고 싶나요?" 엄마가 다시 직장에 나갈 경우 아니 집에 있더라도 아기가 끊임없이 엄마를 찾으면 마음이 편하겠는가? 엄마 자신을 위한 시간도 필요하지 않겠는가? 그렇다면 지금부터 아기가 독립할 수 있도록 해야 한다.

신생아들도 마찬가지다. 다만 스스로 자신의 일과를 조절하지 못할 뿐이다. 그래서 부모가 대신 그들의 일과를 정해주어야 한다. 만일 아기가 따라올 수 있는 적당한 계획을 세워주면 아기는 좀더 편안하게 느끼고 엄마도 덜 힘들어진다.

즉흥적인 부모와 계획적인 부모

처음에 부모들은 종종 규칙적인 일과라는 개념을 거부한다. 내가 "자, 당장 아기의 하루 계획표를 만들어봅시다" 라고 하면 그들은 기겁을 한다.

"오, 안 돼요!" 엄마 아빠는 소리를 지른다. "책을 보니까 아기를 따라가고 뭐든지 아기가 원하는 대로 해주라고 하던데요. 그렇지 않으면 아기가 불안정해진대요." 그들은 아기의 일과를 정한다는 것이 아기의 신체 리듬을 무시하거나 아기가 울어도 내버려두는 것이라고 잘못 받아들인다. 하지만 결코 그렇지 않다. E.A.S.Y.를 따라가면 부모가 아기의 요구를 좀더 잘 이해하고 해결해 줄 수 있다.

어떤 부모들은 규칙적인 일과가 부모의 자유를 모두 앗아갈 것이라고 생각한다. 나는 최근에 그렇게 생각하는 젊은 부부를 방문했다. 그들이 사는 모습을 보니, '자연스러운' 육아라고 생각되는 방식을 취하는 대개의 젊은 부부들이 그렇듯이, 틀에 박힌 것은 절대 원하지 않는다고 말하고 있었다.

전직 치위생사였던 클로에는 집에서 산파의 도움으로 출산했다. 컴퓨터 귀재인 세스는 육아를 분담하기 위해 재택 근무직을 택했다. 내가 이사벨라는 보통 언제 젖을 먹나요?" "언제 낮잠을 자죠?" 하고 묻자 두 사람은 멍하니 나를 바라보았다. 잠시 후 세스가 겨우 입을 열었다. "글쎄요, 그날그날에 따라 다르죠."

처음 E.A.S.Y.에 거부 반응을 보이는 부부들은 대개 내가 즉흥적·계획적 육아라고 부르는 방식 중에서 어느 한쪽으로 기운다. 즉흥적인 부모는 클로에와 세스처럼, 자유로운 생활 방식을 소중하게 여긴다. 어떤 사람들은 자신이 워낙 천성적으로 자유분방하기 때문에 달라질 수 없다고 생각하기도 한다. 그러나 의지만 있다면 달라질 수 있다. 또는 테리처럼, 규칙적으로 생활했던 이전의 방식을 좀 느슨하게 풀어놓고 싶어하는 부모도 있다. 어떤 경우든, 내가 '규칙적인 일과'라고 말하면, 그들은 '예정표'라는 의미로 받아들이고 '시간표 짜기'와 '시계보기'라고 생각한다. 그래서 내가 그들의 모든 자유를 포기하라고 요구하는 것처럼 크게 오해한다.

완전히 무질서하거나 자유방임적인 생활을 하는 부모를 만나면 나는 솔직하게 말한다. "그런 습관을 아이에게 물려주기 전에 부모부터 먼저 고쳐야 해요. 내가 아기의 울음소리를 이해하고 아기의 요구에 맞추는 방법을 가르쳐줄 수는 있지만, 부모 스스로 올바른 환경을 제공하기 위해 노력하지 않는 한 아기에게 안정감과 평온을 줄 수 없답니다."

그 반대편에는 계획적인 부모들이 있다. 두 사람 모두 헐리우드에서 경영인으로 성공한 댄과 로잘리는 철저하게 규칙적인 부모다. 집은 빈틈없이 정돈되어 있고 그들은 일분일초까지 철저하게 시간을 지키면서 생활한다. 로잘리는 9개월 동안 자신의 취향에 딱 맞는 아기를 꿈꿔왔다. 하지만 귀여운 위니프레드가 태어난 후 몇 주 만에 그들은 모든 것이 기대했던 것과는 다르다는 것을 깨달았다. "위니는 대체로 시간표를 지키고 있지만 때때로 새벽에 잠을 깨거나 먹는 데 너무 오래 걸립니다." 로잘리가 설명했다. "그러면 하루종일 정신이 없죠. 위니가 우리를 따라올 수 있게 하는 방법이 없을까요?" 나는 로잘리와 댄에게, 일관성이 중요하지만 융통성도 역시 인정해야 한다고 설득했다. "아기의 신호에 따라 조정해야 합니다. 아기는 세상에 적응하고 있는 중입니다. 부모의 시간에만 따라주기를 기대할 순 없죠."

대부분의 부모들은 결국 받아들인다. 그들은 처음에 E.A.S.Y.를 거부하고 몇 주일이나 몇 달 동안 자기식대로 해보다가 나에게 전화를 한다. 생활이 혼란에 빠지거나 아이가 괴팍해지거나 혹은 아기가 원하는 것이 무엇인지 모르기 때문이다. 이전에 매우 체계적이고 계획적으로 살았던 엄마는, 아기가 왜 자신의 생활에 따라와주지 않는지 이해하지 못한다. 한편 무기력한 아기가 하는 대로 맡겨두는 엄마는, 자신이 왜 샤워를 하거나 옷을 갈아입지 못하고 심지어는 숨쉴 시간조차 없는지 의아해한다. 그들은 몇 주일씩 남편과 대화하거나 식사조차 함께 하지 못한다. 어떤 경우든, 내 대답은 E.A.S.Y.로 혼란을 평화로 바꾸라는 것이다. 아니면 통제하겠다는 생각을 아예 포기하는 것이 좋다.

나는 즉흥적인가, 계획적인가

물론, 우리 중에는 천성이 계획적인 사람들도 있고 닥치는 대로 일을 해결하는 즉흥적인 사람들도 있겠지만, 대부분은 그 중간 정도에 속한다. 그렇다면 나는 어떨까? 부모 자신이 얼마나 즉흥적인지, 혹은 얼마나 계획적인지 판단할 수 있는 간단한 테스트를 해보자. 각 항목은 내가 지난 20년간 만나온 여러 가정에서 보았던 것을 기초로 해서 만든 것이다. 부모가 어떤 식으로 집을 관리하고 생활하는지 관찰해보면 그들에게 아기가 생겼을 때 규칙적인 일과를 어느 정도 편안하게 적용할 수 있을지 대충 짐작할 수 있다.

각각의 질문에 대해 자신에게 가장 근접한 숫자에 체크한다. 각 숫자의 기준은 다음과 같다.

5–항상 그렇다
4–대체로 그렇다
3–가끔 그렇다
2–대체로 그렇지 않다
1–절대 그렇지 않다

시간표에 따라 생활한다.	5 4 3 2 1
사람들이 찾아오기 전에 전화해 주기를 바란다.	5 4 3 2 1
물건을 사거나 세탁물을 찾아오면 즉시 정리한다.	5 4 3 2 1
오늘 할 일과 1주일 동안 할 일에 우선 순위를 정한다.	5 4 3 2 1
책상이 말끔하게 정리되어 있다.	5 4 3 2 1
필요한 식료품과 다른 생활용품을 1주일치씩 쇼핑한다.	5 4 3 2 1
사람들이 지각하는 것을 참지 못한다.	5 4 3 2 1
지키지 못할 약속을 하지 않으려고 노력한다.	5 4 3 2 1
어떤 일을 시작하기 전에 필요한 것들을 준비해 둔다.	5 4 3 2 1
정기적으로 창고를 정리 정돈한다.	5 4 3 2 1
일이 끝나면 사용한 것들을 모두 제자리에 넣어둔다.	5 4 3 2 1
미리 계획을 세운다.	5 4 3 2 1

각 항목의 숫자를 모두 더해서 12로 나누어보자. 1에서 5까지 나온 숫자에 따라 우리가 어떤 타입인지 판단해 볼 수 있다. 부모 자신에 대해 아는 것이 왜 필요할까? 만일 부모가 어느 한쪽으로 너무 지나치면, 즉 너무 철저하거나 반대로 너무 자유방임적이면, E.A.S.Y.를 따라하기가 처음에는 힘들 수 있다. 그렇다고 해서 E.A.S.Y.가 불가능한 것은 아니지만 대충 중간에 속하는 부모보다는 좀더 주의깊게 참을성을 갖고 접근해야 한다. 각각의 점수에 따라 어떤 문제점들이 있는지 살펴보자.

♥ 5~4 당신은 아마 매우 조직적인 사람일 것이다. 정리 정돈하기를 좋아하고 규칙적인 일과에 이의를 제기하기보다는 환영하는 편이다. 따라서 아기의 기질과 요구에 따라 하루 일과를 융통성 있게 운영하는 사소한 변화조차 힘들어할 수 있다.

♥ 4~3 당신은 어느 정도 계획성이 있지만, 유난스럽게 깔끔하거나 체계적이지는 않다. 때때로 집이나 사무실을 어질러놓지만 결국은 다시 정리 정돈해서 질서를 회복한다. 아마 큰 부담을 느끼지 않고 E.A.S.Y.를 따라할 수 있을 것이다. 그리고 어느 정도는 융통성이 있기 때문에 아기의 성향에 비교적 수월하게 적응할 것이다.

♥ 3~2 당신은 다소 어수선하고 정돈이 안 되지만, 절대로 엉망진창이 되지는 않는다. 다만, 규칙적으로 생활하기 위해서는 계획표를 세울 필요가 있다. 매일 아기가 먹고 놀고 자는 시간을 정확하게 적어두자. 또 해야 할 일은 목록을 만들어두는 것이다. 장점이라면 어느 정도 이미 혼란에 익숙하기 때문에 아기와의 생활이 그렇게 당황스럽지 않다는 것이다.

♥ 2~1 당신은 매우 즉흥적이고 임기응변식이다. 규칙적인 일과에 맞추기가 꽤 힘들 것이다. 따라서 반드시 모든 것을 적어놓아야 한다. 당신에게는 혁명적인 변화겠지만 극복해야만 한다. 아기가 생겼다는 것은 그만큼 혁명적인 일이다!

혼란을 평화로 바꾸는 E.A.S.Y. 육아법

다행히, 우리는 표범과 다르다.* 몇몇 드문 경우를 제외하고 우리 대부분은 자신의 무늬를 바꿀 수 있다. 부모의 성격 테스트에서 중간에 속하는 부모들이 E.A.S.Y.에 금방 적응하는 것은 천성적으로 융통성이 있기 때문일 것이다. 그들은 체계의 이점을 알고 있을 뿐만 아니라 어느 정도의 혼란도 참아낸다.

또한 E.A.S.Y.는 운영이 가능하고 체계적인 방법이므로, 성취욕이 크거나 철저한 부모라고 해도 완벽을 추구하는 성향에서 스스로 해방될 수 있다면 편안하게 따라할 수 있다. 다만 좀더 융통성을 발휘해야 할 때가 있을 것이다. 무엇보다 반가운 점은 무질서한 부모들도 역시 E.A.S.Y.의 논리와 이점을 이해한다는 것이다.

♥ 한나 처음 만났을 때 즉흥적 · 계획적 테스트가 5로 나온 한나는 그 동안 힘든 여행을 해온 것 같았다. 그녀는 시간에 맞춰 수유해야 한다고 말하면 실제로 곧이곧대로 하는 사람이었다. 완벽주의자인 한나는 병원에서 양쪽 젖을 각각 10분씩 먹이라는 말을 듣고, 정확히 그대로 했다. 그러나 나는 이 방법에 절대로 반대한다. 그녀는 아기에게 젖을 먹일 때마다 타이머를 맞춰놓았다. 요란한 벨소리가 들리면 한쪽 젖을 빼고 다른 쪽 젖을 물렸다. 10분이 지나 다시 벨이 울리면 재빨리 아기방으로 옮겨 낮잠을 재웠다.

내가 기겁한 것은 그런 다음에도 다시 타이머를 맞춰놓는다는 사실

* '표범이 그 반점을 바꿀 수 있느뇨' 라는 성서 구절이 있는데, 본성은 고치지 못한다는 뜻이다.

E.A.S.Y.가 어려운 경우

드물기는 하지만, 대개 다음과 같은 이유 때문에 규칙적인 일과에 잘 적응하지 못하는 부모들도 있다.

- 앞을 내다보지 않는다. 좀더 길게 보면 신생아 시기는 잠시뿐이다. E.A.S.Y.를 종신형으로 보는 부모들은 신음하고 투덜거리면서 아기를 이해하고 즐기는 여유를 갖지 못한다.
- 충실히 지키지 않는다. 시간이 가면서 일과가 변하거나 아기의 특성이나 요구에 따라 조정해야 할지도 모른다. 그래도 수유 · 활동 · 수면 · 엄마의 시간은 순서대로 지켜야 한다.
- 절충안을 받아들이지 않는다. 아기가 부모의 요구에 따라야 한다고 생각하거나, 아기가 가정을 지배하는 아기 위주의 생활 철학을 신봉한다.

이었다. "10분마다 방에 들어가 봅니다. 아직 울고 있으면 아기를 달래주죠. 그리고 계속 10분마다 확인하면서 아기가 잠들 때까지 되풀이합니다." 미리엄이 그 10분 중에서 얼마 동안 울었는지는 상관이 없었다. 단지 타이머가 지배했다.

"그 끔찍한 타이머는 던져버려요!" 나는 일부러 최대한 신경질적으로 말했다. "자, 미리엄의 울음소리를 잘 듣고 무슨 말을 하려고 하는 건지 알아내보자구요. 젖 먹는 모습을 관찰하면서 귀여운 몸을 지켜보세요. 아기의 신호를 살피면서 뭘 요구하는지 알아봅시다." 나는 즉시 E.A.S.Y.를 설명하고 한나에게 일과표를 만들게 했다. 엄마가 그 일과표에 익숙해지기까지는 몇 주일이 걸렸지만, 미리엄은 얼마 안가 젖을 먹고 나서 한참씩 혼자서 놀았다. 그러다가 피곤한 기색이 보이면 침대로 옮겨졌다. 미리엄은 즉시 적응했던 것이다.

♥ 테리 처음에 테리는 '규칙적인 일과'라는 말을 듣고 경악했지만 즉흥적 · 계획적 테스트는 3.5 사이였다. 개인적으로 나는 4에 가깝다고 생각한다. 테스트에 대한 그녀의 대답에는 아마 자신의 희망사항이 반영되었을 것이다.

어쨌든 그녀는 일단 E.A.S.Y.에 대한 거부감을 극복했으므로, 우리는 먼저 가스를 규칙적으로 먹이는 일에 집중했다. 나는 테리에게 가스가 사실은 젖을 아주 잘 먹으며, 젖에 오래 매달려 있는 것은 단지 빨기 위한 것이라고 설명해 주었다. 그녀는 곧 아기가 배가 고파서 우는 것인지 아니면 피곤해서 칭얼거리는 것인지, 소리를 듣고 구분하게 되었다. 나는 또한 가스의 수유 · 활동 · 낮잠 시간과 엄마의 시간까지 일지로 기록할 것을 제안했다(93쪽 참고). 하루의 진행 상황이 일목요연하게 드러나고, 다음에는 무슨 일이 있을지 알게 되자 테리는 가스의 울음소리를 좀더 정확하게 해석할 수 있었고 또 자신을 위한 시간의 여유도 생겼다. 그녀는 스스로 좀더 훌륭한 부모가 되었다고 느꼈고, 사실 모든 면에서 훨씬 편안해질 수 있었다.

2주 후에 그녀가 전화했다. "이제 겨우 아침 10시 30분이에요, 트레이시. 그런데 나는 벌써 일어나서 옷을 입고 볼일을 보러 나갈 준비를 다 끝냈어요." 그녀가 자랑스럽게 말했다. "그렇게 자유롭고 싶을 때에는 정말 쩔쩔매면서 살았는데, 이젠 오히려 여유가 생겼다는 게 우습지 않아요!"

♥ 트리샤와 제이슨 두 사람 모두 컨설턴트로서 집에서 일하는 트리샤와 제이슨은 즉흥적 · 계획적 테스트 결과가 거의 1에 가까웠다.

그들은 30대 중반의 다정다감한 부부였지만, 나는 처음에 그 집 거실에 앉아 상담하면서 말라비틀어진 도넛과 오래된 커피잔과 여기저기 흩어진 서류가 보이는 사무실 문을 닫아버리고 싶은 충동을 느꼈다. 그 집은 분명 혼돈이 지배하고 있었다. 의자 위에는 더러운 빨래가 걸려 있고, 바닥에도 양말과 스웨터와 온갖 생활용품이 어지럽게 널려 있었다. 부엌에는 찬장이 열려 있고 싱크대에는 더러운 접시들이 수북이 쌓여 있었다. 그 모든 것이 트리샤와 제이슨에게는 아무렇지도 않은 듯했다.

현실을 부정하는 일부 부부들과는 달리, 당시 임신 9개월째였던 트리샤와 제이슨은 일단 아기가 태어나면 그 모든 것이 달라질 것이라고 인정했다. 나는 일단 아기가 태어나면 그들의 생활 방식에 현실적이고 구체적인 변화가 있어야 한다고 설명했다. 아기가 지나친 자극을 받지 않고 먹고 놀고 잘 수 있는 성역이 필요하고, 트리샤와 제이슨은 아기에게 필요한 정돈된 환경을 몸소 만들어주어야 한다고 나는 이 부부에게 설명했다.

엘리자베스는 토요일에 태어났고 다음날 집으로 왔다. 나는 그들에게 당장 필요한 물건들을 적어주었다. 그들은 기특하게도 그것들을 모두 사두었지만, 아기방을 꾸미고 포장을 풀고 필요한 것들을 모두 손닿는 곳에 준비해 두는 일에는 서툴렀다. 그런 몇 가지 문제점은 있었지만 트리샤와 제이슨은 믿기 어려울 정도로 E.A.S.Y. 일과를 훌륭하게 유지했다. 엘리자베스가 모범생 아기라는 점도 도움이 되었다. 엘리자베스가 2주일째 되자 아무 문제 없이 E.A.S.Y.에 따라 생활하게 되었고, 6주일째 되었을 때에는 밤에 깨지 않고 5~6시간씩 잘 잤다.

트리샤와 제이슨의 기본적인 생활 방식에는 변함이 없다. 그러나 적어도 그들은 출발이 좋았다. 그들의 집은 예전보다는 나아졌지만 여전히 전쟁터처럼 보인다. 그래도 그들 부부는 아기를 위해 안전하고 편안한 환경을 만들어주고 아기가 따라올 수 있는 속도를 정해주었기 때문에, 귀여운 엘리자베스는 무럭무럭 잘 자라고 있다.

마찬가지로, 테리는 여전히 가스에 대한 사랑과 직장에 대한 아쉬움 사이에서 갈등한다. 그녀는 다시는 일을 하지 않기로 했지만 언제 마음이 바뀔지 모른다. 만일 직장에 나간다고 해도, E.A.S.Y.를 계속한다면 그녀와 가스는 원만하게 적응할 것이다.

그리고 한나는 역시 아직도 한나다. 그녀는 더 이상 타이머를 맞추어놓지는 않지만 그녀의 집은 완벽하게 정돈되어 있다. 미리엄이 아직 걸어다닐 나이가 되지는 않았지만, 아직까지는 아기를 키우는 집처럼 보이지 않는다. 하지만 적어도 한나는 딸이 하는 말을 알아듣게 되었다.

우리 아기는 얼마나 수월한가

물론, 아기가 얼마나 잘하는지는 아기에게도 달려 있다. 우리 첫딸 사라는 '씩씩한 아기'로 1시간이 멀다하고 떼를 쓰고 고집을 피웠다. 눈치가 빠르고, 요구하는 것이 많고, 눈을 뜨자마자 자신에게 관심을 보여주기를 바랐다. 나는 기진맥진했다. 유일한 방법은 우리 둘 다 일관된 체계를 몸에 익히는 것이었다. 나는 일정한 취침 의식을 꾸준히 지켜나갔다. 내가 흔들리면 사라는 궤도를 벗어나서 걷잡을 수 없는 지경이 되어버렸다.

둘째딸 소피는 처음부터 '천사 아기'였다. 사라의 소동에 익숙해진 나는 새로 태어난 아기가 늘 조용하기만 한 것이 마냥 신기했다. 솔직히, 아침마다 아기침대를 기웃거리면서 소피가 숨을 쉬는지 확인해 보았을 정도다. 소피는 깨어나면 눈을 말똥말똥 뜨고 만족스러운 듯 옹알이를 하면서 장난감을 갖고 놀았다.

우리 아이는 정확히 어떨까? 확실히 알 수는 없지만 한 가지만은 확실하다. E.A.S.Y.가 맞지 않는 아기나 규칙적인 일과로 개선되지 않는 가정은 없었다는 것이다. 만일 천사 아기나 모범생 아기라면 엄마가 많은 노력을 기울이지 않아도 순조로운 출발을 할 수 있을 것이다. 그러나 다른 성격의 아기들은 좀더 많은 도움이 필요하다. 그러면 각각의 아기는 대강 어떤 모습을 보여주는지 알아보자.

♥ 천사 아기 온화하고 순종적인 성격의 이런 아기들은 당연히 규칙적인 일과에 쉽게 적응한다. 에밀리가 그랬다. 우리는 아기를 병원에서 집으로 데려오자마자 E.A.S.Y.를 시작했다. 첫날 에밀리는 침대에서 밤 11시부터 새벽 5시까지 잤고, 계속 그렇게 자다가 3주째부터 밤 11시에서 7시까지 잤다. 엄마는 친구들의 부러움을 샀다. 내 경험에 비추어보면, 천사 아기들은 규칙적인 일과를 유지하면 보통 3주가 되기 전에 밤새 잔다.

♥ 모범생 아기 이런 성격의 아기들은 예측이 가능하므로 다루기가 쉽다. 일단 일과를 정해서 시작하면 별 문제 없이 따라온다. 토미는 규칙적으로 일어나서 젖을 먹고 밤 10시부터 새벽 4시까지 단잠을 잤으며, 6주째가 되자 아침 6시까지 잤다. 모범생 아기들은 보통 7~8주 정도 되면 밤새 잔다.

♥ 예민한 아기 가장 조심해서 다루어야 하는 아기이며, 예측 가능한 일과를 좋아한다. 일관된 생활을 할수록 엄마와 아기가 서로를 좀더 잘 이해하게 된다. 아기가 보내는 신호를 정확히 읽는다면, 보통

8~10주 정도 되면 밤새 잔다. 만일 그렇지 않다면 조심해야 한다. 예민한 아기를 규칙적인 일과로 키우지 않으면 아기 울음소리를 판별하기 어려워지고, 아기는 더 신경질적이 된다.

아이리스에게는 방문객이 갑자기 찾아오거나 밖에서 개가 짖는 소리까지 거의 모든 것이 혼란스러울 수 있다. 엄마는 아이리스의 신호에 세심한 주의를 기울여야 한다. 만일 배가 고프거나 피곤하다는 신호를 알아채지 못하고, 젖을 주지 않거나 침대에 눕히지 않으면 곧 칭얼거리다가 울기 시작해서 달래기가 어려워진다.

♥ 씩씩한 아기 자기 생각이 분명한 이런 성격의 아기는 엄마가 정해준 시간표에 저항하는 것처럼 보일 수 있다. 또는 엄마가 어느 정도 적절한 일과를 정했다고 생각하는데 아기가 따라오지 않을 수도 있다. 그럴 때는 하루 정도 아기의 신호를 지켜보자. 아기가 요구하는 것을 관찰한 후에 다시 계속하면 된다.

씩씩한 아기들은 자신에게 어떤 것이 맞고 안 맞는지를 표현한다. 바트는 어느 날부터 갑자기 엄마가 젖을 먹이려고 할 때마다 엄마의 젖을 물고 잠을 자기 시작했다. 엄마는 아기를 깨우기가 곤란했다. 이미 4주 동안 E.A.S.Y.를 진행한 후였다. 나는 엄마에게 하루 동안 주의깊게 아들에게 귀를 기울이고 관찰하라고 했다. 그러자 바트가 낮잠을 충분히 자지 못하고 있다는 것을 분명히 알 수 있었다. 또 엄마는 바트가 잠에서 깨어날 때 아기의 신호에 귀를 기울이는 대신 너무 성급하게 끼여든다는 것도 깨달았다. 그때 잠시 기다리면 다시 잠이 들어 좀더 오래 잘 수 있고, 그러면 젖을 먹을 때 좀더 맑은 정신으로 깨어 있게 된다. 바트는 다시 E.A.S.Y.로 돌아갔다.

씩씩한 아기들은 밤새 잠을 자게 되기까지 12주 정도 걸린다. 마치 뭔가 아쉬워 잠자기를 싫어하는 것처럼 행동한다. 또 종종 진정시키기까지 오랜 시간이 걸리기도 한다.

♥ 심술쟁이 아기 이런 성격의 아기들은 모든 것이 마땅치 않기 때문에 어떤 식의 일과도 좋아하지 않을 수 있다. 하지만 E.A.S.Y.에 따라 일관성을 유지한다면 아기가 훨씬 행복해질 것이다. 매우 괴팍하지만 다음에 무슨 일이 있을지 알고 있으면 목욕, 옷 입히기, 수유를 좀더 수월하게 할 수 있다. 그리고 좀더 만족할 것이다.

심술쟁이 아기는 체계와 지속적인 관심을 필요로 할 때 종종 산통 증세를 보인다. 스튜어트가 그랬다. 혼자서는 잘 놀지 않고, 기저귀 가는 것도 싫어하고, 젖을 먹을 때도 투정을 부렸다. 스튜어트의 신체 리듬은 엄마에게 맞지 않았다. 엄마는 특히 뚜렷한 이유 없이 한밤중에 일어나고 싶지 않았다. 엄마가 E.A.S.Y.를 시작하자 아기의 일과는 좀더 규칙적으로 바뀌었고 밤에도 오래 잤다. 낮에는 더 잘 따라주었다. 심술쟁이 아기들은 6주째가 되면 밤새 잠을 잔다. 사실, 이런 아기들은 소란스러운 분위기로부터 멀리 떨어져 침대에 파묻혀 있을 때가 가장 행복해 보인다.

1장을 시작하면서 여러분에게 소개한 아기의 '기질'에 대해 다시 한 번 말해두겠다. 어떤 아기들은 한 가지 이상의 기질을 보일 수 있다. 여기에 써 있는 것과 똑같을 수는 없다. 다만 분명한 것은, 어떤 아기들은 다른 아기들보다 좀더 수월하게 E.A.S.Y.를 따라한다는 것이다. 그리고 우리 딸 사라처럼 규칙적인 일과를 더 필요로 하는 아기들도 있다.

우리 아기에게 필요한 것은 무엇인가

이제 부모 자신에 대해 알고, 또 아기를 어느 정도 예상할 수 있게 되었다. 시작이 반이라는 말이 있다. 하지만 로마는 하루아침에 이루어진 것이 아니다. 처음 몇 주일은 규칙적인 일과가 불안정할지도 모른다. 엄마 아빠에게는 시간과 인내가 필요하다. 그리고 계획을 꾸준히 실천하는 일관성이 요구된다. 다음과 같은 몇 가지 요령을 알아두면 도움이 될 것이다.

♥ 모든 것을 기록한다. 내가 부모들에게 제시하는 도구 중에, 특히 즉흥적인 부모들에게 도움이 되는 E.A.S.Y. 일지가 있다. 이 일지를 통해 엄마와 아기가 어느 단계에 와 있고 지금 어떻게 하고 있는지 알 수 있다. 특히 아기가 태어나서 처음 6주 동안에는 일지를 기록하는 것이 매우 중요하다. 엄마 자신의 산후조리에 대해서도 기록하는 것을 잊지 말자.

7장에서 좀더 자세히 설명하겠지만, 산모는 첫 6주 동안 아기 돌보는 방법을 배워야 할 뿐만 아니라 충분한 휴식을 취해야 한다.

처음 며칠에서 1주일 동안 아기가 어떻게 하고 있는지 유심히 관찰해야 한다. 예를 들어, 아기가 먹는 양이 점차 늘어나는 것이나 젖에 매달려 있는 시간을 보고 아기의 성장 속도를 알 수 있다. 30분 정도에 수유가 끝나다가 갑자기 50분에서 1시간 정도 젖을 빤다면, 아기가 정말 먹고 있는 것인지 아니면 단지 엄마 젖을 만지면서 잠을 청하는 것인지를 알아야 한다. 그러자면 아기를 잘 관찰해야 한다. 그 과정에서 엄마 아빠는 아기의 특별한 언어와 습관을 배울 수 있다.

엄마의 E.A.S.Y. 일지

날짜

수유						활동		수면	엄마
시간	양	오른쪽 젖	왼쪽 젖	대변	소변	무엇을 얼마나 오래 했나?	목욕	시간	휴식은? 다른 용무는? 깨달음? 소견은?

이 일지는 단지 엄마 입장에서 만든 견본이다. 4장에서 6장까지 수유, 배변, 활동을 비롯한 아기들의 모습에 대해 좀더 자세히 설명할 것이므로, 엄마가 아기의 성장을 측정하는 추가 지침으로 삼을 수 있을 것이다. 이 일지는 또한 여러분 각자의 특별한 상황에 맞추어 조정할 수 있다. 만일 엄마 아빠가 반반씩 육아를 분담한다면 누가 무엇을 하는지 표시한다. 또 아기가 미숙아거나 다른 문제를 갖고 퇴원했다면, 특별히 필요한 보살핌을 기록하는 난을 추가해야 할 것이다. 중요한 것은 일관성이다. 일지는 단지 E.A.S.Y. 일과를 유지하기 위한 보조 수단일 뿐이다.

♥ 아기를 한 인간으로 생각한다. 우리가 알아야 할 것은 아기가 특별하고 독특한 한 인간이라는 사실이다. 아기 이름이 레이첼이라면 그냥 '아기'가 아니라 레이첼이라는 이름을 가진 한 인간이라고 생각하자. 엄마는 레이첼의 하루가 어떤 순서로 진행되는지, 즉 수유 · 활동 · 낮잠의 순서로 진행된다는 것을 알고 있다. 하지만 레이첼에 대해서도 알아야 한다. 며칠 동안 판단을 보류하고 레이첼을 관찰하고 실험하는 과정을 거쳐야 할지도 모른다.

한마디 더

아기는 우리의 '소유물'이 아니다. 아기는 우리에게 맡겨진 독립된 한 인간이라는 사실을 기억하자.

♥ 말 그대로 편안하게 한다. E.A.S.Y.는 아기들이 편하고 단순하고 느린 움직임을 좋아한다는 사실을 상기시켜 주는 방법이기도 하다. 그것이 아기들의 자연스러운 리듬이며, 엄마는 아기의 리듬을 존중해야 한다. 아기가 엄마의 속도에 맞춰 따라오게 하는 것이 아니라 엄마가 아기에게 맞춰 속도를 늦추어야 한다. 그러면 서두르지 않고 아기를 지켜보면서 귀를 기울일 수 있을 것이다. 아기의 느슨한 속도에 따라 그 리듬에 맞추는 것은 아기뿐 아니라 엄마에게도 좋은 일이다. 그래서 나는 엄마들에게 아기를 안아올리기 전에 먼저 심호흡을 세 번 하라고 말한다. 다음 장에서는 속도를 늦추고 세심히 관찰하고 관심을 기울이는 것에 대해 좀더 설명하겠다.

3장

S.L.O.W.로 속도를 늦추자

서두르지 말고, 욕심내지 말고, 천천히 아기의 언어를 배우자

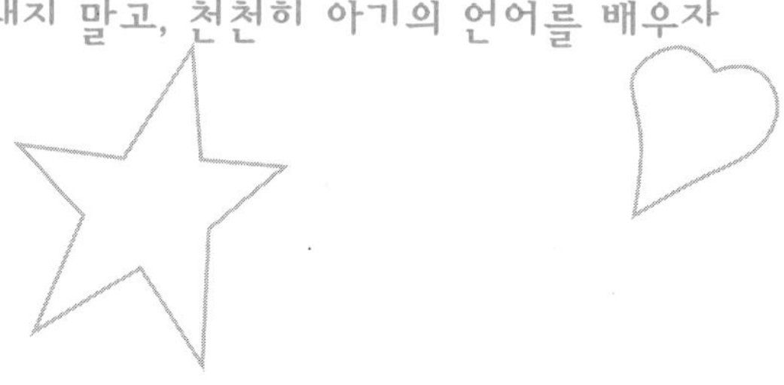

엄마가 아기의 신호를 읽고 아기의 표현을 이해할 수 있다면
아기의 발달과 인지 능력을 촉진하는 환경을 제공하게 된다.

—배리 레스터 박사의 「울기 놀이」 중에서

낯선 나라에 온 이방인

나는 부모들에게 갓 태어난 아기를 외국에서 온 관광객으로 생각하라고 말한다. 아기가 낯설고 신기한 나라를 여행하고 있다고 상상해 보자. 이 나라의 풍경과 경치는 아름답고, 사람들의 눈길과 미소 띤 얼굴을 보면 그들이 친절하고 다정하다는 것을 알 수 있다. 하지만 낯선 나라에 온 그에게는 필요한 것을 구하는 일이 아주 어려울 수 있다. 음식점에 들어가서 "화장실이 어디죠?"라고 물었는데, 사람들은 그를 식탁에 앉히고 파스타 한 접시를 코앞에 들이민다. 또는 그 반대로, 맛있는 음식을 찾았는데 웨이터가 화장실로 데려다준다!

갓난아기가 세상에 나오면 그런 식으로 느낀다. 방이 아무리 아름답게 꾸며져 있고 부모가 아무리 다정하게 대해준다고 해도, 도무지 이해할 수 없는 일 투성이다. 게다가 그들의 유일한 의사소통 수단, 즉 그들의 언어는 울음과 몸짓뿐이다.

아기들은 각자 다른 성장 속도를 갖고 있다는 것을 기억해야 한다. 모범생 아기들은 예외지만, 대부분의 아기들이 정확한 기준치에 따라 성장하는 것은 아니다. 부모들은 그냥 뒤로 물러서서 아기들이 자라는 것을 지켜볼 필요가 있다. 아기가 필요로 할 때 도움을 주되, 뭔가가 잘못된 것처럼 보일 때마다 부모가 성급하게 끼여들어 참견하는 일이 없도록 하자.

잠시 멈춰 서자

나는 부모들이 아기가 칭얼거리거나 우는 이유를 물으면서 내게서 뭔가 해결책이 나오기를 간절히 바란다는 것을 알고 있다. 하지만 나는 그들에게는 엉뚱하게 들릴지도 모르지만 "잠시만요. 아기가 우리에게 무슨 말을 하고 있는지 알아봅시다"라고 말한다. 나는 처음에 잠시 멈추어 서서 아기가 팔다리를 휘두르고 작은 입안에서 혀를 말아올리고 등을 젖히는 등의 동작을 지켜본다. 각각의 몸짓에는 모두 특별한 의미가 있다. 나는 아기의 울음소리와 다른 여러 가지 요소에도 주의를 집중한다. 음의 고저, 강약, 횟수 등은 모두 아기 언어의 일부다.

나는 또한 주변 환경에 관심을 갖는다. 아기 입장이라면 어떨지 상상해 본다. 아기의 태도와 소리와 몸짓에 주의하면서 방안을 둘러보고 집안에서 들리는 소리에 귀를 기울인다. 엄마 아빠의 표정이 어떤지, 불안하거나 피곤하거나 화가 나 있는지 살펴보고 그들이 무슨 말을 하는지 들어본다. 몇 가지 질문도 한다. "마지막으로 언제 수유했죠?" "이런 식으로 자주 다리를 가슴까지 들어올리나요?"

그 다음에 기다린다. 잠시 뒤에 서서 대화를 시작해도 좋을지 생각한다. 어른들은 종종 아기에게 함부로 덤벼드는 경향이 있다. 그들은

S.L.O.W. 로 아기 언어 이해하기

아기가 칭얼거리거나 울 때 잠깐 멈춰 아래의 간단한 방법을 따라해 보자. 단 몇 초밖에 걸리지 않는다.

- S—멈춘다(Stop) 울음은 아기의 언어라는 것을 기억하자.
- L—귀를 기울인다(Listen) 이 특별한 울음의 의미는 무엇일까?
- O—관찰한다(Observe) 아기가 어떻게 하고 있는가? 주변에 다른 일은 없는가?
- W—종합적으로 평가한다(What's up) 보고 들은 것을 토대로 평가하고 대처한다.

아기를 어르고 흔들고 기저귀를 빼내고 간질이고 흔들어댄다. 말을 너무 빨리 혹은 크게 하기도 한다. 그들은 아기에게 반응하고 있다고 생각하지만 사실은 그렇지 않다. 단지 자기식대로 밀어붙이고 있을 뿐이다. 그리고 아기의 요구에 반응하기는커녕, 때로 자기 기분대로 행동하기 때문에 본의아니게 아기를 점점 더 괴롭게 만든다.

오랜 세월 동안 나는 서두르기 전에 먼저 평가하는 습관을 길러왔다. 그러다보니 머뭇거리는 것이 거의 천성처럼 되었다. 하지만 울음소리에 익숙하지 않고 아이를 제대로 돌보지 못할까봐 전전긍긍하는 초보 부모들에게는 '멈춘다'는 것이 그리 쉽지는 않을 것이다. 그래서 나는 부모와 아기를 돌보는 사람들이 스스로 제동을 걸 수 있는 또 다른 쉬운 방법을 고안해 냈다. 그것이 바로 S.L.O.W.다. 그 자체는 '서두르지 말라'는 의미이고, 각각의 문자는 우리가 해야 할 행동을 일깨워준다.

♥ S－멈춘다. 잠깐 행동을 멈추고 기다린다. 아기가 우는 순간 곧바로 아기를 안아주지 말자. 심호흡을 세 번 하면서 마음을 가다듬고 인지 능력을 키우자. 그렇게 하면 다른 사람들의 충고도 참고할 수 있을 뿐만 아니라 객관적이 될 수 있다.

♥ L－귀를 기울인다. 울음은 아기의 언어다. 일단 정지하라는 의미는 아기를 울게 내버려두라는 의미가 아니다. 아기가 무슨 말을 하고 있는지 귀를 기울이라는 것이다.

♥ O－관찰한다. 아기의 신체 언어가 무슨 말을 하고 있는가? 주변에서 무슨 일이 일어나고 있는가? 아기가 무언가를 '말하기' 바로 전에 무슨 일이 있었나?

♥ W—종합적으로 평가한다. 들은 것과 본 것, 하루일과 중 어떤 시간인지 등을 종합해서 아기가 무슨 말을 하려는 것인지 추론한다.

일단 멈추는 이유

아기가 울면 엄마는 본능적으로 손을 내민다. 엄마는 아기가 괴로워하고 있다고 생각한다. 더 나아가 우는 것이 나쁘다고 믿는다. S.L.O.W.는 이런 생각들을 멈추고 잠시 기다리는 것이다. 우리가 일단 멈춰야 하는 이유는 다음과 같다.

♥ 아기는 '목소리'를 키워야 한다. 모든 부모는 자녀의 표현력이 풍부해지기를 바란다. 아이들이 자신이 원하는 것을 요구하고 자신의 느낌에 대해 이야기할 수 있기를 바란다. 그런데 유감스럽게도, 많은 엄마 아빠들이 그 중요한 기술을 가르치기 위해 아이가 말을 할 때까지 기다린다. 표현력의 뿌리는 신생아 시기의 옹알이와 울음으로 하는 '대화'에서부터 자라난다.

이 점을 염두에 두고, 아기가 울 때마다 아기를 안아올려 젖을 먹이거나 입에 노리개젖꼭지를 물려주면 어떻게 될지 생각해 보자. 그렇게 하면 아기의 목소리를 빼앗을 뿐 아니라 본의아니게 아기가 다시 도움을 청하지 않게끔 훈련시키는 셈이 된다. 아기의 울음은 "내 요구를 들어주세요"라고 부탁하는 말이다. "피곤하다"고 말하는 남편의 입에 양말을 쑤셔넣지는 않을 것이다. 아기가 울 때 잠시 기다리면서 무슨 말을 하는지 들어보지도 않고 입에 무언가를 밀어넣는다면, 바로 그런 짓을 하는 것과 다를 바 없다.

무엇보다 가장 잘못된 부분은, 은연중에 아기로 하여금 자기 목소리를 내지 못하도록 훈련시킨다는 점이다. 울음에 관한 많은 연구 조사에 따르면, 아기는 태어날 때부터 여러 가지 울음소리를 낸다고 한다. 그런데 우리가 잠시 멈추어 아기에게 귀를 기울이고 울음소리를 구별하는 방법을 배우지 않는다면, 머잖아 아기의 울음소리를 전혀 구별할 수 없게 되어버린다. 다시 말해, 우리가 아기에게 반응을 해주지 않거나 울 때마다 입에 무언가를 넣어준다면 아기는 자신이 어떻게 울든지 상관없이 항상 같은 결과라는 것을 알고 울음소리에 차이를 보여주지 않게 될 것이다.

♥ 아기 스스로 진정하는 능력을 길러주어야 한다. 어른들은 자제력을 중요하게 생각한다. 그래서 기분이 우울할 때는 따뜻한 물에 목욕을 하고 마사지를 받고 책을 읽고 산책을 한다. 사람들마다 기분을 전환하는 방법은 다르지만, 흥분을 가라앉히거나 쉽게 잠드는 방법을 알면 큰 도움이 된다. 어린아이들도 또한 그런 능력을 갖고 있다. 세 살짜리 아이는 세상이 너무 힘겨우면 손가락을 빨거나 좋아하는 봉제인형을 끌어안는다. 열 살이 되면 자기 방에 틀어박혀서 음악을 들을지도 모른다.

아기들은 어떨까? 아기들은 물론 산책을 하거나 TV를 켜고 휴식을 취할 수는 없다. 하지만 그들도 스스로를 위안하는 능력을 타고난다. 바로 우는 것과 빠는 것을 통해 자신의 의사를 표현하는 것이다. 우리는 아기가 그 사용법을 배우도록 해야 한다. 3개월이 채 안 된 아기들은 아직 자신의 손가락을 찾지 못할 수도 있지만 울 수는 있다. 우는 목적에는 여러 가지가 있겠지만 그 중 한 가지는 외부 자극을 차단하려는 것이다. 아기들이 피곤할 때 우는 것이 바로 그 때문이다. 사실, 어른들도 가끔 눈을 감고 두 손을 귀에 얹고 고래고래 소리를 질러 모든 것을 차단해 버리고 싶은 충동을 느낄 때가 있지 않은가?

아기가 울다가 지쳐 잠들게 내버려두라는 것이 아니다. 그런 의미는 절대 아니다. 반응을 보여주지 않는 것은 잔인한 짓이다. 하지만 아기의 '피곤하다'는 울음을 신호로 사용할 수 있다. 그때는 방을 어둡게 하고 빛과 소리를 차단해 준다. 아기가 잠깐 울다가 곧 잠들 때가 있다. 나는 그 울음을 '헛울음'이라고 부르는데, 아기가 스스로 자신을 달래는 방법 중 하나다. 만일 그때 우리가 끼여들면 아기는 곧 그 능력을 잃어버린다.

♥ 엄마는 아기의 언어를 배워야 한다. S.L.O.W.는 아기에 대해 알고 아기의 요구를 이해하는 데 도움이 된다. 일단 멈춰 기다리면서 아기의 울음과 신체 언어를 구별한다면, 입에 젖꼭지부터 물리거나 계속해서 안아주는 것보다 적절한 해결책을 찾을 수 있다.

다시 한 번 강조하지만, 잠시 멈추어서 머리 속으로 판단하는 과정

엄마가 아기의 언어를 이해하면 이래서 좋다

브라운 대학 영아발달연구소에서 정신의학과 인간 행동을 연구하는 배리 레스터 교수는 20년 이상 신생아들의 울음을 연구해 왔다. 레스터 박사는 아기 울음의 종류를 분류한 다음, 1개월 된 아기의 엄마들에게 아기의 울음소리를 구별해 보도록 하여 자신의 분류와 어느 정도 일치하는지 알아보았다. 그 테스트에서 높은 점수를 받은 어머니의 아기는 점수가 낮은 어머니의 아기보다 18개월 후에 조사한 정신발달지수의 성적이 더 높고 어휘력도 2.5배 정도 풍부한 것으로 나타났다.

을 거치는 것은 아기가 울도록 내버려두라는 의미가 아니다. 잠시 아기의 언어를 들어보는 것이다. 아기의 요구를 무시해서 힘들게 하면 안 된다. 사실, 이 방법을 사용하다 보면 아기의 요구를 아주 잘 알게 되므로 걷잡을 수 없는 울음이 터지기 전에 알아차릴 수 있다. 간단히 말해, 일단 멈추어 보고 들으면서 주의깊게 평가한다면 아기에게 좀 더 훌륭한 부모가 될 수 있다.

귀 기울이기

아기의 여러 가지 울음소리를 구분하기 위해서는 약간의 연습이 필요하다. S.L.O.W.의 'L—귀 기울여 듣기'에서는 좀더 광범위한 주변 환경에 관심을 기울일 필요가 있다. 우리가 지금 E.A.S.Y. 일과를 실천하고 있다고 가정하고, 그런 조건에서 좀더 확실하게 귀를 기울이는 요령을 몇 가지 귀띔해 주겠다.

♥ 우는 시간이 하루 중 어느 때인지 고려하자. 아기가 칭얼대거나 울기 시작하는 때가 하루 중 언제인가? 방금 수유를 했는가? 깨어서 놀고 있었는가? 자고 있었는가? 기저귀에 배변을 했는가? 지나친 자극을 받았는가? 최근에 또는 어제 무슨 일이 있었는지 생각해 보자. 아기가 처음으로 뒤집거나 기기 시작하는 등 무언가 새로운 것을 했는가? 때로 급성장과 같은 비약적인 발달이 아기의 식욕이나 수면 습관이나 성향에 영향을 줄 수 있다.

♥ 앞뒤 상황을 살펴보자. 집안에서 다른 어떤 일이 일어나고 있는가? 개가 짖었는가? 누군가 진공청소기나 다른 가전제품을 사용했는

가? 밖에서 시끄러운 소리가 들렸는가? 이런 일들이 아기를 불안하고 놀라게 만들 수 있다. 부엌에서 자극적인 음식 냄새를 풍겼는가? 공기 중에 방향제나 분무제 등의 강한 냄새가 떠돌고 있는가? 아기들은 냄새에 매우 민감하다. 또 방안 온도를 살피자. 외풍이 없는가? 아기에게 옷을 너무 많이 입혔거나 적게 입혔는가? 아기를 평소보다 오래 집밖으로 데리고 다니면서 낯선 광경과 소리와 냄새 또는 낯선 사람들을 겪게 했는가?

♥ 엄마 자신을 살피자. 아기들은 어른의 감정, 특히 엄마의 감정을 흡수한다. 만일 엄마가 평소보다 불안하거나 피곤하거나 화가 나 있으면 그 기분이 아기에게 전달될 수 있다. 어쩌면 엄마가 전화로 싸우거나 누군가에게 소리를 질렀을지도 모른다. 그러고 나서 아기를 돌보면 아기는 엄마의 태도에서 확실하게 다른 점을 느낀다.

대부분의 부모들은 아기가 울 때 객관적이 되지 못한다. 어떤 사람이 고민하는 것을 볼 때, 자기 자신의 경험에 비추어 그 사람의 기분을 짐작하는 것과 마찬가지다. 배를 잡고 있는 여자의 사진을 보면서, 어떤 사람은 "오, 배가 아픈가 보군" 하고 말하고 또 다른 사람은 "오, 방금 기쁜 소식을 들었군! 임신을 한 거야"라고 말할 수 있다. 우리는 아기 울음소리를 듣고 자기식대로 생각한다. 만일 부정적인 인상을 받으면 긴장을 하고 다음에 올 일을 걱정한다. 아기들은 우리의 불안감과 분노를 감지한다.

♥ 현실적이 되자. 무언가를 어떻게 해야 할지 몰라 쩔쩔맬 수도 있다. 화가 날 수도 있고 누구라도 부모가 되면 걱정을 하고 감정에 치우치기 쉽다. 하지만 엄마가 조심해야 하는 것은, 자신의 불안과 분노가 아기에게 전달된다는 것이다. 내가 항상 엄마들에게 하는 말이 있

다. "아기는 운다고 죽지 않습니다. 아기를 잠시 더 울리더라도 먼저 방에서 나가 잠깐 동안 마음을 가라앉히세요."

한마디 더

아기를 달래기 위해서는 엄마 자신이 먼저 마음을 가라앉혀야 한다. 심호흡을 크게 세 번 하자. 자신의 감정을 느끼고 그 원인을 이해하고, 무엇보다 불안하고 화 나는 감정을 모두 떨쳐버리자.

우는 아기 엄마는 나쁜 엄마? 아니, 그렇지 않아요!

로스앤젤레스에 사는 31세의 유치원 교사 제니스는 S.L.O.W.의 'S－일단 멈추기'를 통과하지 못해서 무척 애를 먹었다. 에릭이 울 때마다 제니스는 당장 구원의 손길을 뻗쳐야 한다고 느꼈다. 그럴 때마다 그녀는 수유를 하거나 아기 입에 노리개젖꼭지를 물렸다. 나는 제니스에게 계속해서 말했다. "잠깐 기다리면서 아기가 무슨 말을 하는지 들어봐요." 하지만 그녀는 자신도 도저히 어쩔 수 없는 것처럼 보였다. 어느 날 제니스는 마침내 스스로 깨닫고 나에게 자초지종을 이야기했다.

"에릭이 2주째 되었을 때 시카고에 사시는 어머니와 통화하고 있었어요. 어머니는 에릭이 태어났을 때 아버지와 언니와 함께 보러 오셨다가 에릭이 할례받은 다음에 돌아가셨죠. 며칠 후 통화를 하다가 어머니는 에릭이 우는 소리를 들었어요. '무슨 일이냐?' 어머니가 다그쳐 묻더군요. '너는 도대체 애한테 어떻게 하는 거니?' 하구요."

제니스는 다른 아이들을 많이 다루어보았음에도 불구하고, 자신의 아기에 대해서는 이미 자신감을 잃고 있었다. 제니스를 더욱 불안하게 만드는 것은 어머니가 넌지시 핀잔을 주는 것이었다. 전화를 끊고 제니스는 자신이 분명 무언가를 잘못하고 있다고 확신했다. 어머니는 그녀를 나무라는 것도 모자라 마지막으로 한마디 덧붙였다. "나는 너를 그렇게 울리지 않았다. 난 좋은 엄마였다구."

내가 종종 듣는 가장 잘못된 오해 가운데 하나가 아기가 우는 것을 부모의 잘못으로 생각하는 것이다. 제니스의 머리 속에는 에릭이 울면 달려가야 한다는 메시지가 각인되어 있었다. 언니의 아기는 좀처럼 울지 않는 천사 아기였으므로 비교가 되지 않았다. 예민한 아기인 에릭은 훨씬 더 민감했다. 사소한 자극 하나하나가 그의 세계를 뒤흔

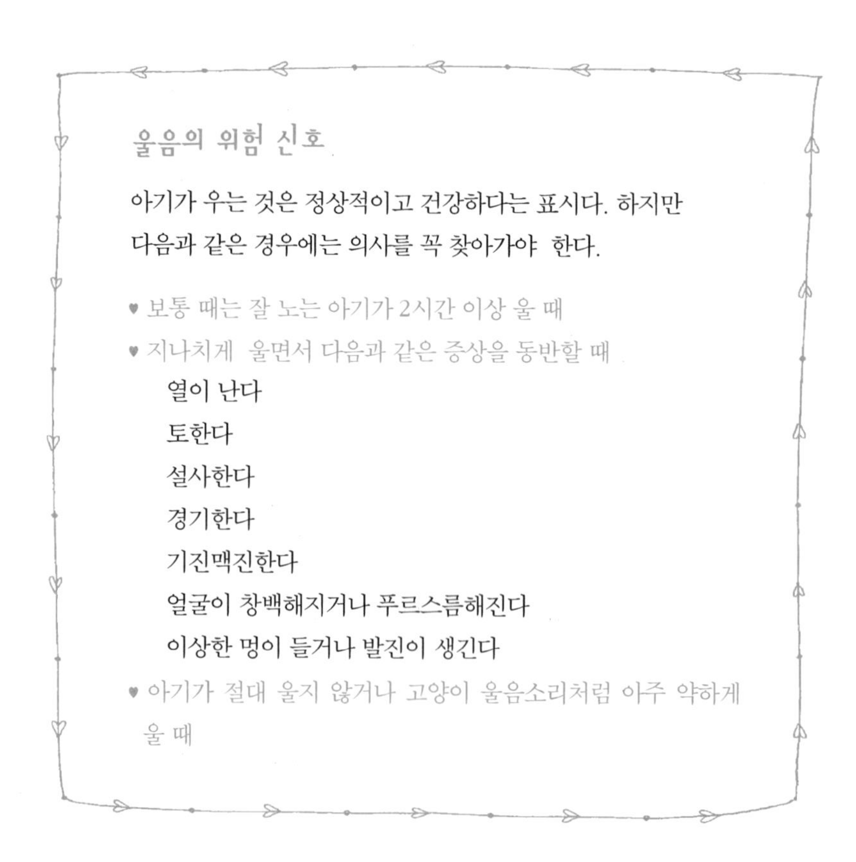

울음의 위험 신호

아기가 우는 것은 정상적이고 건강하다는 표시다. 하지만 다음과 같은 경우에는 의사를 꼭 찾아가야 한다.

- 보통 때는 잘 노는 아기가 2시간 이상 울 때
- 지나치게 울면서 다음과 같은 증상을 동반할 때
  - 열이 난다
  - 토한다
  - 설사한다
  - 경기한다
  - 기진맥진한다
  - 얼굴이 창백해지거나 푸르스름해진다
  - 이상한 멍이 들거나 발진이 생긴다
- 아기가 절대 울지 않거나 고양이 울음소리처럼 아주 약하게 울 때

들었다. 하지만 제니스는 불안 때문에 판단력이 흐려져 상황을 분명히 파악할 수 없었다.

하지만 그 점에 대해 우리가 이야기를 나눈 후부터 제니스의 관점은 달라지기 시작했다. 우선, 그녀의 어머니는 24시간 아이들을 돌보는 보모를 두고 있었다는 사실을 생각해 냈다. 오랜 세월이 어머니의 기억을 흐리게 했거나 보모가 우는 아이들을 항상 보이지 않는 곳으로 데리고 갔을지도 모른다. 어쨌거나 모든 아기는 어떤 문제가 없는 한 울게 마련이다. 실제로 적당히 우는 것은 아기에게도 좋다. 눈물에는 눈병을 막아주는 면역 성분이 들어 있기 때문이다. 에릭의 울음은 단지 자신의 요구를 표현하는 수단이었다.

그렇다. 제니스는 에릭이 울부짖을 때 자신의 머리 속에서 "나쁜 엄마! 나쁜 엄마!"하고 소리치는 목소리를 무시하기가 쉽지 않았을 것이다. 그러나 제니스는 자신이 느끼는 불안감이 어디에서 비롯되었는지를 깨닫자, 아기를 곧장 달래기 전에 먼저 자신의 행동을 돌아보게 되었다. 자기성찰을 통해 자신의 혼란스러운 감정으로부터 아기를 분리해 낼 수 있었던 것이다. 또한 자신의 아기가 언니의 꼬마 천사와는 거리가 멀지만 역시 훌륭하고 사랑스러운 선물이라는 사실을 분명하게 볼 수 있었다.

'신생아 엄마 교실'에서 다른 산모들과 의견을 주고받는 것 또한 제니스에게 도움이 되었다. 자기 혼자만 겪는 일이 아니라는 것을 알았기 때문이다. 사실 나는 처음에 S.L.O.W.의 첫 단계, 즉 '일단 멈추기'를 못해서 어려움을 겪는 부모들을 많이 만난다. 또는 첫 단계를 통과해도 자신의 감정에 휘말려 귀를 기울이고 관찰하지 못하는 경우도 있다.

아기에게 귀를 기울이지 못하는 이유

부모들이 우는 아기에게 귀를 기울이면서 객관적으로 생각하지 못하는 데는 여러 가지 이유가 있다. 여러분도 아마 다음 중 한두 가지에 해당될 수 있다. 만일 그렇다면, S.L.O.W.의 '귀 기울이기'를 실천하기가 힘들 수 있다. 하지만 용기를 내자. 우리 자신에 대해 아는 것만으로도 종종 관점이 달라질 수 있다.

♥ 머리 속에서 누군가의 목소리가 들린다. 그 목소리는 제니스의 경우처럼 부모나 친구 아니면 매스컴에서 보고 들었던 어느 육아 전문가의 것일 수도 있다. 또 다른 사람들의 아이 키우는 이야기를 들으면서 '좋은 부모'가 되려면 이렇게 하고 저렇게는 하지 말아야겠다고 각자 나름대로 원칙을 세워두었을 수도 있다. 그 원칙에는 우리가 양육된 방식, 친구들이 아이를 돌보는 방식, TV와 영화에서 본 것, 책에서 읽은 것까지 모두 포함된다. 우리는 모두 머리 속으로 다른 사람들의 이야기를 듣고 있다. 그래서 정작 자신의 아기에게는 귀를 기울이지 못하는 것이다.

한마디 더

당신의 머리 속에서 맴도는 여러 가지 '해야 한다'는 생각에 무조건 따를 필요는 없다. 그것들은 다른 어떤 아기, 다른 어떤 가족에게는 맞을지 모르지만 당신에게는 아니다.

♥ 머리 속에서 "누구누구가 하는 것처럼 하지 말라"고 하는 목소리를 경계해야 한다. 어떤 부모도 완전히 잘못한다고는 말할 수 없다. 어떤 사람처럼 하지 않겠다는 것은 그 사람을 완전히 무시하는 일이

다. 예를 들어, 당신의 어머니가 아이들에게 너무 엄했다고 해보자. 하지만 그녀는 놀라울 정도로 체계적이거나 창의적으로 아이들을 키웠을 수도 있다. 취할 것은 취하고 버릴 것은 버려야 한다.

한마디 더

아이를 키우는 진정한 기쁨은 주관을 갖고 자신의 내면의 소리에 따를 수 있을 때 비로소 찾아온다. 눈을 크게 뜨고 배우자. 모든 육아 방법과 스타일을 고려해 보고 나서 당신과 가족 모두에게 맞는 적절한 선택을 하자.

♥ 우는 아기를 우리 자신의 정서와 의도에 비추어 생각한다. 아기가 울 때 부모들은 흔히 "뭐가 슬퍼서 우는 걸까요?" 하고 묻는다. 또는 "우리가 저녁식사 하는 것을 훼방놓으려고 우는 것 같아요"라고 말하는 엄마도 있다. 어른들은 대개 참을 수 없는 슬픔, 기쁨, 분노 등의 감정이 표출될 때 운다. 그러나 가끔은 실컷 우는 것도 나쁘지 않다. 실제로 사람들은 평생 양동이로 30통 정도의 눈물을 흘린다고 한다. 하지만 아기가 우는 이유는 어른이 우는 것과 다르다. 슬퍼서 우는 일은 없다. 보복을 한다거나 일부러 우리의 저녁식사를 망치려고 울지도 않는다. 그들은 아기에 불과하며 아주 단순하다. 아기에게는 우리가 가진 경험이나 지식이 없다. 우는 것은 그들의 방식으로 "잠을 자야겠어요" "배가 고파요" "이제 그만두세요" "조금 춥군요" 하고 말하는 것이다.

한마디 더

만일 아기를 어른의 정서나 의도에 비추어 생각하는 경향이 있다면 아기를 강아지나 고양이 정도로 생각하라. 당신은 애완동물이 고민을 한다고는 생각하지 않을 것이다. 단지 자신의 의사를 표현하고 있다고 생각할 것이다. 아기도 마찬가지라고 생각하자.

건강한 아기의 울음

아기가 울음으로 표현하는 것	아기가 울음으로 표현하지 않는 것
배가 고프다	당신에게 화가 났다
피곤하다	슬프다
자극이 지나치다	외롭다
다른 것을 보여달라	지루하다
배가 아프다	보복을 하겠다
불편하다	당신 생활을 망쳐놓겠다
너무 덥다	버림받은 느낌이다
너무 춥다	어둠이 무섭다
충분히 먹었다	내 침대가 싫다
안아달라	다른 부모에게 태어났으면 좋겠다

♥ 엄마 입장에서 아기가 우는 이유나 문제점을 생각한다. 이본느의 아기는 잠들기 전에 잠투정을 한다. 그녀는 아기방에서 조그만 소리만 들려와도 참지 못하고 당장 달려간다. "오, 불쌍한 아담!" 그녀는 탄식하며 말한다. "여기 혼자 있으니까 외롭지? 무섭지?" 그러나 문제는 아담이 아니라 이본느다. "오, 불쌍한 아담!"은 사실 "오, 불쌍한 나!"라는 뜻이다. 남편은 여행을 자주 하고 그녀는 혼자 있는 것에 익숙치 않다.

3주 된 티모시가 울 때마다 아빠는 지나친 걱정을 한다. "열이 있는 걸까?" "고통스러워서 저렇게 다리를 들어올리고 있는 건 아닐까?" 그래도 시원치 않으면 다음 단계로 비약한다. "오, 안 돼! 나처럼 대장염일지도 몰라."

개인적인 고민이 있으면 객관적이 되기가 쉽지 않다. 해결책은 우리 자신의 아킬레스건을 알고, 아기가 울 때마다 최악의 상황을 상상하지 않도록 스스로 자제하는 것이다. 혼자 있는 것을 두려워하는가? 그러면 아기가 외로워서 운다고 생각할 것이다. 건강에 대해 불안한가? 아기의 모든 울음이 어떤 병의 신호로 보일 수 있다. 화를 잘 내는가? 아기 역시 화를 낸다고 생각할 수 있다. 자신감이 없는가? 아기 역시 우울해 보일 수 있다. 직장에 다니면서 아기에게 죄책감을 느끼는가? 집에 돌아왔을 때 아기가 울면 자신을 그리워했다고 생각할 것이다.

한마디 더

잠시 시간을 갖고 스스에게 물어보자. "나는 정말 아기가 바라는 것에 맞추어주고 있을까? 아니면 단지 내 기분에 따라 반응하는 것일까?"

♥ 울음소리를 참지 못한다. 그 까닭은 머리 속에서 들리는 목소리 때문일 수도 있다. 제니스는 분명 그런 경우다. 하지만 울음소리가 귀에 거슬릴 수 있다는 사실을 인정하자. 아기들과 함께 생활해 온 나에게는 아기의 울음이 시끄럽게 들리지 않지만, 대부분의 부모들은 적어도 처음에는 아기 울음소리에 정신이 혼미해질 것이다. '임신 교실'에 참석하는 예비 부모들에게 3분짜리 '우는 아기' 테이프를 틀어 줄 때마다 나는 그런 모습을 본다. 처음에 그들은 불안하게 웃는다. 그러다가 의자에 앉아서 몸을 이리저리 비튼다. 테이프가 다 돌아가

면 그곳에 모인 사람 중 적어도 반은, 특히 아버지들의 표정에 불편한 기색이 역력하다.

바로 그때 내가 묻는다. "아기가 얼마나 오래 울었을까요?" 6분 이하라고 대답하는 사람은 아무도 없었다. 아기가 울면 대부분의 사람들은 실제 시간보다 두 배 이상 더 길게 느끼는 것이다. 게다가 유난히 소음을 견디지 못하는 사람들도 있다. 그들은 처음에는 단지 신체적인 반응을 보이다가 나중에는 정신적으로도 영향을 받는다.

초보 엄마 아빠들은 아기의 울음소리에 정신을 못 차린다. "오, 세상에! 어떻게 해야 할지 모르겠군." 어떤 아빠들은 종종 나에게 "뭔가 대책을 세워달라"고 한다. 엄마들도 역시 아기가 아침에 투정을 부리면 하루가 "엉망이 된다"고 말한다.

아들이 이제 만 두 돌 된 레슬리는 나에게 털어놓았다. "에단이 실제로 뭔가를 요구할 수 있게 되니까 훨씬 쉬워졌어요." 나는 레슬리가 산모였던 때를 기억한다. 그녀는 아기가 우는 것을 참지 못했는데, 단지 소리 때문만은 아니었다. 아기가 눈물을 흘리면 그녀는 아기가 가여워서 어쩔 줄 몰랐다. 레슬리에게 에단의 울음소리가 그의 목소리일 뿐이라고 납득시키기까지 3주가 걸렸다.

우는 아기에게 젖을 물려 달래려고 하는 것은 엄마들뿐만이 아니다. 최근에 만난 브랫은 갓 태어난 스콧이 조금만 울어도 아내에게 젖을 주라고 야단이다. 브랫은 체질적으로 소음을 견디지 못할 뿐 아니라, 자신이나 아내가 느끼는 불안을 감당하지 못했다. 부부가 다 활동적인 회사 간부였지만 새로 태어난 아기가 그들의 자신감을 꺾어버렸다. 게다가 두 사람 다 스콧이 우는 것을 측은하게 여겼다.

한마디 더

소리에 특히 민감하다면 아기가 우는 것을 감수하기 위해 노력해야 할 것이다. 지금 당장은 그렇게 생활할 수밖에 없다. 집에는 아기가 있고, 아기는 운다. 하지만 이 상황은 영원히 지속되지는 않는다. 엄마가 아기의 언어를 빨리 배울수록 아기가 덜 울게 되겠지만 그래도 여전히 울 것이다. 그 시기 동안 아기의 울음에 대해 부정적으로 생각하지 말자. 또 아기 울음소리를 줄일 수 있는 방법을 찾아보도록 하자.

♥ 아기가 울면 난처해한다. 모든 사람이 그렇지만 남성보다는 여성이 더 심한 것 같다. 어느 치과 대기실에서 25분 정도 앉아 있을 때 본 장면이다. 내 앞에 한 엄마가 3~4개월쯤 돼 보이는 아기를 안고 앉아 있었다. 그 엄마는 처음에 장난감 하나를 아기 손에 쥐어주었는데, 아기가 싫증을 내자 또 다른 장난감을 꺼냈다. 아기가 다시 칭얼거리자 엄마는 세 번째 장난감을 주었다. 나는 아기의 집중력이 급속하게 떨어지는 것을 볼 수 있었다. 엄마는 무슨 일이 일어날지 알고 있었으므로 겁을 먹기 시작했다. 그녀의 얼굴에는 "오, 안 돼! 다음에 어떻게 될지 알고 있어"라고 씌어 있었다. 그리고 그녀의 예상이 맞았다. 아기는 투정을 부리기 시작하더니 곧 피곤할 때 우는 울음소리를 내기 시작했다. 그러자 엄마는 당황해서 방안을 둘러보았다. "미안합니다." 그녀는 대기실에 있는 사람들에게 일일이 사과했다.

나는 안됐다는 생각이 들어 그녀에게 다가가 내 소개를 하고, "미안할 것 없어요"라고 말했다. "아기는 지금 말을 하고 있는 거예요. '엄마, 나는 그저 작은 아기일 뿐이고 집중력의 한계에 도달했어요. 낮잠을 자고 싶어요!'라고 말하는 거죠."

한마디 더

외출할 때는 아기가 피곤해하면 간편하고 안전하게 재울 수 있는 유모차에 태워 나가는 것이 좋다.

다음은 반복해서 읽어볼 필요가 있으므로 출판사에 부탁해서 큰 글자로 써달라고 했다. 엄마들은 이런 쪽지를 만들어서 집안 여기저기, 자동차 안과 사무실에 붙이고 지갑에도 하나 넣고 다니도록 하자.

아기가 우는 것은 부모 잘못이 아니다!

엄마와 아기는 서로 독립된 존재라는 것을 기억하고, 아기가 우는 것을 감정적으로 받아들이지 말자. 아기가 우는 것은 엄마 잘못이 아니다.

♥ 엄마가 난산을 했다. 2장에서 만난 클로에와 세스를 기억해 보자. 클로에는 이사벨라가 산도에 걸려 나오지 못하는 바람에 20시간이나 진통을 했다. 5개월 후에도 클로에는 여전히 아기에게 미안한 감정을 갖고 있었다. 그러나 사실, 자신의 실망감을 이사벨라에게 전가한 것이다. 그녀는 집에서도 아무 탈 없이 아기를 낳을 수 있으리라고 생각했는데 그렇지 못했다.

나는 다른 엄마들에게서도 이런 식의 연민과 후회가 떠나지 않는 것을 보아왔다. 그들은 현실이 자신의 기대와 어긋났다는 아쉬움에서 벗어나지 못해 새로 태어난 아기에게 전념하는 대신 자꾸 지나간 일을 돌이켜본다. 그러면서 무기력해지고, 특히 아기에게 문제가 있으면 죄책감을 느낀다. 게다가 그들은 자신의 문제를 모르기 때문에 그 죄책감에서 벗어나지 못한다.

나는 자신의 출산을 자꾸 되새겨보는 엄마를 만나면 가까운 친척이나 친한 친구와 이야기해 보라고 권한다. 그러면 생각이 바뀔 수도 있다. 나는 클로에에게 지난 일을 인정하는 동시에 거기서 해방되라고 말했다. "당신이 얼마나 힘들었는지 알겠어요. 하지만 지난 일은 고치거나 바꿀 수 없어요. 그러니 이제 앞으로 전진해야 합니다."

머리끝에서 발끝까지 관찰하기

아기가 울 때 울음소리와 몸짓, 얼굴 표정, 자세 등을 동시에 관찰하자. 아기를 '읽기' 위해서는 머리로 생각할 뿐 아니라 귀, 눈, 손, 코 등 모든 감각 기관을 동원해서 종합해 보아야 한다. 부모들이 S.L.O.W.의 'O-관찰하기'에서 아기의 신체 언어를 해석할 수 있도록 도와주기 위해, 나는 지금까지 알거나 보살펴왔던 많은 아기들을 머리 속으로 그려보았다. 울음소리는 제외하고 아기들이 배가 고플 때, 피곤할 때, 괴로울 때, 추울 때, 더울 때 또는 기저귀가 젖었을 때 어떤 모습인지를 떠올려보려고 했다. 그래서 소리가 안 들리는 비디오 화면으로 아기들을 보고 있다고 상상하고 그들의 얼굴과 몸의 모습에 집중했다.

다음은 내가 상상의 비디오에서 본 아기들의 머리끝에서 발끝까지의 모습이다. 단, 이것은 5~6개월이 되기 전까지의 신체 언어이며, 그 후에는 손가락을 입으로 가져가는 등 좀더 자유롭게 몸을 움직이기 시작한다. 그러나 기본적인 의사 표현은 같다. 그리고 5~6개월 정도가 되면 부모가 아기를 잘 알게 될 뿐더러 신체 언어의 특징도 이해하게 될 것이다.

신체 언어	해석
머리	
→ 머리를 좌우로 움직인다.	→ 피곤하다.
→ 대상에서 얼굴을 돌린다.	→ 다른 것을 보여달라.
→ 고개를 돌리고 목을 뒤로 넘긴다. (입을 딱 벌린다)	→ 배가 고프다.
→ 똑바로 세우면 지하철에서 조는 사람처럼 고개를 끄덕인다.	→ 피곤하다.
눈	
→ 붉게 충혈된다.	→ 피곤하다.
→ 천천히 감았다가 번쩍 뜨고 다시 천천히 감았다가 뜨기를 반복한다.	→ 피곤하다.
→ 먼산 바라보듯 눈을 멍하니 크게 뜨고 깜박이지 않는다.	→ 과로했거나 지나친 자극을 받았다.
입 · 입술 · 혀	
→ 하품한다.	→ 피곤하다.
→ 입을 꼭 다문다.	→ 배가 고프다.
→ 입을 벌리지만 소리는 내지 않다가 마침내 한번 헐떡거리고 나서 울기 시작한다.	→ 가스가 찼거나 다른 통증이 있다.
→ 아랫입술이 떨린다.	→ 춥다.
→ 혀를 빤다.	→ 자기 위안이다. 때로 배고픔으로 오해할 수 있다.
→ 혀를 양옆으로 돌린다.	→ 배가 고플 때 전형적으로 먹을 것을 찾는 동작이다.
→ 작은 도마뱀처럼 혀를 위로 올리고 빨지는 않는다.	→ 가스가 찼거나 다른 통증이 있다.
얼굴	
→ 얼굴을 찌푸리고 잔뜩 일그러뜨린다. 누워 있다면 헐떡거리고 눈을 굴리며 웃는 것과 비슷한 표정을 짓기도 한다.	→ 가스가 찼거나 다른 고통이 있다. 아니면 대변을 보고 있다.

신체 언어	해석
→ 얼굴이 빨갛게 되고 관자놀이에 핏줄이 선다.	→ 너무 오래 울게 내버려두어서 숨이 가쁘고 혈관이 확대된 상태다.
손 · 팔	
→ 손을 입으로 가져가 빨려고 한다.	→ 2시간 반에서 3시간 정도 먹지 않았다면 배가 고픈 것이다. 그렇지 않으면 빨려는 욕구다.
→ 손가락을 가지고 논다.	→ 주변 환경의 변화가 필요하다.
→ 팔다리를 버둥거리다가 자신을 할퀴기도 한다.	→ 피로했거나 가스가 찼다.
→ 팔을 흔들면서 약간 떤다.	→ 가스가 찼거나 다른 통증이 있다.
몸	
→ 등을 뒤로 젖히면서 엄마젖이나 젖병을 찾는다.	→ 배가 고프다.
→ 엉덩이를 양옆으로 움직이면서 꿈틀거린다.	→ 기저귀가 젖었거나 춥다. 가스가 찼을 수도 있다.
→ 뻣뻣하다.	→ 가스가 찼거나 다른 통증이 있다.
→ 몸을 떤다.	→ 춥다.
피부	
→ 진땀을 흘린다.	→ 너무 덥거나 오래 울게 내버려두면 몸에서 열과 에너지를 발산한다.
→ 손발이 푸르스름해진다.	→ 춥거나 가스가 찼거나 다른 통증이 있다. 또 너무 오래 울게 내버려두었기 때문일 수도 있다. 열과 에너지를 발산하면서 손발에서 피가 빠져나가는 것이다.
→ 미세한 소름이 돋는다.	→ 춥다.
다리	
→ 강하게 버둥거린다.	→ 피곤하다.
→ 다리를 가슴까지 끌어당긴다.	→ 가스가 찼거나 다른 복통이 있다.

종합평가

S.L.O.W.에서 모든 것을 종합해서 판단하는 'W-종합평가'로 가기 전에 122~124쪽의 보충 설명을 참고하면 아기의 소리와 동작을 평가하는 데 도움이 될 수 있다. 아기들은 물론 모두 특별하지만, 아기가 요구하는 것을 대충 짐작할 수 있는 공통적인 신호들이 많이 있다. 따라서 주의만 기울인다면 아기의 언어를 이해할 수 있다.

당연한 일이지만, 나는 아기들뿐 아니라 부모들이 성숙하는 모습을 보면서 가장 큰 보람을 느낀다. 어떤 엄마 아빠는 다른 사람보다 더 어렵게 이 기술을 터득한다. 내가 함께했던 부모들은 대체로 2주일이면 '아기의 언어' 해독법을 배우지만 어떤 사람들은 한 달이 걸리기도 한다.

♥ 셸리 셸리는 딸이 산통이라고 확신하고 나를 찾아왔다. 하지만 셸리와 이야기를 나누면서 진짜 문제는 산통이 아니라는 것이 밝혀졌다. 나는 셸리를 보고 '서부에서 가장 빠른 총잡이'라고 놀리곤 했다. 매기가 조금이라도 칭얼거린다 싶으면 그녀는 잽싸게 한쪽 젖을 꺼내 아기를 안고 입에 물렸다.

"울게 내버려둘 수가 없어요. 너무 화가 나거든요." 셸리가 고백했다. "아기에게 화를 내는 것보다는 입에 젖을 물리는 게 낫겠다고 생각했죠." 그러면서 셸리는 죄의식을 느끼고 있었다. "나에게 뭔가 문제가 있는 거예요. 모유에 문제가 있을지도 모르구요." 이렇게 복합적인 심리가 셸리로 하여금 잠시 멈추어서 귀를 기울이고 관찰할 마음의 여유를 주지 않았다.

그녀 스스로 어떤 일이 일어나고 있는지를 알게 해주기 위해, 나는 먼저 일지(93쪽 참고)를 적으라고 했다. 매기가 정확하게 언제 먹고 놀고 자는지 적게 한 것이다. 문제의 원인에 대해 알게 되기까지는 이틀밖에 걸리지 않았다. 매기는 정말 25분에서 45분마다 젖을 먹고 있었다. 산통이라고 생각했던 증상은 E.A.S.Y.에 따라 적절한 간격으로 수유한다면 감쪽같이 사라질 수 있는 유당과다였다.

"엄마가 여러 가지 울음의 의미를 이해하는 법을 배우지 않으면 아기가 자신이 원하는 것을 말하는 능력을 잃어버릴 겁니다. 모든 울음이 '도와줘요!'라는 하나의 울음으로 통일되기 시작할 거예요." 나는 설명해 주었다.

처음에 나는 셀리가 매기의 여러 가지 울음소리를 구분할 수 있도록 지도했다. 몇 번 강의를 들은 그녀는 신이 났다. 셀리는 적어도 두 가지 울음을 구별할 수 있게 되었다. 매기는 배가 고프면 "와, 와, 와" 하고 일정하고 반복적으로 울었고, 피곤할 때에는 몸을 비틀고 등을 젖히면서 목구멍 안쪽에서부터 받은 기침소리 같은 파열음을 냈다. 그럴 때 셀리가 눈치를 채고 잠을 재우지 않으면 매기는 자지러질 듯이 울기 시작했다.

앞에서 부모 자신의 정서적인 불안이 방해가 될 수 있다고 지적했는데, 셀리가 그런 경우였다. 하지만 이제 그녀는 S.L.O.W. 기술을 점차 능숙하게 사용하게 되었고 계속 향상되리라고 본다. 무엇보다 중요한 것은, 그녀가 이제 매기를 자신만의 느낌과 요구를 지닌 독립된 존재로 보게 되었다는 것이다.

♥ 마시 나의 뛰어난 수제자 중의 한 사람인 마시는 일단 자신의 아기를 이해하는 방법을 배우고 나서부터 S.L.O.W.의 전도사가 되었다. 그녀는 처음에 유방이 욱신거리고 아프며 아기가 젖을 불규칙하게 먹는다고 말했다.

"딜란은 배가 고플 때만 울어요." 우리가 처음 만났을 때 그녀가 말했다. 아기가 거의 매시간 '배고파한다'고 했을 때 나는 그녀가 아직 딜란의 울음소리를 구분하지 못한다는 사실을 알아차렸다. 나는 곧 바로 3주 된 딜란의 하루 일과를 정해서 아기뿐 아니라 엄마 자신도 규칙적으로 생활할 필요가 있다고 설득했다. 그리고 그날 오후를 그녀와 함께 보냈다. 그런데 마침 딜란이 밭은 기침소리를 내며 울기 시작했다.

"배가 고픈 거예요." 마시가 선언하듯 말했다. 그녀가 맞았다. 딜란은 젖을 잘 먹었다. 하지만 몇 분 후에 곧 잠에 빠져들기 시작했다.

"살며시 깨워보세요." 내가 말했다. 그녀는 마치 내가 아기를 고문이라도 하라고 말한 것처럼 나를 쳐다보았다. 나는 그녀에게 아기의 뺨을 건드려보라고 했다(수유중에 잠드는 아기를 깨우는 요령은 157쪽 보충 설명 참고). 그러자 딜란은 다시 빨기 시작했다. 딜란은 15분을 더 빨고 나서 시원하게 트림을 했다. 그 다음에는 딜란을 담요 위에 눕히고 잘 보이는 곳에 알록달록한 장난감들을 세워놓았다. 아기는 약 15분간 아주 잘 놀고 나서 칭얼거리기 시작했다. 완전히 우는 것이 아니라 투정을 부리는 것 같았다.

마시가 말했다. "또 배가 고픈가 봐요." "아니에요." 내가 설명했다. "그냥 피곤해진 거예요." 우리는 아기를 침대에 뉘었다.

딜란은 단 이틀 만에 E.A.S.Y.에 따라 3시간마다 먹게 되었고, 마시는 새사람이 되었다는 정도만 이야기해두겠다. 그녀는 나에게 말했다. "마치 소리와 움직임으로 이루어진 외국어를 배운 것 같아요." 그녀는 다른 엄마들에게도 조언해 주기 시작했다. "아기가 우는 것은 배가 고프기 때문만은 아니랍니다." 그녀가 '신생아 교실'의 어느 엄마에게 말했다. "잠시 멈추어 서서 기다리세요. 그리고나서 아기가 무슨 말을 하는지 살펴보세요."

아기의 속도에 맞추기

S.L.O.W.는 사실 연습이 필요하지만, 일단 염두에만 두고 있어도 아기에게 반응하는 방법이 놀랄 만큼 달라진다. 이 방법은 또한 엄마의 관점까지 바꿔준다. 아기를 독립적인 한 인간으로 보고 아기의 특별한 목소리에 귀를 기울이게 된다. 단 몇 초만 기다리면 아기에게 가장 좋은 부모가 되어줄 수 있는 것이다. S.L.O.W.는 아기가 말하는 것을 이해하고 대답할 준비가 된 다음에 아기 앞에서 천천히 부드럽게 움직이라는 의미도 담고 있다.

나는 종종 '초보 부모 교실'에 들어가서 모두 바닥에 누우라고 한다. 그리고 아무 말 없이 누군가에게 걸어가 그의 다리를 잡고 마구 끌어당기고 밀고 한다. 당연히 모두들 웃음을 터뜨리는데, 그때 나는 왜 그랬는지를 설명한다. "아기들이 바로 그렇게 느낀답니다!"

아기에게 무언가를 할 때는 미리 설명해 주자. 자신을 소개하지 않고 접근하거나 경고도 없이 아무렇게나 해도 된다고 생각하면 안 된다. 그것은 예의에 어긋나는 일이다. 아기가 울음으로 젖은 기저귀를 갈아달라고 표현하면, 아기에게 먼저 양해를 구하고 설명을 하고, 끝난 다음에도 "이제 기분이 나아졌기를 바란다"고 말해주자.

다음 4장부터는 좀더 자세하게 수유, 기저귀 갈기, 목욕, 놀이 그리고 수면에 대해 이야기할 것이다. 무엇을 하든 간에 '천천히' 하는 것을 잊지 말자.

원인	듣기	관찰하기	다른 평가 방법 · 소견
싫증이 났거나 지쳤을 때	불규칙적으로 칭얼거리는 투정으로 시작하는데 빨리 달래주지 않으면 울음으로 확대된다. 처음에 세 번 짧게 흐느끼다가 큰소리로 울고, 다시 두 번 짧은 숨을 몰아쉬는데 이번에는 더 길고 크게 운다. 대개 그냥 계속 울도록 내버려두면 결국 잠든다.	눈을 깜박이고 하품을 한다. 재우지 않으면 등을 젖히고 다리를 버둥거리고 팔을 휘젓는다. 자신의 귀나 뺨을 움켜쥐다가 얼굴을 할퀼 수도 있다(반사작용). 안아주면 사람 쪽으로 몸을 돌린다. 계속 울면 얼굴이 빨개진다.	배고픔으로 오해하기 가장 쉬운 울음이다. 따라서 우는 시점이 언제인지 살펴야 한다. 놀고 난 후나 누군가 아기를 어르고 난 후에 울 수 있다. 또 꿈틀거리는 동작을 종종 산통으로 오해할 수 있다.
자극이 지나칠 때	지쳤을 때와 비슷하게 길고 크게 운다.	팔다리를 휘저으며, 빛에서 얼굴을 돌린다. 어르면 얼굴을 돌린다.	보통 충분히 놀았거나 누군가 계속 어르려고 할 때 운다.
주위의 변화가 필요할 때	처음에 짜증을 부리듯이 칭얼거리다가 울음을 터뜨린다.	앞에 놓인 물건에서 시선을 돌린다. 손가락을 가지고 논다.	자세를 바꿔주었을 때 더 심하게 울면 피곤해서 낮잠을 자고 싶은 것이다.
더울 때	헐떡거리는 것처럼 칭얼댄다. 처음에는 작게 5분 정도 칭얼대는데, 그대로 내버려두면 결국 울기 시작한다.	땀을 흘린다. 홍조를 띠고 규칙적인 호흡 대신 헐떡거린다. 아기 얼굴과 몸에 붉은 얼룩이 나타나기도 한다.	열이 나서 울 때는 아파서 울 때처럼 피부가 건조하고 축축하지 않다. 반드시 아기의 체온을 재본다.

원인	듣기	관찰하기	다른 평가 방법 · 소견
배가 고플 때	목구멍 안에서 밭은 기침을 하는 듯한 소리를 내다가 울기 시작한다. 처음에는 짧게 시작해서 좀더 길고 지속적으로 '와, 와, 와' 하는 규칙적인 울음소리를 낸다.	처음에는 보일 듯 말듯 입술을 핥다가, 혀를 내밀고 고개를 양옆으로 돌리며 주먹을 입으로 가져가는 등 본격적으로 먹을 것을 찾기 시작한다.	배고픔을 구별하는 가장 좋은 방법은 마지막으로 먹은 시간을 알아보는 것이다. E.A.S.Y.로 키운다면 어림짐작을 하지 않아도 된다.
추울 때	아랫입술을 떨면서 본격적으로 운다.	피부에 소름이 돋고 몸을 떤다. 손발과 코가 차다. 때로 피부가 푸른색을 띤다.	신생아를 목욕시키거나 기저귀를 갈아주거나 옷을 입힌 후에 나타날 수 있다.
통증이 있거나 가스가 찼을 때	갑자기 날카로운 고음의 비명을 지르므로 분명하게 구분된다. 흐느낌 사이에 숨을 멈추었다가 다시 운다.	몸 전체가 경직되고 뻣뻣해지는 주기를 반복하는데, 가스를 내보내지 못하기 때문이다. 무릎을 가슴까지 끌어당기고 얼굴은 고통스러운 표정으로 일그러진다. 작은 도마뱀처럼 혀를 위로 흔든다.	신생아들은 공기를 삼켜 가스가 찰 수 있다. 낮에 목 안으로 공기 삼키는 소리가 들린다. 불규칙적인 수유 습관 때문에 가스가 찰 수도 있다.
안아달라고 할 때	옹알이소리가 갑자기 고양이 울음처럼 조그맣고 단속적인 울음으로 변한다. 안아주면 금방 울음을 그친다.	주위를 둘러보고, 엄마를 찾는다.	금방 알아채면 아기를 안아주지 않아도 넘어갈 수 있다. 등을 다독여주고 부드러운 말로 안심시킬 수 있다면 더 좋다. 독립심을 길러줄 수 있기 때문이다.

원인	듣기	관찰하기	다른 평가 방법 · 소견
과식했을 때	먹은 후에 칭얼대고 울기도 한다.	토한다.	졸립거나 지쳤다는 신호를 배가 고픈 것으로 오해하면 이런 일이 생긴다.
대변을 보았을 때	수유를 하면서 투정을 부리거나 운다.	몸을 비틀면서 힘을 준다. 먹다가 멈춘다.	배가 고픈 것으로 오해할 수 있다. 종종 떼를 쓰는 것으로 착각하기도 한다.

4장

E — 수유

현명한 엄마는 수유 리듬을 만들어준다

간호사가 아기를 보고 배가 고픈 것 같다고 말할 때는 정말 마음이 약해진다.
책을 읽고 수업을 들은 것이 얼마나 다행인지 모른다.

— 3주 된 아기 엄마

먹는 것이 우선이다. 도덕은 그 다음이다.

— 베르톨트 브레히트

엄마들의 갈등

음식은 인간이 살아가는 원동력이다. 어른들은 얼마든지 다양한 음식을 선택할 수 있지만, 음식에 대한 의견은 이러쿵저러쿵 분분하다. 채식이 좋다고 고단백 음식을 먹지 않는 사람들이 있는가 하면, 고단백 음식을 신봉하는 사람들도 있다. 누가 옳은지는 별 상관이 없다. 전문가들이 무슨 말을 하든지 우리는 각자 자신이 먹을 음식을 선택해야 한다.

마찬가지로, 예비 엄마들은 수유 방법을 결정할 때 큰 갈등을 겪는다. 모유 대 분유에 관한 논쟁은 이미 오래 전에 시작되었지만 요즘은 대규모 선전 활동이 펼쳐진다. 모유에 관한 책이나 모유를 먹이는 엄마들을 위한 지원 단체들이 후원하는 웹사이트를 보면 모유 문화를 열렬히 찬성하고 아기에게 모유를 먹이자는 쪽으로 기운다. 그러나 조제분유 제조업체에서 후원하는 웹사이트에 가보면 그 반대 의견들로 가득 차 있다.

예비 엄마들은 어떻게 해야 할까? 자신에게 맞는 방법을 선택하면 된다. 모든 의견을 고려하되 누가 하는 말인지 확인하자. 일부 자료는 상품을 '팔기' 위한 속셈일 수도 있다. 친구들의 경험담을 귀담아듣되, 지나치게 과장된 이야기를 듣고 겁먹을 필요는 없다. 분명히 모유를 먹는 아기가 영양이 부족한 경우도 있었고, 분유가 변질된 사례도 있었다. 하지만 그런 예들은 매우 드물다.

이 장에서는 여러분이 주관을 갖고 좀더 확실한 선택을 할 수 있도록 정보를 제공하려고 한다. 이 정보들은 모유를 권장하는 책들이 흔히 쏟아내는 과학적 자료나 통계 수치가 아니다. 나는 이 책에서 제공하는 지식과 상식을 이용할 것을 권하지만, 무엇보다 여러분 스스로 현명하게 판단하기를 바란다.

엄마는 수유 방법을 선택할 권리가 있다

나를 가장 슬프게 하는 것은, 많은 엄마들이 '최선'이라거나 '올바른' 방법이라는 말에 현혹되어 종종 정말 터무니없는 근거로 결정을 내린다는 것이다. 수유 교육을 시키러 들어가서 보면 엄마가 하는 수 없이 모유를 먹여왔다는 사실을 알게 되는 경우가 종종 있다. 남편이나 가족 중 누군가가 강요했기 때문에, 아니면 친구들에게 체면을 세우고 싶어서 또는 어떤 책이나 누군가에게 '다른 방법은 없다'고 설득당했을 수도 있다.

라라는 처음부터 젖을 먹이는 방법이 잘못되었다고 생각하고 나를 찾아왔다. 제이슨은 라라가 젖을 먹이려고 할 때마다 울음을 터뜨렸다. 그녀는 제왕절개를 했기 때문에 산후조리가 특히 더 어려웠다. 그녀는 젖몸살을 앓고 있었을 뿐 아니라 수술로 인한 통증도 심했다. 남편 드웨인은 속수무책으로 어찌할 바를 모르고 있었다.

물론, 부부의 주변 사람들은 저마다 한마디씩 했다. 친구들이 들러 모유를 먹이라고 충고했는데, 한 친구는 특히 부담스러웠다. 라라가 머리가 아프다고 말하면 자기는 편두통이 있었다느니, 젖을 먹이느라 젖꼭지가 아프다고 하면 자기는 염증이 있었다느니 하는 식이었다. 자기 딴에는 라라를 위로한다고 하는 말이었다.

다소 엄격한 라라의 어머니는 세 딸 중에서 막내인 라라에게 "참고 견디라"고 하면서 아기에게 젖을 먹이는 사람은 너 혼자가 아니라고 말했다. 언니도 자기는 아기에게 모유를 먹이는 데 아무 문제가 없었다면서 전혀 동정하지 않았다.

나는 잠시 그들을 관찰하다가 정중히 모두들 나가달라고 부탁하고 라라에게 자신이 느끼는 것을 말해보라고 했다.

"도저히 못하겠어요, 트레이시." 그녀가 커다란 눈물방울을 뚝뚝

떨어뜨리면서 모유를 먹이는 것이 '너무 힘들다'고 고백했다. 임신중에 그녀는 사랑스러운 아기가 자신의 젖을 빨고 있는 아름다운 광경을 상상했다. 그러나 현실은 아기를 안은 마리아의 환상 근처에도 가지 못했다. 지금 그녀는 죄책감과 함께 두려움을 느끼고 있었다.

"알겠어요." 내가 말했다. "물론 주체하기 힘들 거예요. 부담도 클 거구요. 하지만 내 도움을 받으면 잘 해낼 수 있을 겁니다." 라라는 어렴풋이 웃어 보였다. 그녀를 좀더 안심시키기 위해 나는 다른 사람들도 모두 그녀가 경험한 것을 어느 정도는 겪고 있다고 말해주었다.

라라처럼 많은 여성들은 모유를 먹이려면 기술이 필요하다는 것을 모르고 있다. 모유를 먹이기 위해서는 준비와 연습이 필요하다. 그리고 모든 사람이 모유를 먹일 수 있거나 먹여야 하는 것은 아니다.

모유 수유 VS 분유 수유

모유를 먹이는 것은 생각보다 어려운 일이다. 그리고 누구나 다 모유를 먹일 수 있는 것도 아니다. 나는 라라에게 말했다.

"아기뿐 아니라 엄마를 생각해야 해요. 엄마가 모유 먹이기를 원하지 않거나 스스로 어떻게 할지 생각해 보기 전에 다른 사람들이 강요하는 것은 잘못된 것입니다."

중요한 것은 엄마에게 선택권이 있다는 것이다. 아기에게 우유를 먹이든 모유를 먹이든 얼마든지 훌륭한 수유를 할 수 있다. 그것은 각자에게 달려 있다. 게다가 그 선택은 단순히 기분으로 결정할 문제가 아니다. 나는 여성들에게 곤란하거나 위험한 문제가 없는지 아기와 자기 자신을 위해 생각해 보라고 한다.

모유를 먹이는 엄마를 찾아서 이야기를 들어볼 수도 있고 소아과 의사나 산부인과 의사에게 물어볼 수도 있지만, 최종적인 결정은 엄마 스스로 내리는 것이 좋다. 나는 분유라면 얼굴을 찌푸리는 의사들을 몇몇 알고 있다. 어떤 의사는 모유를 먹이지 않는 산모는 받지 않는다. 분유를 선택한 엄마는 그런 의사가 매우 불편하게 느껴질 것이다. 반대로 아기에게 모유을 먹이고 싶은데 모유 수유에 대한 지식이 전혀 없는 의사를 선택한다면 역시 도움이 되지 않는다.

육아에 관한 많은 책들이 분유 수유와 모유 수유의 장단점을 열거하고 있지만, 나는 이 문제를 다른 각도에서 접근해 보려고 한다. 사실, 이 문제는 이론적으로 접근하기 힘든 매우 민감한 문제다. 따라서 우선 각각의 수유법에 대해 염두에 두어야 할 점들을 열거하고 나서 내 의견을 이야기하겠다.

♥ 엄마와 아기의 유대감 모유 찬성론자들은 모유를 먹여야 하는 이유로 '유대감'에 대해 이야기한다. 엄마가 아기에게 젖을 먹이면서

수유 방법 정하기

- 분유 수유와 모유 수유의 차이점을 알아본다.
- 수유 방법과 엄마 자신의 생활 방식을 비교 고찰한다.
- 자기 자신을 알자. 엄마의 인내심, 사람들 앞에서 젖을 먹이는 것에 대한 자의식, 유방과 젖꼭지에 대한 느낌 그리고 엄마의 관점에 영향을 줄 수 있는 모성에 대한 선입견 등을 점검해 보자.
- 언제라도 분유로 바꾸거나 혼합 수유를 할 수 있다는 사실을 기억하자.

친밀감을 느낀다는 점은 물론 인정한다. 하지만 분유를 먹이는 엄마도 역시 아기를 가깝게 느낄 수 있다. 나는 모유를 먹여야만 엄마와 아기의 관계가 굳건해진다고는 생각하지 않는다. 진정한 친밀감은 엄마가 아기를 있는 그대로 알게 되면서 싹튼다.

♥ 아기의 건강 많은 연구 조사들이 모유의 장점에 대해 장황하게 설명한다. 엄마가 건강하고 영양이 좋을 때, 모유에는 세균과 곰팡이와 바이러스를 죽이는 살균 성분뿐 아니라 다른 영양소도 함유되어 있다. 모유 찬성론자들은 모유가 흔히 중이염, 인두염, 소화기와 호흡기 질환 등 여러 가지 질병을 예방한다고 말한다. 모유가 의심할 바 없이 아기에게 좋다는 이론에는 동의하지만, 너무 극단으로 치우치지는 말아야 한다. 종종 인용되는 연구 자료들을 보면, 모유를 먹는 아기들도 때로 그런 질병에 걸린다는 사실을 알 수 있다. 게다가 모유 성분은 시간에 따라 그리고 엄마에 따라 커다란 차이를 보인다. 또한 요즘 분유는 과거 어느 때보다 우수하고 풍부한 영양소를 함유하고 있다. 분유는 천연의 면역 성분를 함유하고 있지는 않지만 아기들의 성장에 필요한 표준 권장량(RDA)은 확실하게 제공해 준다.

♥ 엄마의 산후조리 출산 후에 모유를 먹이면 엄마에게 몇 가지 이로운 점이 있다. 옥시토신이라는 호르몬은 태반을 내보내는 속도를 높이고 자궁 혈관을 수축시켜서 혈액 손실을 줄여준다. 젖을 먹이면 이 호르몬이 계속 분비되면서 자궁이 좀더 빨리 임신 전의 크기로 돌아간다. 또 다른 이점은 모유를 생산하면서 칼로리가 소비되기 때문에 출산 후에 좀더 빨리 살이 빠진다는 것이다. 하지만 모유를 먹이는 엄마가 아기에게 적당한 영양분을 공급하기 위해서는 2~5킬로그램의 체중을 더 유지할 필요가 있다. 분유를 먹이면 그런 걱정은 하지 않아

도 된다. 하지만 분유를 먹인다고 해도 유방이 아프고 민감하게 느껴질 것이다. 유방 속의 모유가 마르면서 통증이 느껴지기도 한다. 그러나 모유를 먹여도 역시 다른 문제들이 있다.

♥ 엄마의 장기적인 건강 어떤 연구 조사에 따르면, 입증된 사실은 아니지만 모유를 먹이면 폐경 이전에 유방암과 골다공증과 난소암에 걸릴 확률이 적다고 한다.

♥ 엄마의 몸매 엄마들은 종종 아기를 낳고 나서 "처녀몸매로 돌아가고 싶어요"라고 말한다. 물론 체중만 줄인다고 되는 일은 아니다. 옷맵시와도 관계가 있기 때문이다. 어떤 여성들은 모유를 먹인다는 것 자체를 마치 자신의 몸을 '포기'하는 것으로 받아들인다. 물론 모유를 먹이면 가슴 모양이 달라진다. 아기에게 젖을 먹이면 유방에서 돌이킬 수 없는 어떤 생리 변화가 일어나면서 효율적으로 모유를 생산하게 된다. 유관이 모유로 채워지고 아기가 젖을 빨면 유관동이 진동하면서 엄마의 뇌에 지속적으로 모유를 공급하도록 지시한다.

원래 젖꼭지가 납작한 모양이었다면 수유를 한 후에는 완전히 밋밋해지기도 한다. 수유를 중단하면 가슴이 다시 변하지만 결코 전과 같아지지는 않을 것이다. 가슴이 작은 여성이 1년 이상 모유를 먹이면 팬케이크처럼 납작해질 수 있고 가슴이 큰 여성은 늘어질 수도 있다. 따라서 몸매를 걱정하는 여성에게는 모유 수유가 최선이 아닐 수 있다. '이기적'이라는 소리를 들을 수도 있지만 아무도 나무랄 자격은 없다.

아기에게 젖을 물리는 행위에 따른 신체적 · 정서적인 느낌도 생각해 볼 문제다. 아기가 젖을 만지거나 잡는 것을 싫어하거나 젖꼭지 자극을 싫어하는 여성도 있다. 만일 그와 같은 불편을 느낀다면 모유를 먹이면서 상당한 어려움을 겪을 수 있다.

♥ 분유 수유보다 어려운 모유 수유 모유 수유는 '자연스러운' 것이지만, 그럼에도 불구하고 기술이 필요하다. 적어도 처음에는 분유를 먹이는 것보다 힘들다. 따라서 모유를 먹일 엄마들은 아기가 태어나기 전에 연습을 해둘 필요가 있다(140쪽 참고).

♥ 어느 쪽이 편리할까 모유 수유가 편하다는 말들을 흔히 한다. 어떤 점에서는 사실이다. 특히 한밤중에 아기가 울면 엄마는 젖을 꺼내기만 하면 된다. 또 엄마젖으로 직접 먹인다면 젖병을 소독하지 않아도 된다. 그러나 유축기로 모유를 짜내 먹이는 경우에는, 따로 시간도 내야 하고 분유를 먹일 때와 마찬가지로 젖병을 처리해야 한다. 또 모유 수유가 집에서는 편리하지만 직장에 나가는 여성들은 젖을 짜기 위한 시간과 공간을 마련하기가 어렵다. 모유는 온도가 항상 일정하

아빠들에게 한마디

아빠들은 자신의 어머니나 누이가 했던 것처럼 아내가 모유를 먹이기를 원할지도 모른다. 또 모유가 가장 좋다고 생각할 수도 있다. 반대로, 모유 수유를 바라지 않을 수도 있다. 아빠가 어떻게 생각하건 아내는 독립적인 개인이다. 아내가 스스로 선택할 일들이 있는데, 이 문제도 그 중 하나다. 아내가 모유 수유를 원한다고 해서 남편을 덜 사랑하는 것은 아니다. 또 모유를 주지 않는다고 해서 나쁜 엄마는 아니다. 두 사람이 이 문제에 대해 얼마든지 상의는 할 수 있지만, 최종적인 결정은 아내의 몫이다.

다는 장점이 있지만 분유도 반드시 데울 필요는 없다. 분유도 미리 타 놓고 모유처럼 편리하게 먹일 수도 있다. 다만, 둘 다 보관에 주의해야 한다(모유 보관은 148쪽, 분유 보관은 158쪽 참고).

♥ 비용 처음 한해 동안 아기들은 평균 약 42만 8,765cc를 먹는다. 신생아는 물론 조금 적게 먹겠지만, 하루에 약 1,174cc를 먹는 셈이다. 모유 수유는 당연히 비용이 적게 드는 방법이다.

♥ 남편의 역할 어떤 아빠들은 엄마가 모유를 먹일 때 소외된 기분을 느낀다고 하지만, 그래도 엄마의 선택에 따라야 한다. 사실, 엄마들은 대부분 어떤 수유 방법을 택하든지 남편이 참여해 주기를 바라고 또 남편의 도움을 필요로 한다. 그것은 수유 방법과는 상관없는 의지와 관심의 문제다. 모유를 먹인다고 해도 엄마가 젖을 짜두면 아빠가 젖병으로 먹일 수 있다. 어떤 수유 방법이든 아빠가 도와준다면 산모는 잠깐이나마 달콤한 휴식을 취할 수 있을 것이다.

♥ 아기를 위한 금기 여러 가지 질병을 알아보는 신생아 신진대사 검사 결과에 기초해서, 소아과 의사가 모유를 먹이는 것에 반대할 수 있다. 어떤 경우에는 유당이 함유되지 않은 특수 분유를 지정해 주기도 한다. 마찬가지로, 아기가 황달이 심할 때 병원에서는 분유를 먹이라고 한다. 어떤 엄마들은 분유 알레르기 때문에 아기에게 발진이 생기거나 가스가 찬다고 말하지만, 모유를 먹는 아기들도 역시 그런 문제를 겪는다.

♥ 엄마를 위한 금기 유방 수술을 했거나, HIV(AIDS 바이러스) 같은 전염병이 있거나, 리튬 등의 안정제처럼 모유에 전달되는 약을 복용

하고 있는 엄마라면 아기에게 모유를 먹일 수 없다. 또 가슴의 크기와 젖꼭지 모양은 상관없다고 하지만, 어떤 엄마들은 젖이 잘 돌지 않거나 아기가 잘 빨지 못해서 다른 엄마들보다 어려움을 겪는다. 이런 문제들은 대부분 해결할 수 있지만, 어떤 엄마들은 끝까지 참지 못하고 중도에 포기한다.

흔히 알려진 바로는, 특히 처음 한 달 동안에는 모유를 먹이는 것이 좋다. 하지만 엄마가 다른 선택을 했거나 어떤 이유로 모유를 먹일 수 없을 때에는 얼마든지 분유를 먹일 수 있고, 어떤 경우에는 분유가 오히려 더 나은 대안이 될 수도 있다. 모유를 먹일 시간이 없거나 아기에게 젖을 먹인다는 것이 내키지 않을 수도 있다. 또 첫아기가 아닐 경우, 아기에게 모유를 먹이면 큰 아이들이 질투를 느끼는 등 가정의 평화가 깨질까 봐 걱정이 될 수도 있다.

엄마가 모유를 먹이고 싶어하지 않을 때에는 주변 사람들이 지원을 아끼지 말고 격려해 주어야 한다. 그래야 엄마는 죄의식을 갖지 않고 편한 마음으로 수유할 수 있다. 모유를 먹이는 것이 헌신적이라는 말은 하지 말자. 어떤 방법으로 수유를 하든지 엄마는 헌신을 하고 있다.

아기도 평화롭게 식사할 권리가 있다

시작이 좋으면 반은 끝난 셈이다. 집안에 오직 수유만을 위한 특별한 장소, 즉 아기방이나 소란스럽지 않은 조용한 곳을 정해두는 게 좋다. 아기도 평화롭게 식사할 권리가 있다. 아기에게 젖병이나 젖을 물리고 전화를 하거나 누나를 찔시 말사. 수유는 상호작용을 하는 과정이므로 엄마도 역시 주목해야 한다. 수유를 하면서 엄마는 아기를 알게 되고, 아기도 엄마를 알게 된다. 게다가 아기가 커갈수록 시각적으로나 청각적으로 점점 더 주위가 산만해지면서 식사에 방해를 받을 수 있다.

엄마들은 종종 "수유를 하면서 아기에게 말을 해도 괜찮은가요?"라고 묻는다. 물론 해도 되지만 조용하고 부드럽게 말하자. 저녁에 촛불을 켜고 식사를 하면서 나누는 대화라고 생각하자. 무뚝뚝하지 않고 기운을 북돋워주는 부드러운 음조로 말한다. "자, 조금 더 먹자. 조금 더 먹어야 한다." 나는 때로 나지막하게 '구…구' 소리를 내거나 아기 머리를 쓰다듬는다. 이런 식으로 아기와 대화를 나누면 아기가 잠들지 않도록 할 수 있다. 만일 아기가 눈을 감고 빨기를 잠시 멈추면 이렇게 말한다. "아직 거기 있니?" 또는 "자, 기운을 내라. 일을 하면서 잠을 자면 안 돼요. 이건 네가 하는 유일한 일이란다!"

먹는 모습

아기 성격에 따라 먹는 방식도 다르다. 천사 아기와 모범생 아기는 당연히 잘 먹고, 씩씩한 아기 역시 잘 먹는다. 예민한 아기는 종종, 특히 엄마젖을 먹을 경우 까다롭게 굴면서 융통성을 보이지 않는다. 어떤 자세로 수유를 시작하면 계속 같은 식으로 젖을 먹여야 한다. 또 수유하면서 큰소리로 말하거나 자세를 바꾸거나 다른 방으로 옮겨가면 안 된다. 심술쟁이 아기는 성급하다. 모유가 늦게 내려오는 것을 참지 못하고, 때때로 엄마젖을 물고 잡아당긴다. 쉽게 빨리는 젖꼭지로 주면 잘 먹는다.

한마디 더

아기가 젖을 먹으면서 졸면 다음과 같은 방법으로 빨기 반사를 유도해 보자. 엄지손가락으로 아기 손바닥에 둥근 원을 그리듯이 부드럽게 문지르거나 겨드랑이를 문지른다. 또는 아기 척추를 따라 손가락 걷기를 하면서 오르내린다. 아기를 깨운다고 이마 위에 젖은 수건을 올려놓거나 발을 간질이지 말자. 그건 마치 탁자 밑으로 기어와서 "네 몫의 닭고기를 다 먹지 않았군. 다시 먹지 않으면 발을 간질이겠다"라고 혼내는 것과 같다. 아무리 해도 깨지 않으면 그대로 30분쯤 재우는 수밖에 없다.

2장에서 분명히 말했듯이, 어떤 수유 방법을 선택하든 수시로 먹이는 것에는 절대로 찬성하지 않는다. 아기를 떼쟁이로 만들 뿐 아니라, 아기가 내는 여러 가지 소리를 계속 구분하지 못하고 모든 울음을 배고픈 것과 혼동할 수 있기 때문이다. 그러면 아기가 너무 많이 먹게 되고, '산통'으로 오해할 수 있는 문제가 생기기도 한다. E.A.S.Y. 일과를 따라가면 모유는 2시간 반에서 3시간, 분유는 3시간에서 4시간마다 먹게 되므로 그 사이에 우는 울음은 다른 이유 때문이라는 것을 쉽게 알 수 있다.

♥ 수유 자세 아기를 엄마의 가슴 높이로 편안하게 안는다. 젖병으로 먹일 때에도 마찬가지다. 아기가 목을 쳐들고 엄마젖이나 젖병에 매달리지 않도록 머리를 약간 높이고 몸을 똑바로 펼 수 있게 안는다. 아기의 안쪽 팔은 옆으로 내리거나 엄마 옆으로 돌린다. 아기의 머리가 몸보다 낮으면 젖을 넘기기가 어렵다. 젖병으로 먹일 때에는 똑바로 위를 바라보게 하고, 엄마젖을 먹일 때는 엄마 쪽으로 얼굴을 돌려서 젖꼭지를 향하게 한다.

♥ 딸꾹질 아기들은 수유를 한 후나 낮잠을 자고 나서 종종 딸꾹질

을 한다. 배가 부르거나 너무 빨리 먹는 것이 원인일 수 있다. 어른도 음식을 급히 먹으면 딸꾹질을 한다. 횡경막이 리듬을 잃기 때문이다. 우리가 할 수 있는 일은 없다. 딸꾹질은 시작할 때처럼 어느새 사라진다는 것을 알아두자.

♥ 트림 아기가 모유를 먹든 분유를 먹든 모두 공기를 함께 삼킨다. 아기가 먹으면서 목이 메는 듯하거나 꿀꺽거리는 소리가 종종 들리는데 바로 그때 공기를 삼키게 된다. 그러면 기포 때문에 위가 차기도 전에 배가 부른 것처럼 느끼게 되므로 트림을 시킬 필요가 있다. 아기들은 누워 있을 때에도 공기를 삼키기 때문에, 나는 모유나 분유를 주기 전에 트림을 시키고 수유가 끝난 후에 또 시킨다. 아기가 잘 먹다가 투정을 부릴 때에는 수유중이라도 트림을 시켜주어야 한다.

트림을 시키는 방법에는 두 가지가 있다. 하나는 무릎에 아기를 똑바로 앉힌 다음 턱을 엄마 손으로 받히고 아기 등을 살살 문질러주는 것이다. 내가 개인적으로 선호하는 또 다른 방법은, 아기를 꼿꼿이 세워 안고 팔을 엄마 어깨 위로 편안하게 걸쳐 공기가 위로 올라가는 길을 만든 다음 아기의 복부 왼쪽을 위로 가볍게 문지르는 것이다. 더 아래쪽을 문지르면 신장을 자극하게 된다. 문질러서 안 되면 가볍게 두드려주는 것도 좋다.

만일 5분 동안 두드리고 문질렀는데 트림이 나오지 않으면 아기 뱃속에 기포가 없다고 생각할 수 있다. 그래서 아기를 뉘었는데 다시 꿈틀거릴지도 모른다. 그때 다시 살며시 들어올리면 시원하게 트림을 할 것이다. 때때로 기포가 위를 지나 장으로 들어가기도 한다. 그러면 아기가 매우 불편하게 느낄 수 있다. 다리를 가슴까지 들어올리고 울기 시작하며 몸 전체를 긴장시킨다. 방귀를 뀌고 나면 편안해지기도 한다.

♥ 섭취량과 몸무게 어떤 식으로 수유를 하든 초보 엄마들은 종종 걱정을 한다. "우리 아기가 충분히 먹고 있는 걸까요?" 분유를 먹이면 아기가 섭취하는 양을 알 수 있다. 모유를 먹이는 엄마들도 젖이 내려올 때 뜨끔거리거나 쥐어짜는 듯 느껴지므로 적어도 젖이 나온다는 것을 알 수 있다. 하지만 그런 감각을 느끼지 못한다면? 사실 많은 엄마들이 느끼지 못한다. 나는 항상 "아기가 빠는 것을 보면서 동시에 삼키는 소리를 들어보세요"라고 말한다. 아기가 먹은 후에 잘 놀면 충분히 먹고 있다고 볼 수 있다.

내가 항상 엄마들에게 하는 말이 있다. "들어간 것은 나오게 되어 있답니다." 신생아는 24시간 동안 6번에서 9번까지 기저귀를 적신다. 소변은 거의 투명에 가까운 노란색이다. 대변은 2번에서 5번까지 보는데, 노란색에서 황갈색까지 다양하며 묽기는 양겨자와 비슷하다.

아기가 얼마나 먹고 있는지를 가장 잘 알 수 있는 척도는 몸무게다. 다만, 신생아는 보통 처음 며칠 동안 태어났을 때보다 10퍼센트까지 몸무게가 줄어든다. 태아는 줄곧 태반으로부터 영양분을 공급받는다. 그러다가 밖에 나오면 독립적으로 먹는 방법을 배워야 하는데, 처음 시작할 때 약간의 시간이 걸린다. 하지만 예정일을 채운 아기들은 적절한 칼로리를 섭취하면 대부분 7일에서 10일 사이에 출생시의 몸무게로 돌아간다. 좀더 오래 걸리는 아기들도 있는데 2주 후에도 원래 몸무게로 돌아가지 않으면 소아과 의사를 찾아가 보도록 하자. 만일 3주가 되어도 처음 몸무게로 돌아가지 않으면 병원에서 '발육 부진'으로 간주한다.

한마디 더

2.7킬로그램 이하의 아기라면 10퍼센트의 체중 감소를 허용해서는 안 된다. 그런 경우 모유가 나올 때까지 분유으로 충분히 보충해 주어야 한다.

체중은 1주일에 110그램에서 200그램 사이로 증가하면 정상이다. 하지만 아기의 몸무게에 지나치게 연연하기 전에, 모유를 먹는 아기들은 분유를 먹는 아기보다 좀더 야위고 몸무게가 더디게 증가하는 경향이 있다는 사실을 기억해 두자. 처음 한 달 동안은 1주일에 한 번, 그 후에는 한 달에 한 번 정도 아기 몸무게를 재는 것으로 충분하다고 생각한다.

모유로 키우기

모유 수유에 관한 책들은 그야말로 널려 있다. 아기에게 모유를 먹이기로 이미 결정한 엄마라면 지금 책꽂이에 그런 책들이 서너 권은 꽂혀 있을 것이다. 어떤 기술을 배울 때 중요한 것은 인내와 연습이다. 책을 읽고, 수유 교실에 나가자. 다음은 엄마의 몸이 모유를 어떻게 생산하는지를 포함해서 우리가 반드시 알아두어야 할 것들이다.

♥ 임신중에 미리 연습하자. 모유 수유에 따르는 문제는 주로 아기에게 젖을 제대로 물리지 못하기 때문에 생긴다. 나는 출산예정일을 4~6주 앞둔 엄마들을 만나서 이 문제를 미연에 방지한다. 그들에게 모유가 어떻게 나오는지 설명하고 작고 둥근 반창고를 하나는 젖꼭지에서 1인치 아래에 또 하나는 1인치 위에 붙여주는데, 정확히 그곳을 잡고 아기에게 젖을 먹이면 된다. 여러분도 연습해 보자.

모유는 아기가 젖꼭지를 빠는 힘이 아니라 그 힘이 주는 자극에 의해 생산된다. 자극이 많을수록 모유가 많이 생산된다. 따라서 올바른 수유 자세와 젖 물리기가 필수적이다. 이 두 가지를 바르게 하면 모유 수유는 자연스럽게 진행된다. 아기가 올바른 자세로 젖을 빨지 않으

엄마의 젖은 모유를 어떻게 생산할까?

아기가 태어나자마자 엄마의 뇌는 모유 생산을 촉진하고 유지하는 호르몬 프로락틴을 분비한다. 프로락틴과 옥시토신이라는 호르몬은 아기가 젖을 빨 때마다 분비된다. 유두 주변의 거무스름한 유륜은 적당히 거칠거칠하면서도 부드러워서 아기가 젖을 물고 빨기 편하게 되어 있다. 아기가 젖을 빨면 유륜 안쪽에 있는 유관동이 엄마의 뇌에 '젖을 생산하라!'는 신호를 보낸다. 유관동이 진동하면 유두와 유엽(젖이 저장된 작은 주머니들)을 연결하는 통로인 유관이 움직인다. 유관이 펌프처럼 유엽으로부터 젖을 끌어내리면, 마지막으로 깔대기 모양의 젖꼭지에 모여 아기 입으로 들어가는 것이다.

면 유관동에서 뇌로 메시지를 보내지 못하기 때문에 모유 생산에 필요한 호르몬이 분비되지 않는다. 결국 모유가 나오지 않을 것이고 엄마와 아기가 모두 고통받게 된다.

한마디 더

젖을 물릴 때는 아기의 입술이 유두와 유륜을 둘러싸도록 해야 한다. 아기의 코와 턱이 유방에 닿지 않도록 목을 약간 펴준다. 그러면 엄마가 유방을 잡지 않아도 아기의 코가 눌리지 않는다. 만일 젖이 크다면 양말을 밑에 받쳐서 위로 들어준다.

♥ 아기가 태어난 후 최대한 빨리 첫 수유를 한다. 첫 수유가 중요하지만 그것은 우리가 생각하듯 아기가 배고프기 때문이 아니다. 첫 수유는 아기의 기억 속에 올바로 젖을 빠는 방법을 심어준다. 되도록이

면 보모나 간호사 또는 친정어머니(모유를 먹였다면)에게 분만실에 들어와 첫 수유를 도와달라고 하자.

나는 자연분만을 한 엄마에게는 분만실에서 바로 아기에게 젖을 주도록 한다. 미루면 미룰수록 점점 더 어려워지기 때문이다. 아기는 태어나서 처음 1~2시간 동안에 정신이 가장 또렷하다. 다음 2~3일 동안은 산도를 빠져나온 여행의 후유증으로 일종의 충격 상태에 빠지기 때문에, 먹고 자는 시간이 아마 불규칙할 것이다. 제왕절개를 했을 때에는 엄마와 아기가 모두 취해 있는 상태이므로 3시간 이내에는 첫 수유를 할 수 없다. 그런 경우에는 젖을 올바로 먹을 때까지 시간이 더 걸리고 인내가 필요하다. 나는 2.5킬로그램 이하의 미숙아를 제외하고는 아기를 깨워서까지 젖을 먹이게 하지는 않는다.

처음 2~3일 동안 엄마는 모유의 '강력한 면역 성분'인 초유를 생산한다. 초유는 우유라기보다 꿀에 가까워 보일 정도로 걸쭉한 노란색의 단백질 덩어리다. 이때에는 거의 순수한 초유가 나오는데 한쪽 젖으로 15분, 다른 쪽으로 15분간 먹인다. 그러나 성숙유를 생산하기 시작하면 번갈아가면서 한쪽 젖만 먹인다.

처음 나흘간 모유 먹이기

신생아가 2.7킬로그램 이상이면, 나는 보통 처음 나흘 동안 아래와 같이 젖을 먹이도록 한다.

	왼쪽 수유	오른쪽 수유
첫날 : 하루종일 아기가 원할 때마다 먹인다.	5분	5분
이틀째 : 2시간 간격으로 먹인다.	10분	10분
사흘째 : 2시간 반 간격으로 먹인다.	15분	15분
나흘째 : 한쪽 젖 먹이기와 E.A.S.Y.를 시작한다.	2시간 반에서 3시간 간격으로 한쪽 젖을 길게는 40분까지 먹인다.	

♥ 모유에 대해 그리고 모유가 어떻게 만들어지는지 알아두자. 맛을 보자. 그래야만 저장했을 때 상했는지 알 수 있다. 젖이 가득 찼을 때의 느낌에 주목하자. 젖이 나올 때는 보통 뜨끔거리거나 쏟아져내리는 듯한 느낌이 든다. 어떤 엄마들은 모유가 아주 빠르게 분사되는 것을 느끼기도 한다. 그럴 경우 아기는 처음 몇 분 간 젖을 흘리거나 목이 메일 수 있다. 젖이 빠르게 쏟아지는 것을 막기 위해서는 상처에서 피가 나오지 못하게 하는 것처럼 손가락을 젖꼭지에 대고 있다가 떼면 된다.

젖이 내려오는 것을 느끼지 못한다고 해도 걱정할 필요는 없다. 사람에 따라 감각이 다르다. 엄마젖이 느리게 나오면 아기는 짜증을 부리면서 흐름을 자극하려고 젖을 물었다 뺐다 할 것이다. 모유가 잘 안 나오는 이유가 스트레스 때문일 수도 있다. 마음을 편히 갖도록 하자. 젖을 먹이기 전에 명상 테이프를 듣는 것도 도움이 될 수 있다. 그래도 효과가 없을 경우, 손으로 젖을 짜서 모유가 흐르는 것이 보이면 그때 아기에게 물린다. 3분 정도 걸리지만 아기를 초조하게 만들지 않을 수 있다.

♥ 한 번에 양쪽 젖을 번갈아 먹이지 말자. 간호사나 의사 또는 수유 상담원 중에는 수유할 때마다 양쪽 젖을 10분씩 빨게 하라고 말하는 사람들이 있다. 모유의 3가지 성분을 보여주는 다음의 설명을 보면 그 방법이 아기에게 왜 좋지 않은지 알 수 있다.

특히 아기가 태어나 처음 3주 동안에는 후반부의 모유까지 빨게 하는 것이 좋다. 만일 10분 후에 다른 쪽으로 바꾸면 전반부 모유만 먹고 후반부 모유를 먹지 못하게 된다. 더 나쁜 것은 결과적으로 후반부 모유를 생산할 필요가 없다는 메시지를 전달하게 된다는 것이다.

엄마가 젖을 다 비울 때까지 먹이면 아기는 모유에 들어 있는 성분을 모두 섭취해서 균형 잡힌 식사를 하게 된다. 그리고 엄마의 몸은 그런 방식에 적응할 것이다. 쌍둥이의 경우를 생각해 보자. 엄마는 아기들에게 각각 한쪽 젖만 줄 수밖에 없다. 수유중에 쌍둥이가 먹고 있던 젖을 서로 바꾸는 것은 아무 의미가 없을 것이다. 다른 아기 엄마들에게도 마찬가지로 젖을 바꾸는 것은 의미 없는 일이다.

한마디 더

젖을 먹인 후에는 다음에 먹일 유방 쪽에 표시를 해두자. 완전히 비우지 않은 유방은 가득 차 있는 것처럼 느껴질 수 있다.

나는 첫날부터 함께하는 엄마들에게는 3~4일 동안 한쪽 수유를 하게 한다. 그런데 종종 소아과 의사나 수유 상담원에게 젖을 번갈아 먹이라는 말을 듣고 따라해온 엄마들이 나에게 구원을 요청한다. 일반적으로 아기가 2주에서 8주 정도 되었을 때이다.

아들이 3주 된 마리아는 내게 말했다. "우리 아기는 1시간, 아니면 길어야 1시간 반마다 젖을 먹는답니다. 도무지 감당하기 힘들어요." 하지만 소아과 의사는 개의치 않았다. 저스틴의 체중이 꾸준히 늘고 있었기 때문이다. 저스틴이 1시간마다 먹는다는 사실은 그 의사에게 별로 상관없는 일이었다. 자기가 먹이는 것이 아니니까!

나는 마리아에게 한쪽 수유를 하라고 말했다. 마리아의 몸은 이미 양쪽 수유에 익숙해져 있었으므로 점진적으로 바꾸어가야 했다. 나는 처음 사흘 동안 한쪽 젖을 5분간 먹인 다음 다른 쪽을 집중적으로 먹이도록 했다. 그렇게 하면 양쪽 유방에 부담을 주지 않고 울혈을 방지할 수 있다. 무엇보다 마리아의 뇌에 '지금은 다른 쪽 젖이 필요없다'는 메시지를 전달할 수 있다. 한쪽 젖에 남은 모유는 마리아의 신체 조직에 재흡수되어 3시간 후의 수유를 위해 저장되었다. 나흘째 되는

모유 성분

모유를 넣은 젖병을 1시간 동안 밖에 놓아두면 세 부분으로 분리된다. 위에서부터 점진적으로 진해지는 것을 볼 수 있는데, 바로 그 순서로 모유가 아기에게 전달된다.

- 갈증 해소 부분 수유를 시작하고 5분에서 10분 사이에 나온다. 탈지유와 비슷하다. 아기의 갈증을 해소해 주는 전채요리라고 생각하면 된다. 성행위시에 방출되는 호르몬이기도 한 옥시토신이 풍부해서 엄마와 아기 양쪽 모두에게 영향을 준다. 엄마는 오르가슴 이후와 비슷하게 매우 나른해지고 아기는 졸려한다. 유당이 가장 많이 함유되어 있다.
- 전반부 5분에서 8분이 지나면 나오기 시작한다. 농도가 일반 우유와 같고 뼈와 뇌의 발달에 좋은 단백질이 풍부하다.
- 후반부 15분이나 18분이 지나면 나오기 시작한다. 농도가 짙고 걸쭉하며, 맛있는 지방이 많이 들어 있어서 아기의 몸무게를 늘려주는 디저트다.

날부터 마리아는 완전하게 한쪽 수유를 할 수 있었다.

♥ 시계를 보지 말자. 모유 수유는 시간이나 무게를 따져서 되는 문제가 아니다. 엄마 자신과 아기를 알아야 한다. 모유가 분유보다 빨리 소화되기 때문에 보통 모유를 먹는 아기들이 약간 더 자주 먹는다. 2~3개월 된 아기에게 40분 동안 젖을 먹인다면 아기는 3시간 이내에 선당을 소화해 낸나.

한마디 더

젖을 먹인 후에는 항상 젖꼭지를 깨끗한 물수건으로 닦아낸다. 남아 있는 모유가 세균의 온상이 되어 엄마의 젖과 아기 입안에 염증을 일으킬 수 있다. 비누는 젖꼭지를 건조하게 만드므로 사용하지 않는 것이 좋다.

♥ 엄마는 자신이 원하는 방식으로 모유를 먹일 권리가 있다. 아무도 엄마에게 양쪽 수유를 하지 말라고 강요할 사람은 없다. 어떤 식으

양배추에 관한 미신

모유를 먹이는 엄마들은 종종 양배추, 초콜릿, 마늘 그리고 다른 자극적인 음식이 모유에 들어가지 않도록 하라는 말을 듣는다. 터무니없는 소리다! 정상적이고 다양한 식사는 모유에 아무런 영향도 주지 않는다. 미국인들이 기절초풍할 정도로 자극적인 음식을 먹는 인도의 엄마들을 생각해 보자.
엄마에게는 물론이고 아기에게도 전혀 문제가 없다.
아기들이 가스가 차는 것은 양배추 같은 음식 때문이 아니다.
공기를 너무 많이 삼키거나, 트림을 제대로 못하거나, 소화 기관이 성숙하지 못했기 때문에 가스가 생긴다.
어떤 아기는 엄마가 먹는 어떤 음식, 흔히
우유 · 콩 · 밀 · 생선 · 옥수수 · 달걀 · 견과류에 들어 있는 단백질에 반응을 보일 수 있다. 엄마가 먹는 음식이 아기에게 영향을 준다고 생각되면 그 음식을 2~3주 동안 중단했다가 다시 먹어보자.
운동 역시 모유에 영향을 준다는 것을 기억하자. 엄마가 운동을 하면 근육에서 젖산을 생산하므로 아기가 복통을 일으킬 수 있다. 젖을 먹이기 1시간 전부터는 운동을 하지 않는 것이 좋다.

로 수유를 하든 그 방법에 충실하자.

♥ 스승을 찾아보자. 옛날에는 엄마가 딸에게 젖먹이는 기술을 전수했다. 하지만 분유 수유가 유행하면서 모유 수유가 가능한 엄마들까지 모두 분유를 먹였다. 그 결과 요즘 젊은 엄마들은 자신의 어머니에게 도움을 구할 수 없는 경우가 종종 있다. 그들도 분유를 먹였기 때문이다. 더욱 안타까운 것은 때로 정보가 서로 상반된다는 것이다. 병원에서 교대 근무 간호사가 이런 식으로 아기를 안으라고 하는데, 다음날 나온 간호사는 또 다르게 말하는 식이다. 이런 혼란이 엄마의 모유 공급에 영향을 미칠 수 있을 뿐 아니라 정서적으로 불안하게 만들어 젖을 먹이는 능력에 영향을 줄 수 있다.

♥ 모유 수유 일기를 쓰자. 처음 며칠이 지난 후에 일단 한쪽 수유를

남편과 친구들에게

아내가 모유 수유를 시작할 때 그녀가 배우는 것을 함께 배우고 계속 주의깊게 관찰하자. 아기가 올바로 젖을 빨고 있는지 확인하자. 그러나 지나친 참견은 하지 말아야 한다. '선의의 개인지도'라는 이름으로 중계방송을 하지는 말자. "잘하고 있어, 그래야지… 오, 안 되겠어. 젖꼭지가 빠졌어… 이제 다시 빨고 있군… 그래, 됐어! 아주 씩씩하게 빨고 있군… 아이쿠, 또 놓쳤어… 아기를 조금만 더 들어올려… 그렇지, 그렇게. 바로 그거야… 오, 안 돼, 또 빠졌어!" 입장을 바꾸어 생각해 보자. 엄마는 스포츠 방송 아나운서가 아니라 다정한 후원자를 필요로 한다. 심판을 받지 않아도 모유 먹이는 기술을 배우는 것만으로도 충분히 힘들다.

모유 저장하기

냉동고에 모유를 1리터나 보관해 두었는데 전원이 나가는 바람에 전부 녹아버렸다고 속상해하는 어떤 엄마를 만난 적이 있다. 나는 하도 기가 막혀서 그녀에게 물었다. "세계 신기록을 세울 작정인가요? 어쩌자고 그렇게 많이 보관했죠?" 모유를 짜서 보관하는 것은 좋은 방법이지만 적당히 해야 한다.
다음 몇 가지 점에 유념하자.

- 짜낸 모유는 즉시 냉장고에 넣고, 일단 젖병에 넣으면 24시간 이상 보관하지 말자.
- 6개월까지 모유를 냉동시킬 수는 있지만, 그때가 되면 아기가 필요로 하는 영양소가 달라진다. 1개월 된 아기에게 필요한 영양소는 3개월이나 6개월 된 아기의 경우와 다르다. 모유가 경이로운 것은 아기가 성장하는 데 따라 성분이 변하기 때문이다. 모유에 함유된 칼로리가 아기의 성장에 맞아야 하므로, 120cc짜리 12팩 이상은 저장하지 말고 4주마다 교체한다. 그리고 먼저 짜둔 모유부터 먹인다.
- 모유는 소독한 젖병에 넣고, 반드시 날짜와 시간을 써서 붙여놓아야 한다.
- 모유는 사람의 분비물임을 기억하자. 엄마는 항상 손을 씻고 되도록 이리저리 옮겨담지 말도록 하자.
- 해동할 때에는 더운물 속에 밀봉한 용기를 넣고 약 30분 동안 녹인다. 전자레인지를 사용하면 단백질이 분해되면서 모유의 성분이 변한다. 해동하는 동안 지방이 분리되어 떠오르므로 용기를 흔들어준다. 해동한 모유는 즉시 먹이고, 24시간 이상 냉장고에 저장하지 말자. 금방 짠 모유를 해동한 모유와 섞어 먹일 수는 있지만 다시 얼리면 안 된다.

하기 시작하면 나는 엄마에게 아기가 언제, 얼마나 오래, 어느 쪽 젖을 먹었는지 등을 자세히 기록하도록 한다. 다음은 내가 엄마들에게 주는 양식이지만, 각자 원하는 방식으로 만들어볼 수 있다.

♥ 내가 제안하는 40일 규칙을 지키자. 어떤 엄마들은 며칠 이내에 젖 먹이는 요령을 터득하지만 어떤 엄마들은 좀더 오래 걸린다. 후자에 속한다고 해도 전전긍긍하지 말자. 40일간은 너무 많은 것을 기대하지 않는 것이 좋다. 물론 아빠를 비롯한 모든 사람이 모유 수유가 곧바로 순조롭게 진행되기를 바라고 있으므로 2~3일 후에는 초조하

모유는 얼마나 먹여야 할까?

젖을 짜서 양을 측정해 보지 않는 한, 아기가 얼마나 먹는지 알기는 어렵다. 나는 시간을 재지 말라고 권하지만, 많은 엄마들이 대충 어느 정도가 적당하냐고 묻는다. 아기들이 자라면서 좀더 잘 빨게 되면 먹는 시간이 줄어든다. 아기가 보통 한 번에 먹는 양은 대략 다음과 같다.

- ♥ 4~8주 : 40분까지 60~150cc
- ♥ 8~12주 : 30분까지 120~180cc
- ♥ 3~6개월 : 20분까지 150~240cc

모유의 양이 적어서 염려된다면, 2~3일 정도 '모유 생산량'을 계산해 보자. 하루 한 번, 수유하기 전에 15분 동안 젖을 짜서 양을 측정한다. 아기는 손으로 짜는 것보다 적어도 30cc는 더 빨 수 있다는 점을 감안하면 어느 정도 정확한 양을 측정할 수 있을 것이다.

고 불안해질지도 모른다. 하지만 정말 편안하게 올바로 젖을 먹일 수 있을 때까지는 종종 시간이 걸린다.

40일은 약 6주간으로 산후조리 기간을 말한다. 그래서 나는 40일로 정한 것이다. 어떤 엄마들은 모유 수유를 시작하려면 그만큼 오랜 시간이 필요하기도 하다. 젖을 올바로 물린다고 해도 엄마의 유방에 문

시간	어느 쪽?	수유시간	삼키는 소리가 들리는지?	최종 수유 이후 소변의 횟수	최종 수유 이후 대변의 횟수와 색깔	물 또는 분유 보충	짜낸 모유의 양	기타
오전 6:00	□좌 □우	35분	□그렇다 □아니다	1회	1회 연한 노란색		30cc 오전 7:15	먹고 나서 약간 칭얼거렸다.
오전 8:15	□좌 □우	30분	□그렇다 □아니다	1회	0		45cc 오전 8:30	수유 도중 깨워야 했다.
	□좌 □우		□그렇다 □아니다					
	□좌 □우		□그렇다 □아니다					
	□좌 □우		□그렇다 □아니다					
	□좌 □우		□그렇다 □아니다					

제가 생길 수도 있고, 아기가 따라주지 않을 수도 있다. 여유를 갖고 시행착오를 허락하자.

한마디 더

엄마가 매일 섭취하는 칼로리는 엄마 자신뿐 아니라 아기를 위한 것이다. 따라서 젖을 먹이는 동안에는 엄마가 음식물 섭취를 유지하는 것이 중요하므로 다이어트는 하면 안 된다. 고단백과 복합 탄수화물로 건강하고 균형 잡힌 식사를 유지하자. 또한 아기는 엄마의 몸에서 수분을 섭취하기 때문에 물을 매일 1일 권장량의 두 배인 16잔씩 마셔야 한다.

문제	증상	해결책
유방 울혈(젖몸살) 유방이 모유가 아닌 다른 분비물로 채워진다. 특히 제왕절개 후에, 말초 부위에 침전되는 혈액 · 림프액 · 수분 등의 잉여 분비물이 모유보다 더 많아진다.	유방에 열이 오르고 단단하게 부어오른다. 열과 오한이 나고 밤에 땀을 흘리는 등 감기 증세를 동반할 수 있다. 또 아기가 젖을 쉽게 빨수 없으므로 젖꼭지가 쓰리고 아프다.	더운 물수건으로 유방을 감싼다. 2시간마다 5번씩, 수유 직전에 공을 던지는 것처럼 팔을 어깨 너머로 젖히는 운동을 하고 팔과 발목을 돌린다. 24시간 내에 증세가 호전되지 않으면 의사를 찾아가보자.
유관이 막힌다 모유가 유관 속에서 부드러운 치즈처럼 응고된다.	유방에 멍울이 생기고 만지면 아프다.	치료를 하지 않으면 유선염으로 진행될 수 있다. 유방을 따뜻하게 해주고 덩어리 주위에 작은 원을 그리면서 젖꼭지를 향해 마사지한다. 실제로 젖이 나오는 것을 눈으로 볼 수 없지만, 굳은 치즈를 주물러 우유처럼 만든다고 상상하자.
젖꼭지가 아프다	젖꼭지가 갈라지고 쓰라리고 짓무르고 빨갛게 된다. 만성이 되면 물집이 생기고 젖을 먹이지 않을 때에도 화끈거리고 아플 뿐만 아니라 피가 나기도 한다.	젖을 먹이면 보통 처음 며칠 동안 겪는 증세로, 아기가 규칙적으로 빨기 시작하면 사라진다. 만일 불편함이 지속되면 아기에게 제대로 젖을 먹일 수 없으므로 의사의 도움을 받아보자.
두통	뇌하수체에서 옥시토신과 프로락틴을 분비하면서 수유중이나 직후에 두통이 있다.	지속되면 의사의 진단을 받아보자.

문제	증상	해결책
옥시토신의 과적	오르가슴을 느낄 때 분비되는 '사랑 호르몬'의 생산으로 젖을 먹이는 중에 잠이 온다.	현실적인 예방책은 없으나 수유 사이에 휴식을 좀더 취해야 한다.
발진	몸 전체에 두드러기가 난 것 같다. 옥시토신에 대한 알레르기 반응이다.	보통은 항히스타민제를 복용하지만, 우선 의사와 상의하자.
피부염증	유방이 아프거나 화끈거리는 느낌이 든다. 아기에게도 붉은 반점의 기저귀 발진이 생길 수 있다.	의사를 찾아간다. 엄마와 아기 모두 염증 치료를 받아야 할 수도 있다. 아기에게는 엉덩이에 크림이나 연고를 발라줄 필요가 있으나, 유선이 막힐 수 있으므로 엄마 젖에는 바르지 말자.
유선염 유선에 염증이 생긴다.	유방에 우둘투둘한 붉은 줄무늬가 생긴다. 유방에 열이 나고 몸살 증세를 동반한다.	즉시 의사와 상의한다.

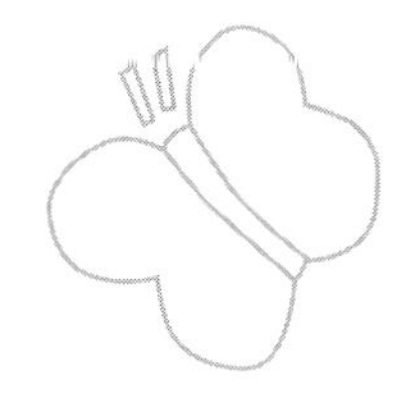

젖을 먹일 때

신생아들은 하루 24시간 동안 약 16시간 정도 젖을 빨려는 신체적인 욕구를 갖고 있다는 사실을 기억해야 한다. 젖을 먹이는 엄마들은 특히 아기가 빨고자 하는 욕구와 실제로 배가 고플 때 하는 행동을 혼동하는 경우가 많다.

모유를 먹이고 있던 데일은 나에게 전화를 걸어 다급하게 이런 이야기를 했다. "트로이는 항상 배가 고픈 것 같아 보여요. 그래서 젖을 물리면 3분 정도 빨다가 잠이 듭니다. 저는 아기가 충분히 먹지 못한 것 같아서 계속 깨우려고 하죠." 3주가 된 트로이는 몸무게가 4킬로그램이었으므로, 내 생각에는 충분히 먹고 있는 것 같았다.

상식적으로 생각하라

나는 규칙적인 수유를 권장하지만, 아기가 2시간 후에 배가 고파 울어도 수유하지 말라는 뜻은 아니다. 사실, 아기가 급성장을 할 때는 좀더 자주 먹여야 한다. 내 말의 의미는 규칙적으로 올바른 식사를 하면 아기가 더 잘 먹고 소화도 더 잘 시킨다는 것이다.
또한 가끔씩 아기가 급성장하면서 더 많이 먹기를 원할 때 그것을 제어하라는 말이 아니다. 다만, 엄마 아빠가 아기에게 올바른 버릇 들일 시기를 놓쳐서 쩔쩔매는 모습을 보고 싶지 않다는 것이다. 아기 버릇을 망치는 것은 아기가 아니라 부모다. 따라서 지금 상식적으로 생각하고 행동한다면 아기에게 충격을 주는 것을 피할 수 있다.

엄마는 분명 아기의 빠는 반사행동을 배가 고픈 것으로 잘못 알고 있었다. 그녀는 아기가 울면 1시간마다 젖을 먹였다. 그리고 젖을 문 채 잠든 아기를 찔러보고 얼러보기도 했지만 몇 모금도 더 먹일 수 없었다. 그러다 보면 20~30분이 지나버리고, 아기는 깊은 잠에 빠진다. 그때 젖을 빼면 아기는 막 렘(REM : Rapid Eye Movement, 꿈꿀 때의 급속한 안구운동) 수면으로 들어가려다가 깜짝 놀라 깨어날지도 모른다. 그렇게 되면 아기는 다시, 배가 고파서가 아니라 위안을 찾으려고 빨고 싶어한다. 그러면 엄마는 다시 이 과정을 되풀이한다.

여기서 문제는, 엄마가 자신도 모르게 수시로 조금씩 먹도록 아기를 훈련시켜 왔다는 것이다. 그녀는 이제 승산 없는 싸움을 하고 있었다. 생각해 보자. 우리는 아이들에게 식사 전에 과자를 주지 않는다. 아이가 주전부리를 하면 밥을 제대로 먹지 않기 때문이다. 매시간 또는 시간 반마다 수유를 하는 아기도 마찬가지다. 젖병으로 수유를 하는 경우에는 이런 문제가 자주 생기지 않는다. 아기가 실제로 얼마나 먹고 있는지 알 수 있기 때문이다. 하지만 무엇을 먹이든지, 아기가 3시간 간격으로 먹는다면 충분한 양을 먹고 충분한 휴식을 취하기 때문에 수유중에 잠들어 깨워야 하는 일은 없어질 것이다.

모유를 먹이는 엄마를 혼란에 빠뜨릴 수 있는 또 다른 상황이 있다. 급성장이 바로 그것이다. 아기가 규칙적으로 2시간 반에서 3시간 간격으로 먹다가, 갑자기 더 배가 고픈 것처럼 거의 하루종일 먹고 싶어할 때가 있다. 그럴 때는 급성장기일지도 모른다. 아기들이 하루이틀 동안 보통 때보다 더 많이 먹으려고 하는 급성장 시기는 일반적으로 3~4주에 한 번씩 돌아온다. 주의해 보면 아기가 하루종일 배고파하다가도 이틀 정도 지나면 다시 E.A.S.Y.로 돌아오는 것을 알 수 있다.

아기의 급성장을 모유 공급이 줄었다거나 젖이 완전히 말라버린 것으로 혼동하지 말자. 아기가 자라면서 필요로 하는 양이 변화하며, 아기가 좀더 빨고자 하는 욕구는 자연스럽게 엄마의 몸에 '생산을 좀더 하세요!'라는 메시지를 보낸다. 신기하게도 건강한 엄마의 몸은 아기가 필요로 하는 양만큼 모유를 생산해 낸다.

분유를 먹일 때 아기가 3시간 간격으로 먹다가 갑자기 더 배고파하는 것처럼 보이면 단지 양을 늘려주면 된다. 모유를 먹이는 엄마 역시 그렇게 하면 된다. 아기가 한쪽 젖을 완전히 비우고 나서도 모자라하면(체중이 5.5킬로그램 정도 되면 보통 그렇게 된다) 다른 쪽으로 바꾸어서 아기가 먹는 만큼 주면 된다.

만일 아기가 밤에만 특별히 배고파하는 것 같으면 아마 급성장이 아닐 것이다. 그보다는 아기가 충분한 칼로리를 섭취하지 못하고 있다는 신호이므로 아기가 필요로 하는 양에 맞게 E.A.S.Y. 일과를 조절해야 한다. 이때는 '집중수유'로 문제를 해결할 수 있다.

한마디 더

밤사이 충분히 휴식을 취하고 난 아침에 엄마의 모유는 지방이 가장 풍부하다. 만일 아기가 밤에만 특별히 배고픈 것처럼 보이면 아침 일찍 지방이 풍부한 모유를 짜서 저장해 두었다가 밤에 먹인다. 그러면 아기가 필요로 하는 칼로리를 충분히 보충해 주면서 엄마 아빠가 밤에 편안히 잘 수 있으며, 무엇보다 '내가 우리 아기에게 먹일 충분한 모유를 생산하고 있을까?' 고민하지 않아도 될 것이다.

걱정하는 말	원인	대책
"우리 아기는 종종 젖을 먹다가 몸을 꿈틀거려요."	4개월이 안 된 아기라면 대변을 보고 싶은 것이다. 볼일을 보면서 동시에 먹을 수는 없다.	젖을 빼고 무릎에 아기를 눕혀서 변을 보게 한 다음 다시 먹인다.
"우리 아기는 종종 젖을 먹이는 중에 잠이 들어요."	아기가 다량의 옥시토신을 흡수하고 있을지도 모른다. 아니면 정말 배가 고프지 않은 것이다.	스스로 물어보자. "우리 아기는 규칙적으로 생활하고 있는가?" 규칙적인 일과는 아기가 정말 배가 고픈지 판단하는 가장 좋은 방법이다. 만일 아기가 매시간 먹는다면 충분히 배부른 식사 대신 주전부리를 하는 셈이다. E.A.S.Y.로 키우자.
"우리 아기는 젖을 물었다 뺐다 해요."	젖이 잘 안 나와서 초조해하는 것일 수 있다. 만일 동시에 다리를 들어올리는 자세를 취하면 가스가 찼을 수 있다. 아니면 배가 고프지 않은지도 모른다.	이런 행동을 반복한다면 엄마젖이 잘 나오지 않기 때문일 것이다. 먼저 손으로 젖을 짜서 모유가 나오는 것이 보이면 그때 먹인다. 만일 가스가 찼다면 336쪽에 나오는 방법들을 시도해 보자. 아무래도 효과가 없다면 아기는 먹고 싶지 않은 것이다. 아기에게서 젖을 빼자.
"우리 아기는 젖 빠는 법을 '잊어버리는' 것 같아요."	아기들은 모두, 특히 남자 아기들은 때로 집중력을 잊어버리곤 한다. 아니면 너무 배가 고픈 것일 수도 있다.	아기 입에 새끼손가락을 잠깐 넣어 주의를 환기시킨 다음 다시 젖을 물린다. 만일 아기가 몹시 배가 고픈데 젖이 너무 천천히 나오는 것 같으면 유방 마사지를 해서 준비한 후에 젖을 물린다.

자꾸 고민할 필요는 없다. 책을 읽고 여기저기 알아보고 나서 아기에게 분유를 먹이겠다고 결론을 내렸으면 더 이상 생각하지 말자. 엄마는 수유 방법을 선택할 권리가 있다.

복잡한 의학 보고서에 이르기까지 그야말로 안 읽어본 것이 없는 버니스가 말했다. "만일 내 심지가 굳지 못했다면 분유를 먹이면서 죄의식에 빠졌을 거예요. 하지만 내가 분유에 대해 간호사들이 모르는 것까지 너무 잘 알고 있었기 때문에, 누구든 내 결정을 존중해 줄 수밖에 없었죠. 하지만 나처럼 의지가 확고하지 않은 여성들은 힘들어 할 수 있어요." 분유 비판에 대한 최선의 방어는 사실 확인이다. 물론 방어할 필요도 없는 일이지만.

♥ 분유를 선택하기 전에 성분을 읽어본다. 분유에는 여러 가지 종류가 있으며 모두 FDA(식품 및 의약품 관리국)에 의해 엄격한 검증을 거친 것들이다. 기본적으로 분유는 소의 젖이나 콩으로 만든다. 개인

분유 저장하기

분유를 타서 저장할 경우 일단 젖병에 넣으면 24시간 이상 보관하지 말자. 대부분의 제조업체에서는 냉동을 권하지 않는다. 해동할 때에는 모유와 마찬가지로 전자레인지를 사용하지 말자. 분유의 성분은 변하지 않는다고 해도 고르게 데워지지 않으므로 아기가 입을 델 수 있다. 젖병에 남긴 것을 다시 먹이지 말자.

분유는 얼마나 먹여야 할까?

분유는 모유처럼 성분이 변하지 않지만 아기는 자라면서 당연히 좀더 먹으려고 한다.

- ♥ 생후~3주 3시간마다 90cc씩
- ♥ 3~6주 3시간마다 120cc씩
- ♥ 6~12주 4시간마다 120~180cc
  보통 3개월까지 180cc로 고정적이다.
- ♥ 3~6개월 4시간마다 240cc까지 증가

적으로 나는 콩보다는 우유로 만든 분유를 선호하지만, 둘 다 비타민과 철분과 다른 영양소가 강화되어 있다. 가장 큰 차이점은, 우유로 만드는 분유에는 유지방이, 콩으로 만드는 분유에는 식물성 기름이 함유되어 있다는 것이다. 콩으로 만드는 분유에는, 산통이나 특정 알레르기와 관련이 있다고 추정되는 동물성 단백질이나 유당이 들어 있지 않지만, 나는 우유로 만든 저알레르기성 분유를 권한다. 콩이 그러한 문제점들을 예방해 준다는 확실한 증거는 없기 때문이다. 게다가 우유에는 콩에 없는 영양소가 들어 있다. 분유가 발진과 가스를 유발할 수 있다고는 하지만 모유를 먹는 아기들도 역시 그런 문제가 있다는 사실을 기억하자. 그러한 증상들은 대개 분유에 따른 부작용이 아니다. 다만 그보다 심각한 구토나 설사는 부작용일 수 있다.

♥ 엄마 것과 닮은 젖꼭지를 고른다. 시중에 나와 있는 여러 가지 모양의 고무 젖꼭지 중에 엄마 것과 가장 닮은 젖꼭지를 고르자. 신생아인 경우 나는 항상 하버맨 젖병을 추천하는데, 끝에 특별한 밸브가 달

려 있어서 아기가 엄마젖을 먹을 때처럼 힘껏 빨아야만 나온다. 흘러나오는 속도가 다른 것보다 조절이 좀더 잘 되는 것이 있긴 하지만, 하버맨*을 제외하고는 모두 아기가 빠는 힘과는 관계없이 젖병 내부의 중력에 의해 흘러나온다.

나는 아기가 3~4주 될 때까지는 다른 젖병보다 약간 비싸기는 하지만 하버맨을 사용하라고 권한다. 2개월째부터 흐름이 느린 젖꼭지로 바꾸고, 3개월째에는 중간 단계의 젖꼭지로, 그리고 4개월부터 이유기까지는 보통 흐름의 젖꼭지를 사용한다. 아기에게 엄마젖뿐만 아니라 젖병을 함께 물릴 계획이라면 엄마 것과 가장 닮은 젖꼭지를 찾는 것이 좋다. 예를 들어 유두가 납작하다면 누크를, 단단하고 곤두서 있다면 플레이텍스 · 아벤트가 좋다.

최근에 나는 모유를 먹이면서 다시 직장에 나갈 계획을 하고 있는 아이린을 방문했다. 그녀는 8가지나 되는 젖병들을 다 사용해 보았지만 도라는 전부 거부했다. "입에 물고 있거나 입안에서 이리저리 굴려요." 아이린이 한숨을 쉬었다. "먹일 때마다 악몽을 꾸는 것 같지요." 하루에 평균 8번씩 먹어야 할 텐데 무척이나 힘들겠다고 생각하면서 내가 말했다. "엄마 젖을 자세히 봐야겠어요. 그 다음에 쇼핑하러 나갑시다." 우리는 아이린의 것과 쏙 빼닮은 젖꼭지를 발견했다. 다음 며칠 동안 도라는 여전히 엄마를 힘들게 했지만, 분명 다른 8가지보다는 엄마젖을 닮은 젖꼭지에 좀더 쉽게 익숙해졌다.

젖병과 젖꼭지를 살 때 서로 바꿔 끼울 수 있는 종류를 찾아보자. 시장에 나가면 모양이 화려하면서 '엄마젖과 똑같다' '기울기가 자연

---

*우리나라에서는 아직 구할 수 없으나, 이 책의 저자 트레이시 호그가 운영하는 웹사이트 www.babywhisperer.com에서 쉽게 구입할 수 있다.

스럽다' '가스를 예방한다'며 온갖 유혹적인 광고를 하는 제품들이 있다. 광고에 현혹되지 말고 자신의 아기에게 가장 맞는 것을 선택하자.

♥ 첫 수유는 천천히 하자. 처음 젖꼭지를 아기 입에 넣을 때 젖꼭지로 아기 입술을 건드리면서 입을 열 때까지 기다린다. 그 다음에 살며시 넣는다. 억지로 들이밀지 말자.

♥ 모유를 먹이는 엄마들과 비교하지 말자. 분유는 모유보다 소화속도가 느리므로, 분유를 먹이는 경우 종종 수유 간격이 3시간이 아니라 4시간이 될 수 있다.

제3의 대안, 혼합 수유

나는 모유와 분유에 대해서 어떤 편견도 없지만, 항상 모유를 조금이라도 먹이는 것이 안 먹이는 것보다는 낫다고 말한다. 내가 이렇게 말하면 어떤 엄마들은 깜짝 놀란다. 특히 의사나 모유 수유 단체의 이야기를 들은 엄마들은 모유만 먹여야 하는 것으로 알고 있다.

"정말 두 가지를 함께 먹일 수 있나요?" 그들은 묻는다. "아기에게 모유를 먹이면서 분유를 함께 먹여도 되는 건가요?" 내 대답은 항상 '물론'이다. "두 가지를 함께 먹인다"라는 말은 모유와 분유를 함께 먹일 수 있으며, 또 모유만 먹이는 경우에 엄마젖과 젖병으로 함께 먹일 수 있다는 것을 의미한다.

어떤 엄마들은 처음부터 주관이 뚜렷하다. 임신중에 열심히 연구소사한 버니스는 에반에게 분유를 먹이겠다는 결심이 100퍼센트 확고했다. 산부인과 의사에게 바로 모유 공급을 중단시키는 호르몬을 주사해 달라고 했을 정도였다. 한편, 마가렛은 모유를 먹이겠다는 결심이 단호했다.

하지만 그 중간에 있는 엄마들은 어떨까? 어떤 엄마는 처음 며칠 동안 모유 공급이 부족해서 분유로 보충해야 한다. 또는 자기 생활에 제약을 받고 싶지 않기 때문에 처음부터 모유와 분유를 함께 먹이기로 하는 엄마들도 있다. 또 어떤 엄마들은 한 가지 방법으로 시작했다가 나중에 마음이 바뀐다. 대부분 처음에 모유를 먹이다가 나중에 분유를 함께 먹이는데, 믿기지 않겠지만 때로 그 반대가 될 수도 있다.

아기가 아직 3주가 안 되었다면 모유를 먹던 아기에게 젖병으로 먹이거나 그 반대로 해서, 두 가지를 함께 먹이기가 비교적 쉽다. 하지만 3주가 지났다면 엄마나 아기나 바꾸기가 매우 어렵다. 그러므로 아기에게 오로지 엄마젖으로만 먹일 생각이 아니라면 너무 늦기 전에 행동에 옮겨야 한다. 어떤 방법이든 엄마가 최선의 선택을 하면 된다. 그러한 사례들을 살펴보자.

♥ 캐리는 보충 수유를 해야 했다. 특히 엄마가 제왕절개를 했다면 처음 며칠 동안 아기가 필요로 하는 모유를 생산하지 못할 수 있다. 일반적으로 산후에 복용하는 주사로 인해 신체가 제 기능을 하지 못하는데도 엄마 자신은 모유가 나오지 않는다는 사실을 깨닫지 못할 수 있다. 그래서 아기가 엄마젖을 빨다가 몇 주 만에 심각한 탈수 상태에 빠지거나 영양실조로 죽는 비극까지 일어날 수 있다. 아기는 빨고 있지만 아무것도 나오지 않는다는 사실을 엄마는 모르는 것이다. 그래서 아기의 소변과 대변을 점검하고 1주일에 한 번씩 체중을 달아보아야 한다.

안타깝게도, 모유가 나오려면 1주일이 걸릴 수도 있다는 사실을 모르는 엄마들이 많다. 엄마가 모유를 생산하지 못하면 수유 자세가 아

젖꼭지에 대한 미신

엄마젖과 젖병을 함께 먹이지 말라고 하는 사람들은 아기가 젖꼭지 때문에 혼란스러워한다고 말한다. 그러나 그것은 잘못된 생각이다. 아기를 혼란스럽게 만드는 것은 흐름인데, 그것은 쉽게 해결할 수 있다. 엄마젖을 빠는 아기는 젖병으로 먹는 아기와는 달리 혀 근육을 사용한다. 또 엄마젖을 먹을 때는 아기 스스로 빠는 방법을 바꾸면서 먹는 양을 조절할 수 있지만, 젖병으로 먹을 때는 중력에 의해 나오는 대로 먹어야 한다. 만일 아기가 젖병으로 먹으면서 목이 멘다면 힘껏 빨아야만 먹을 수 있는 하버맨 젖병을 사용하는 것이 좋다.

무리 좋고 아기가 확실하게 빨아도 소용이 없다. 병원에서 간호사가 들어와 아기에게 포도당이나 추가 분유를 먹일 필요가 있다고 말하면 거부하는 엄마도 있다. "우리 아기에게 분유는 절대 안 돼요!" 보충 수유가 모유 수유를 '망친다'는 말을 들었기 때문이다. 그러나 만일 충분한 모유를 생산하지 못한다면, 다른 선택은 없다.

나는 대개 지금 당장은 분유를 먹인다고 해도 무조건 젖을 물리라고 말한다. 아기가 젖을 빨면 엄마의 유선이 활성화되는데, 유축기로는 그것이 불가능하기 때문이다. 아기가 젖을 빨면 엄마의 뇌에 '모유를 생산하라'는 메시지가 전달되는데, 기계로 짜주면 단지 모유가 저장되는 유엽을 비울 뿐이다. 따라서 분유를 주면서도 2시간마다 짜주어야 계속해서 젖이 돌게 된다.

캐리는 제왕절개로 아들 쌍둥이를 낳았는데 처음 사흘간 모유가 나오지 않았다. 두 아기의 혈당량 수준이 매우 낮았기 때문에 우리는 곧바로 분유를 먹였다. 캐리는 아기들에게 2시간마다 20분씩 젖을 주고, 분유를 30cc씩 더 먹였다. 수유 후에 엄마는 젖을 짰고 1시간 후에 다시 짰다. 나흘째 되는 날 젖이 나오기 시작했으므로 분유를 15cc씩만 먹였다. 말할 것도 없이 엄마는 기진맥진했다. 사흘째 밤에 젖을 짜고 나서 캐리는 유축기를 멀리 내동댕이쳤다. 그녀가 폭발 일보 직전이 되었을 때 아빠와 나는 멀찌감치 서 있었다. 그리고 또 계속했다. 닷새째 되는 날 캐리는 완전히 모유 수유를 하게 되었다.

♥ 프리다는 모유를 먹이고 싶었지만 젖을 물리고 싶지는 않았다. 앞에서도 말했듯이, 어떤 엄마는 자신의 신체, 특히 유방에 대한 느낌 때문에 젖을 먹이고 싶어하지 않는다. 하지만 모유를 먹이는 것이 아기의 건강에 이롭다는 사실은 알고 있다.

프라다는 처음 며칠 동안만 아기에게 젖을 먹여 모유를 나오게 했다. 그 다음에는 계속해서 젖을 짜서 먹였는데, 한 달 정도 지나자 모유가 확실하게 마르기 시작했다. 젖을 짜는 것만으로는 5주 이상 모유를 생산할 수 없다.

♥ 캐슬린은 가정의 평화를 걱정했다. 세 번째 아기를 임신했을 때, 캐슬린은 새로 태어날 아기에게도 지금 일곱 살인 샤논과 다섯 살인 에리카에게 했던 것처럼 모유를 먹이기로 마음먹었다. 병원에서는 별 문제 없이 스티븐에게 젖을 먹였다. 하지만 집에 돌아오자 너무 바쁜 나머지 낮 동안에는 스티븐에게 젖을 먹일 시간이 없었으므로, 하는 수 없이 분유로 바꿨다.

2주 후에 그녀는 지푸라기라도 잡으려는 심정으로 나에게 전화했다. 그녀는 두 아이에게처럼 스티븐에게도 모유를 먹이면서 친밀감을 느끼고 싶었지만, 모두들 너무 늦었다고 말했다. 게다가 아기에게 젖을 먹이면 가정생활에 얼마나 혼란이 오는지 이미 겪어서 알고 있었

엄마젖과 젖병 바꾸기

아기가 아직 3주가 안 되었다면 엄마젖과 젖병을 바꾸기가 쉽다. 하지만 시간이 지날수록 점점 어려워질 것이다. 엄마젖을 먹는 아기는 처음부터 사람 피부에 익숙해졌으므로 젖병을 거부한다. 입안에 젖꼭지를 물고 굴리면서 빨려고 하지 않는다. 그 반대일 수도 있다. 아기가 엄마젖의 느낌에 익숙하지 않으면 어떻게 빨아야 할지 모를 수 있다.

엄마젖을 먹던 아기는 종종 낮 동안 먹기를 거부하고 단식투쟁을 한다. 그리고 엄마가 집에 돌아와서 잠자기 전까지 몇 차례 성심성의껏 젖을 먹이면 아기는 딴 생각을 한다. 밤새 엄마를 깨워서 자신이 먹지 못한 양을 보충하려고 하는 것이다. 그래서 낮인지 밤인지 모르고 엄마젖을 물고 늘어진다.

어떻게 해야 할까? 이틀 동안 계속 젖병으로 주고 엄마젖을 주지 말자. 젖병으로 먹던 아기에게 엄마젖을 주려고 한다면 그 반대로 한다. 아기들은 언제라도 원래의 수유 방식으로 돌아간다는 것을 기억하자. 아기는 엄마젖이든 젖병이든 일단 기억에 저장된 것은 거부하지 않는다.

그러나 이렇게 하기란 매우 힘들다. 아기는 욕구 불만으로 인해 많이 울 것이다. 아기는 엄마에게 말한다. "도대체 내 입에 뭘 집어넣는 거예요?" 특히 젖병으로 바꿔 먹일 때에는 흐름을 조절하지 못해 목이 메고 옆으로 흘리기도 한다. 흐름 문제는 하버맨 젖병으로 해결할 수 있다.

다. 캐슬린이 간절히 호소했다. "제가 정말 원하는 것은 하루에 2번 젖을 먹이는 거예요. 아침에 아기가 깨었을 때와 아이들이 학교에서 돌아오기 전 점심시간에 한 번씩 말이죠." 나는 캐슬린에게 엄마젖은 기적과도 같다고 설명했다. 만일 아기에게 하루에 2번 젖을 먹이면 그만큼 필요한 모유가 나온다.

다시 모유가 나오도록 하기 위해, 캐슬린은 스티븐에게 하루 2번 젖을 먹이고 유축기를 하루 6번 사용하면서 모유 생산을 촉진했다. 처음에는 스티븐에게 젖을 빨리고 나서 분유를 더 먹이고 끝내야 했다. 닷새째 되는 날, 스티븐은 젖을 먹은 후에 전보다 좀더 만족한 것처럼 보였다. 유축기로 젖을 짜보니 실제로 모유가 돌아온 것을 알 수 있었다.

캐슬린의 경우, 일단 모유가 돌아왔으므로 더 이상 젖을 짤 필요가 없었다. 결국 캐슬린은 나머지 가족에게 부담을 주지 않고도 스티븐에게 원하던 친밀감을 느낄 수 있었다.

♥ 베라는 다시 직장에 나갈 예정이었다. 엄마가 다시 직장으로 돌아갈 계획이라면 젖을 짜서 저장하거나 분유를 먹이기 시작해야 한다. 어떤 엄마들은 1주일 전부터 하루에 한두 번씩 분유를 주기 시작하는데, 나는 아기에게 분유를 먹이지 않았다면 직장에 나가기 3주 전부터 시작하라고 권한다.

다시 직장에 다녀야 했던 베라는 아침에 아기에게 젖을 먹이고 낮에는 분유를 주고 집에 돌아와서 다시 젖을 먹였다. 밤에는 항상 남편이 젖병으로 수유했다.

엄마가 단지 자기 시간을 좀더 원하거나 여행해야 할 때도 마찬가지다. 화가나 작가처럼 집에서 일하는 엄마 또한 모유를 짜두고 다른 사람에게 먹이도록 할 수 있다.

♥ 잔은 수술을 받고 모유 수유를 잠시 중단해야 했다. 중병이나 수술로 인해 엄마가 모유 수유를 계속할 수 없는 경우가 있다. 세계보건기구에서는 그럴 경우 다른 엄마에게 모유를 기증받을 것을 제안한

다. 하지만 그것은 한낱 환상에 지나지 않는다.

잔은 아기가 불과 한 달밖에 안 되었을 때 수술을 받아야 했고, 적어도 사흘 동안 입원해서 아기와 떨어져 지내야 했다. 나는 모유를 먹이는 26명의 엄마들에게 전화를 걸었는데, 그 중에서 단 한 명만이 모유를 기증했다. 그것도 겨우 240cc뿐이었다! 다행히 잔은 자신의 모유를 어느 정도 짜서 먹일 수 있었으나, 분유를 함께 먹여야 했다. 아기는 무사히 고비를 넘겼다.

노리개젖꼭지는 활용하기 나름이다

아기 입에 무언가를 물려주는 것은 예로부터 충분한 근거가 있다. 신생아가 자신의 신체에서 유일하게 통제할 수 있는 부분은 입이다. 아기가 빠는 것은 구강의 자극을 필요로 하기 때문이다. 옛날 엄마들은 헝겊 조각이나 도자기 병마개를 아기 입에 넣어주기도 했다.

노리개젖꼭지를 물려주는 것을 부정적으로 생각할 필요는 없다. 요즘 들어 논란이 일어나는 것은 오남용 때문이다. 노리개젖꼭지를 잘못 사용하면 아기가 자기 위안을 위해 의존하는 '버팀목'이 된다. 그리고 앞에서 말했듯이, 우리가 잠시 멈추어 아기가 정말 무슨 말을 하고 있는지 들어보려고 하지 않고 곧장 노리개젖꼭지를 물려주면 결국에는 아기를 침묵하게 만든다.

나는 처음 3개월 동안 아기에게 적당히 빠는 시간을 주거나, 잠자기 전에 진정시키기 위해 또는 밤 수유를 건너뛰도록 할 때 노리개젖꼭지를 사용한다. 그러나 아기들이 손을 좀더 자유롭게 사용하게 되면 손가락을 빠는 것으로 자기 위안을 할 수 있게 된다.

노리개젖꼭지에 대한 오해는 우리 주위에서 흔히 볼 수 있다. 어떤 엄마들은 아기에게 노리개젖꼭지를 주면 아기가 손가락 빠는 법을 배우지 못할 것이라고 믿는다. 터무니없는 소리다! 장담하건대, 아기가 손가락을 빨게 되면 노리개젖꼭지를 내던질 것이다. 우리 딸 소피가 정확히 그랬고, 그후 6년 동안 엄지손가락을 빨았다. 소피는 좀더 자

손가락 빨기 예찬

엄지손가락을 빠는 것은 구강 자극과 자기 위안을 위한 중요한 행위다. 태아도 엄마 뱃속에서 엄지손가락을 빤다. 세상에 나온 아기들도 엄지손가락을 빨고, 보는 사람이 아무도 없는 밤에는 종종 다른 손가락도 빤다. 문제는 우리가 손가락 빨기를 부정적인 시각으로 보는 것이다. 어쩌면 어릴 때 손가락을 빨다가 놀림을 받았을지도 모른다. 부모님이 손을 찰싹 때리면서 '나쁜 버릇'이라고 나무랐거나 누군가 손가락을 빤다고 흉보는 소리를 들었을 수도 있다. 나는 부모들이 아기 손에 벙어리장갑을 끼우거나 쓴맛이 나는 약을 바르거나 팔을 움직이지 못하게 하면서까지 손가락을 빨지 못하게 한다는 이야기를 들었다.

사실 우리가 좋아하지 않더라도, 빨기는 아기들이 하는 일이므로 빨 수 있도록 해주어야 한다. 객관적이 되자. 아기가 빠는 행위는 맨 처음 자기 몸과 감정을 통제하는 방법이라는 것을 기억하자. 아기가 자기 손가락을 빠는 것으로 기분이 나아진다는 것을 알게 되면 자신감과 성취감을 느낄 수 있다. 노리개 젖꼭지도 마찬가지 역할을 할 수 있지만, 누군가 가져가거나 잃어버릴 수도 있다. 엄지손가락은 언제나 그 자리에 있고 언제든지 빨 수 있다. 우리 딸 소피가 그랬듯이 아기들은 때가 되면 엄지손가락을 빠는 습성도 팽겨쳐버린다.

란 다음에는 잘 시간에만 손가락을 빨았다. 그리고 덧붙이자면 뻐드렁니도 되지 않았다!

노리개젖꼭지를 선택할 때는 젖병의 젖꼭지를 고를 때와 같은 원리를 적용하면 된다. 아기에게 친숙한 모양을 선택하자. 엄마의 유두나 젖병에 사용하는 노리개젖꼭지와 비슷한 것을 고르면 된다.

젖떼기

젖떼기는 두 가지 의미를 갖고 있다. 젖떼기라고 하면 흔히 모유 수유를 중단하는 것으로 생각한다. 하지만 그보다는 수유 방식에 상관없이 유동식에서 고형식으로의 전환을 의미한다. 종종 어떤 아기들에게는 '젖떼기'가 전혀 필요하지 않다. 고형식을 먹기 시작하면 아기는 거기서 영양을 섭취하기 때문에 저절로 모유나 우유를 적게 먹는다. 사실, 어떤 아기들은 8개월 정도 되면 스스로 젖을 먹지 않으므로 대신 컵으로 마실 수 있게 해주면 된다. 물론 좀더 완강하게 매달리는 아기들도 있다.

첫돌이 된 트레버는 엄마 아빠가 벌써부터 젖을 떼려고 했지만 좀처럼 따라주지 않았다. 나는 며칠 동안 트레버가 엄마 셔츠를 끌어당길 때마다 단호하게 "찌찌는 이제 그만!"이라고 말하게 했다. 나는 엄마 아빠에게 미리 경고해 두었다. "이틀 정도 투정을 부리고 조를 거예요. 1년 넘게 젖을 먹었고 젖병으로 먹은 적도 없으니까요." 하지만 며칠 지나지 않아 트레버는 자청해서 컵으로 마셨다.

또 다른 경우도 있다. 아드리아나는 두 돌이 되어서야 "찌찌는 이제 그만!"이라고 말했다. 종종 있는 일이지만 그것은 아기 때문이 아니었다. 아드리아나는 젖을 먹이면서 느끼는 친밀감을 포기하고 싶지 않았다.

대부분의 소아과 의사들은 6개월 정도 되었을 때 고형식을 먹이기

젖 먹는 예절

4개월 정도 되면 아기는 손을 이리저리 움직이기 시작하고 머리를 돌리고 몸을 비튼다. 젖을 먹이는 동안 엄마의 옷이나 장신구를 만지고 손이 닿으면 엄마의 턱이나 코나 눈을 찔러보기도 한다. 자라면서 다른 나쁜 버릇이 생길 수 있으며 일단 시작하면 고치기 힘들다. 그러므로 지금부터 내가 말하는 '젖 먹는 예절'을 가르쳐야 한다. 그 요령은 단호하면서도 부드럽게 엄마의 경계선을 주지시키는 것이다. 또한 주의가 산만해지지 않도록 조용한 환경에서 수유하도록 하자.

- 손장난을 할 때 아기 손을 잡고 부드럽게 엄마 몸이나 만지고 있는 것에서 치운다. "엄마는 네가 이러면 싫어"라고 말한다.
- 주의가 산만할 때 심하면 엄마 젖꼭지를 입에 문 채 고개를 돌리려고 한다. 그런 일이 일어나면 젖을 빼고 말한다. "엄마는 네가 이러면 싫어."
- 젖꼭지를 물 때 아기 이가 나올 때 거의 모든 엄마가 젖꼭지를 물린다. 하지만 그것은 한 번으로 끝나야 한다. 매정하다고 생각하지 말고 아기를 떼어놓으면서 말한다. "아야, 그러면 아파. 엄마를 물면 안 돼." 그렇게 하면 보통은 알아듣지만, 만일 그래도 멈추지 않으면 젖을 그만 먹인다.
- 옷을 잡아당길 때 아장아장 걸을 때까지 젖을 먹는 아기들은 종종 젖을 빨고 싶을 때 엄마 옷을 잡아당긴다. "엄마는 옷을 잡아당기는 걸 싫어해. 잡아당기지 말아라"라고 말한다.

시작하라고 권한다. 4개월에 8~10킬로그램이 나가는 우량아나 가슴앓이 같은 식도 역류 증세가 있는 아기가 아니라면 나도 같은 생각이다. 아기는 6개월이 되면 철분 저장량이 고갈되므로 고형식에 함유된 철분이 추가로 필요해진다. 또한 혀에 젖꼭지나 숟가락 등 무언가 닿을 때마다 혀를 내미는 습성이 사라지므로 걸쭉한 고형식을 좀더 잘 삼킬 수 있다. 6개월이 되면 머리와 목의 움직임이 발달한다. 이제 몸을 뒤로 젖히거나 돌려서 관심이 없다거나 충분히 먹었다는 의사를 표현할 수 있다.

젖떼기는 실제로 다음 3가지 주요 원칙만 지키면 아주 간단하게 할 수 있다.

♥ 한 가지 고형식으로 시작하자. 나는 소화가 잘되는 배를 선호하지만, 소아과 의사가 쌀죽 같은 다른 음식을 권하면 우선 그 의견에 따른다. 하루에 2번 오전과 오후에 주고 2주 후 두 번째 고형식을 시작한다.

♥ 새로운 음식은 항상 오전에 주기 시작한다. 그러면 낮 동안 오전에 먹은 음식으로 인한 발진, 구토, 설사 같은 부작용이 없는지 알 수 있다.

♥ 여러 가지 음식을 함께 섞어 먹이지 말자. 특정 음식에 대한 알레르기 반응이 없는지 알기 위해서다.

다음에서 설명하고 있는 '이유식 첫 12주'에서는 언제 어떤 음식을 주는 것이 좋은지에 대한 구체적인 목록이 실려 있다. 나는 아기가 9개월이 되면 닭고기 국물을 곡물 죽에 섞어 맛을 내거나 삶은 야

채와 함께 끓여준다. 그러나 고기, 달걀, 전유*는 돌 때까지 먹이지 않는다.

아기가 싫어하는 음식을 억지로 먹이려고 하지 말자. 누구에게나 먹는 것은 즐거운 일이어야 한다. 이 장을 시작할 때 말했듯이, 사람은 생존하기 위해 먹어야 한다. 그리고 음식의 맛과 느낌을 알고 즐길 수 있으면 더욱 좋다. 그 능력은 어릴 때부터 시작된다. 음식을 즐길 줄 아는 능력은 우리가 아기에게 줄 수 있는 가장 훌륭한 선물 중 하나다. 또한 균형 잡힌 식사는 아기에게 매일매일 필요한 에너지와 힘을 준다. 다음 장에서 볼 수 있겠지만, 자라나는 아기에게는 엄청난 에너지가 필요하다.

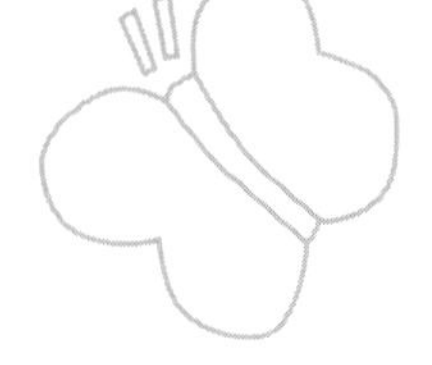

* 지방을 빼지 않은 우유

이유식 첫 12주

다음의 12주 계획표는 6개월 된 아기를 기준으로 한 이유식이다. 아침 수유는 평소대로 엄마젖이나 젖병으로 하고, 2시간 후에 '아침'을 준다. '점심'은 정오에, '저녁'은 늦은 오후에 준다. 아침과 저녁은 모유나 분유를 보충해 주는 것으로 마무리한다. 아기마다 다르다는 것을 기억하자. 우리 아기에게 어떤 음식이 적당한지에 대해 의사와 상의하자.

<table>
<tr><th>주차</th><th>아침</th><th>점심</th><th>저녁</th><th>비고</th></tr>
<tr><td>1주(6개월)</td><td>배 2티스푼</td><td>우유나 모유</td><td>배 2티스푼</td><td></td></tr>
<tr><td>2주</td><td>배 2티스푼</td><td>우유나 모유</td><td>배 2티스푼</td><td></td></tr>
<tr><td>3주</td><td>과즙 2티스푼</td><td>우유나 모유</td><td>배 2티스푼</td><td></td></tr>
<tr><td>4주</td><td>고구마 2티스푼</td><td>과즙 2티스푼</td><td>배 2티스푼</td><td></td></tr>
<tr><td>5주(7개월)</td><td>죽 4티스푼</td><td>과즙 4티스푼</td><td>배</td><td>아기가 성장하면서 필요로 하는 만큼 양을 늘린다.</td></tr>
<tr><td>6주</td><td>죽과 배
각각 4티스푼</td><td>과즙 8티스푼</td><td>죽과 고구마
각각 4티스푼</td><td>이제 한 번에 2가지 이상의 음식을 주어도 된다.</td></tr>
<tr><td>7주</td><td>복숭아 8티스푼</td><td>죽과 과즙
각각 4티스푼</td><td>죽과 배
각각 4티스푼</td><td></td></tr>
<tr><td>8주(8개월)</td><td>바나나</td><td colspan="3" rowspan="5">이때부터 위의 음식들을 적당히 짝지어 주어도 되며, 왼쪽에서 보는 것처럼 매주 새로운 음식을 8~12티스푼 정도 먹인다.</td></tr>
<tr><td>9주</td><td>당근</td></tr>
<tr><td>10주</td><td>완두콩</td></tr>
<tr><td>11주</td><td>콩깍지</td></tr>
<tr><td>12주(9개월)</td><td>사과</td></tr>
</table>

5장

A— 활동

무엇보다 중요한 건 존중이다

아기와 어린이들은 생각하고 관찰하고 판단한다.
증거를 참작하고, 결론을 이끌어내고, 시험하며, 문제를 해결하고, 진리를
추구한다. 물론 학자들처럼 의식적으로 하는 것은 아니다.
그들이 해결하고자 하는 문제는 행성과 분자에 대한 난해한 학문이 아니라,
사람과 사물과 언어 같은 일상적인 일들이다. 하지만 아무리 갓난아기라고 해도
세상에 대해 많은 것을 알고 있으며 더 많이 알고 싶어한다.

—알리슨 고프닉 외 『아기 침대에 누운 과학자』 중에서

아기의 활동

신생아에게는 하루하루가 놀라움의 연속이다. 아기는 태내에서 나오는 바로 그 순간부터 성장하고 주변을 탐구하고 즐기는 능력이 가속화된다. 생각해 보자. 아기는 1주일이 되면 태어난 날보다 7배, 한 달이 되면 30배의 세월을 보낸 셈이 된다. 우리는 주로 아기가 활동하는 시간에 그 변화하는 모습을 보게 되는데, 여기서 말하는 활동이란 아기가 깨어 있는 시간에 한 가지 이상의 감각에 관여하는 것을 말한다.

아기의 지각은 태내에서부터 발달하기 시작한다. 학자들은 실제로 신생아가 태내에서 들었던 엄마의 목소리를 구분할 수 있다고 추측한다. 아기의 오감은 태어난 후에 청각 · 촉각 · 시각 · 후각 · 미각의 순서로 계속 발전한다. 아기가 누워서 기저귀를 갈고 옷을 입을 때, 목욕을 하거나 마사지를 할 때, 모빌을 바라보거나 장난감을 손에 쥘 때, 우리에게는 아기의 그와 같은 행동들이 별로 대수로워 보이지 않는다. 하지만 그러한 다양한 활동을 통해 아기들은 감각을 발전시킬 뿐 아니라 자기 자신과 주변 세계에 대해 배우기 시작한다.

최근에는 아이의 잠재 능력을 극대화시키는 방법에 대한 책들이 많이 나오고 있다. 어떤 학자들은 아기가 태어난 순간부터 앞서가도록 해줄 수 있는 환경을 만들어주라고 한다. 부모가 아기의 첫 스승이라는 것은 절대적으로 맞는 말이지만, 나는 아기에게 지식보다는 자연스러운 호기심과 예절, 즉 세상이 어떻게 움직이며 사람들과 어떤 식으로 소통하는지를 가르쳐주어야 한다고 생각한다.

그래서 나는 부모들에게 아기의 활동을 안전하면서도 동시에 독립심을 기를 수 있는 기회가 될 수 있도록 해주라고 말한다. 그 두 가지 목표는 서로 모순되는 것처럼 보이지만, 사실은 함께 발전한다. 아이들은 안전하다고 느낄수록 좀더 과감하게 도전하며, 위험하지 않은 범위 안에서 도움이나 외부의 간섭을 받지 않고 스스로 즐기고 싶어 한다. 따라서 다소 역설적으로 들리지만, E.A.S.Y.의 A, 즉 활동은 우리를 아기와 연결시켜 줄 뿐만 아니라 아기에게 처음으로 자유를 알게 해준다.

우리는 일부러라도 아기에게 모자란 듯이 해줄 필요가 있다. 그렇다고 아기를 방치하거나 혼자 두라는 의미가 아니다. 균형을 유지하라는 것이다. 즉 아기에게 필요한 지도와 도움을 주면서 동시에 아기가 스스로 발전할 수 있도록 해야 한다. 사실 우리의 도움 없이도, 아기는 깨어 있는 동안 듣고 느끼고 보고 냄새를 맡거나 맛을 보고 있다. 특히 처음 몇 달 동안 아기에게 모든 것이 새로울 때(어떤 아기들에게는 공포스러울 때) 우리가 해야 할 가장 중요한 일은, 아기 스스로 계속 탐험하고 성장하기를 원하도록 모든 경험을 충분히 편안하고 안전하게 느낄 수 있게 해주는 것이다. 그러기 위해 내가 '존중의 둘레 그리기'라고 부르는 방법을 소개하겠다.

존중의 둘레 그리기

아침에 아기를 침대에서 들어올릴 때, 목욕시킬 때, 까꿍놀이를 할 때, 항상 아기가 충분한 관심과 존경을 받을 자격이 있을 뿐 아니라 스스로 나름대로 행동할 권리가 있는 독립된 인간이라는 사실을 기억해야 한다. 아기 주위에 보이지 않는 원을 그려서 아기의 사적인 공간을 보호하는 경계선을 표시하기 바란다. 그리고 허락을 구하지 않은 채 또는 그 경계선을 침입하는 이유와 앞으로 할 일에 대해 설명하지 않고, 함부로 그 원 안으로 들어가지 말자. 엉뚱한 소리처럼 들릴 수도 있다. 하지만 우리는 아기도 한 개인이라는 사실을 기억해야 한다.

그리고 이 장에서 자세히 설명하고 예시할 다음과 같은 기본 원칙들을 지킨다면 아기가 하는 모든 활동에서 편안하고 자연스럽게 존중의 둘레를 유지할 수 있을 것이다.

♥ 아기에게 충실하자. 아기와 함께 있을 때에는 아기에게 전념하자. 아기와 유대감을 형성하는 시간이므로 주의를 집중해야 하다. 아기를 안고 전화를 하고 세탁기를 돌리거나 끝내지 못한 직장일을 생각하지 말자.

♥ 아기의 감각을 즐겁게 해주되 지나친 자극은 피한다. 부모들은 자신도 모르게 과잉, 즉 지나친 자극을 부추기는 우리 문화에 한몫하고 있다. 그것은 아기의 감각이 얼마나 섬세한지, 아기가 실제로 얼마나 많은 것을 받아들이는지 모르기 때문이다. 아기에게 노래를 불러주거나 음악을 들려주거나 다양한 물건을 보여주거나 장난감을 사주지 말라는 것이 아니다. 다만, 적을수록 아기가 더 관심을 갖는다는 것이다.

♥ 주변을 흥미롭고 쾌적하고 안전하게 꾸며주자. 돈이 아니라 상식으로 할 수 있는 일이다.

♥ 독립심을 길러주자. 이 말이 얼핏 이해되지 않을 수도 있다. 갓난아기가 어떻게 독립적일 수 있는가? 내 말은 당장 짐을 싸서 내보내라는 뜻이 아니다. 다만 아기가 모험하고 탐험하고 혼자 놀 수 있는 자신감을 갖도록 해주자는 말이다. 아기가 놀고 있을 때에는 끼어들기보다 관찰하는 것이 좋다.

아기는 우리가 생각하는 것보다 많은 것을 알고 있다!

지난 20년간 영아 연구가들은 비디오테이프에 힘입어, 아기들이 얼마나 많은 정보를 처리하는지 알아냈다. 한때는 신생아들이 '백지 상태'라고 생각했지만, 사실은 날카로운 감각과 관찰하고 사고하고 추론에 이르기까지 급속하게 발전하는 능력을 타고난다는 것이 밝혀졌다. 학자들은 신생아의 얼굴 표정과 신체 언어와 눈동자의 움직임과 빠는 반사(아기는 흥분하면 더 세게 빤다)를 관찰해서 놀라운 능력을 확인했다. 다음은 몇 가지 과학적 발견들이다. 그리고 이 장 전체를 통해 좀더 많은 자료들을 만나게 될 것이다.

- 이미지를 구별할 수 있다. 1964년 초에 학자들은, 아기들이 반복적인 이미지는 시간이 지나면 쳐다보지 않고 새로운 이미지에 관심을 갖는다는 사실을 발견했다.
- 장난을 친다. 엄마의 억양에 따라 옹알이를 하고 미소를 짓고 몸짓을 한다.
- 3개월이 지나면 예상을 한다. 아기들에게 연속적인 시각 이미지를 보여주면 어떤 유형을 감지하고 다음 이미지를 예상하면서 눈동자를 굴린다는 것이 실험에 의해 밝혀졌다.
- 기억을 한다. 5주가 되면 기억력이 생긴다. 6주에서 40주까지의 영아들을 대상으로 밝은 곳과 어두운 곳에서 사물을 손에 잡는 실험을 한 다음, 세 살이 된 후에 같은 실험실에 데려왔을 때 그들은 앞서 경험한 기억을 말로 표현하지는 못했지만 전에 했던 실험에 대해 친근감을 표시했다.

♥ 양방향 대화를 나누자. 대화란 상호간의 의사소통이다. 아이가 어떤 활동을 하고 있을 때에는 지켜보면서 귀를 기울이고 반응을 기다리자. 아이가 원한다면 물론 함께 해준다. 또 아이가 주변 변화를 '부탁'하면 들어준다. 그렇지 않을 때에는 스스로 탐험하게 해주자.

♥ 아기와 함께하고 격려해 주되, 항상 아기가 스스로 하게 한다. 아기 스스로 들어가고 나올 수 없는 상황에 두지 말자. '삼각 학습(191~200쪽 참고)'에서 벗어난 장난감을 주지 말자.

아기가 깨어나는 순간부터 밤에 잠들 때까지, 위에서 제시한 지침들을 항상 명심하자. 우리와 마찬가지로 아기도 사적인 공간을 가질 권리가 있다.

이제, 그만 일어나!

아침에 한참 꿈나라를 헤매고 있는데 누군가 침실에 들어와 갑자기 이불을 걷어낸다면? 그리고 "자, 그만 일어나라!"라고 소리친다면? 누구든 깜짝 놀라 화를 낼 것이다. 아기들도 부모가 그런 식으로 하루의 시작을 망쳐놓으면 똑같이 느낀다.

아침에 부드럽고 조용하고 다정하게 아기에게 인사를 하자. 나는 늘 "좋은 아침, 우리는 밤새도록 춤을 추었지, 좋은 아침!"이라는 영국 민요를 부르면서 아기방에 들어간다. 무엇이든 아침 기상 시간을 알릴 수 있는 기분 좋은 노래를 선택하자. 아니면 어떤 엄마처럼 우리에게 익숙한 '생일 축하 합니다' 곡조에 '좋은 아침입니다…'라는 가사를 붙여서 부를 수도 있다. 노래를 부르고 나서 말한다. "안녕, 제레미! 잘 잤니? 다시 보니 반갑구나. 배고프지?" 나는 아기를 내려다보면서 미리 알려준다. "이제 너를 안아올릴 거야… 자, 이렇게. 하나, 둘, 셋, 됐다!" 낮잠을 자고 일어나면 "한숨 자고 났으니 기분이 좋겠다. 기지개 한번 시원하게 켜는구나!"라고 덧붙이고, 아침에 했던 것처럼 안아올리기 전에 미리 예고를 한다.

물론, 아침에 우리가 어떤 식으로 인사를 하건 아기들도 나름대로 자기 기분이 있다. 어른과 마찬가지로 아기들은 저마다 깨어날 때의 모습이 다르다. 어떤 아기는 언제나 미소를 띠고 일어나는가 하면 어

아침 기상을 알리는 3단계 경고음

어떤 아기들은 잠에서 깨도 혼자 놀면서 경보음을 울리지 않는다. 누군가 나타날 때까지 침대에서 만족스럽게 논다. 그런가 하면 어떤 아기들은 미처 손쓸 사이도 없이 3가지 경보음을 재빨리 진행한다.

- 첫 번째 경고음 칭얼대거나 낑낑거리는 소리를 내면서 보챈다. "이봐요? 거기 누구 없어요? 여기 와서 날 좀 봐주세요!"라는 뜻이다.
- 두 번째 경고음 목구멍 안쪽에서부터 기침을 하는 듯이 울고 그쳤다가 다시 시작한다. 울음을 그쳤을 때는 누가 오는지 귀를 기울이는 중이다. 아무도 오지 않으면 "이봐요, 여기 좀 와봐요!"라고 다시 소리친다.
- 세 번째 경고음 팔다리를 휘두르면서 떠나갈 듯이 운다. "당장 들어와요! 큰일났어요!"

떤 아기는 뿌루퉁해 있거나 운다. 어떤 아기는 즉시 하루를 맞이할 준비가 되어 있지만 그렇지 않은 아기들은 기분을 북돋워줄 필요가 있다. 아기의 성격에 따라 깨어나는 모습도 다르다.

♥ 천사 아기 항상 주변에 만족하는 천사 아기는 깨어나면 활짝 웃고 옹알이를 한다. 특별히 배가 고프거나 기저귀가 흠뻑 젖어 있지 않는 한 누군가 방에 들어올 때까지 혼자서 놀고 있다. 좀처럼 경고음을 내는 일이 없다.

♥ 모범생 아기 첫 경고음을 알아차리지 못하면 다소 칭얼거리면서 "여기 와보세요"라는 의미의 두 번째 경고음으로 자신이 깨어났음을 알린다. 그때 들어가서 "여기 왔다. 나는 아무 데도 가지 않았어"라고 말하면 된다. 만일 아무도 나타나지 않으면 아기는 세 번째 경고음을 크고 분명하게 울린다.

♥ 예민한 아기 거의 언제나 울면서 깨어난다. 누군가 안심시켜 주기를 바라면서 종종 3가지 경고음을 차례로 빠르게 울린다. 5분 이상 침대에 내버려두는 것을 참지 못한다. 첫 번째와 두 번째 경고음에도 아무도 나타나지 않으면 한바탕 소동이 일어날 것이다.

♥ 씩씩한 아기 활발하고 에너지가 넘치는 이런 아기들은, 종종 첫 번째 경고음은 생략하고 곧바로 두 번째 경고음으로 넘어간다. 칭얼거리고 꿈틀거리면서 조그맣게 기침을 하는 것처럼 울다가 아무도 나타나지 않으면 결국 와락 울음을 터뜨린다.

♥ 심술쟁이 아기 기저귀가 젖거나 불편한 것을 참지 못하는 심술

쟁이 아기 역시 3가지 경고음을 꽤 빠르게 진행한다. 아침에 아기의 웃는 얼굴을 볼 생각일랑 아예 하지 않는 것이 좋다.

흥미로운 사실은, 갓난아기에게서 볼 수 있는 이런 습관이 종종 자라서까지 계속된다는 것이다. 우리 딸 소피는 너무 조용하고 순해서 아침이면 아기가 숨을 쉬고 있는지 확인할 정도였다. 지금도 소피는 아침에 만나는 '기쁨'이다. 쉽게 깨어나 침대에서 나온다. 한편, 씩씩한 아기였던 언니 사라는 종종 투정을 부리면서 깨어나더니 아직도 잠에서 깨면 한참씩 뜸을 들인다. 곧바로 아침 대화에 참여하는 소피와는 달리, 사라는 그날 할 일에 대해 누군가 먼저 이야기하기보다는 스스로 말을 꺼낼 때까지 기다려주기를 원한다.

기저귀 갈기와 옷 입히기

앞에서 언급했듯이, 나는 종종 우리 '육아 교실'에 오는 초보 엄마 아빠들에게 눈을 감고 똑바로 누우라고 한다. 그리고 아무 말 없이 한 사람에게 다가가 그의 다리를 머리 위로 들어올린다. 그는 당연히 기절초풍한다. 사람들은 모두 내가 장난하는 줄 알고 깔깔거리고 웃는다. 잠시 후 내가 왜 그런 행동을 했는지 설명한다. 아기에게 아무런 예고나 설명을 해주지 않고 기저귀를 갈아주면 아기가 바로 그런 느낌을 갖는다고 말이다. 그것은 아기의 사적 영역을 침입하는 것이다. 만일 내가 "존, 잠시 당신 다리를 들어올리겠습니다"라고 말했다면 존은 미리 마음의 준비를 할 뿐 아니라 내가 자신의 감정을 존중한다고 생각할 것이다. 아기들에게도 똑같은 배려를 해야 한다.

학자들은 촉각이 3초 만에 아기의 뇌에 각인된다는 사실을 알아냈

천기저귀 vs 종이기저귀

천기저귀를 사용하든 일회용 종이기저귀를 선호하든 선택은 부모의 자유지만, 나는 경제적이고 감촉이 부드럽고 환경오염을 줄일 수 있는 천기저귀를 좋아한다. 어떤 아기들은 일회용 기저귀의 흡수입자에 의한 알레르기 반응을 일으키는데, 종종 기저귀 발진으로 혼동할 수도 있다. 기저귀 발진은 주로 항문 주위에 집중되는 반면, 알레르기는 기저귀가 덮는 부분 전체에 걸쳐 허리 부근까지 확대된다는 차이점이 있다.

일회용 기저귀의 또 다른 문제는, 소변 흡수가 너무 잘 돼서 '예민한 아기' 들만 젖었다는 사실을 느낀다는 것이다. 아기가 세 돌이 될 때까지도 배변 훈련이 안 되는 경우, 종이 기저귀가 젖었다는 것을 잘 모르기 때문일 수도 있다.

천기저귀를 사용할 경우에도 주의할 사항이 있다. 젖은 기저귀를 부지런히 갈아주지 않으면 기저귀 발진이 생길 수 있다.

다. 그렇다면 다리를 번쩍 올리고 아랫도리를 벗긴 다음 엉덩이를 닦는 것은 아기에게 끔찍한 일이다. 게다가 배꼽에 차가운 알코올을 묻히기도 한다. 연구에 따르면, 아기들은 후각이 매우 예민하다. 신생아들도 역겨운 냄새가 나는 알코올이 묻은 면봉을 들이대면 고개를 돌린다. 1주가 되면 후각으로 엄마를 구분할 수 있다. 이 모든 사실들을 종합해 보면, 아기들은 누군가 자신의 공간을 침입할 때 말로 표현은 못하지만 무슨 일이 일어나고 있는지 예리하게 인식하고 있다는 것을 알 수 있다.

사실 아기가 기저귀를 갈 때 우는 것은, 자신에게 왜 그렇게 하는지 모르고 또 그것이 싫기 때문이다. 다리를 벌린 가장 취약한 자세로 있는 것이 싫은 것은 당연하다. 여자들이 산부인과에서 그런 자세로 있을 때 어떤 기분이 드는가? 나는 의사에게 "정확히 무엇을 하는 건지 설명해 주십시오"라고 부탁한다. 하지만 아기들은 우리에게 천천히 하라거나 자신의 사적 영역을 존중해 달라고 말할 수가 없으므로 울음으로 표현하는 것이다.

어떤 엄마는 "우리 아이는 기저귀 가는 것을 싫어해요"라고 말한다. 그러면 나는 "그러면 조금 천천히 하면서 아기와 대화를 나눠보세요"라고 충고한다. 기저귀를 갈아줄 때는, 다른 일들도 다 그렇듯이 아기에게 집중해야 한다. 제발 전화기를 어깨와 귀 사이에 끼고 기저귀를 갈아주는 일이 없길 바란다. 아기 입장에서 생각해 보자. 아기에게 어떻게 보일지 상상해 보자. 아기 머리에 전화기를 떨어뜨릴 위험이 있는 것은 물론이고, "나는 너를 무시한다"라는 태도로 보일 수밖에 없다.

기저귀를 갈아줄 때 나는 아기와 계속 대화를 나누려고 한다. 아기가 내 얼굴을 잘 볼 수 있도록 아기 얼굴에서 똑바로 30~35센티미터 정도 떨어진 위치에서 내려다보고, 말을 한다. "네 기저귀를 갈아야겠다. 너를 여기 눕히고 옷을 벗길 거야." 나는 계속 무엇을 하고 있는지 알려준다. "이제는 단추를 풀고 옷을 벗길 거야. 자, 됐다. 와! 허벅지가 아주 실하구나. 이제 네 다리를 들어올려야겠다. 자, 한다! 기저귀를 열어보자… 나한테 작은 소포가 와 있네… 이제 네 엉덩이를 닦아야겠다." 여자아기라면 앞에서 뒤로 닦아주고, 남자라면 고추 위에 티슈를 올려놓아 내 얼굴에 발사하는 일이 없도록 한다. 만일 아기가 울기 시작하면 물어본다. "내가 너무 빨리 하고 있니? 좀 천천히 할까?"

한마디 더

아기가 벗었을 때 엄마가 한 손을 가볍게 아기 가슴에 올려놓거나 가벼운 봉제 인형을 안겨준다. 약간의 무게를 주면 노출되고 허전한 느낌이 덜할 것이다.

한 가지 더 말해둘 것은, 엄마가 좀더 신속하게 행동할 필요가 있다는 것이다. 대변 기저귀를 갈아주는 데 20분이나 걸리는 엄마를 본 적이 있다. 그건 너무 길다. 수유를 하기 전에 기저귀를 갈아주고 40분간 수유를 하고 나서 다시 기저귀를 갈면 1시간 20분이 걸린다. 그러면 시간을 너무 뺏기기도 하지만, 아기가 기저귀를 가는 동안 스트레스를 받고 지치기 때문에 활동 시간에까지 영향을 미친다.

한마디 더

처음 3~4주 동안에는 앞에서 묶거나 단추로 여미고 아랫부분이 열려 있어서 기저귀를 쉽게 갈아줄 수 있는 옷을 입히자. 처음에는 가끔 기저귀가 새기도 한다. 비싸지 않은 여분의 옷을 준비해 두면 시간과 걱정을 줄일 수 있다.

숙달되려면 몇 주가 걸리겠지만, 늦어도 5분 안에 기저귀를 갈아야 한다. 요령은 모든 것을 준비해 두는 것이다. 시작하기 전에 크림과 물티슈의 뚜껑을 열고 새 기저귀를 펼쳐서 아기 엉덩이 밑으로 밀어 넣고, 더러워진 기저귀를 버릴 휴지통을 준비해 두자.

한마디 더

기저귀를 갈기 위해 아기를 눕히고 나서 우선 새 기저귀를 엉덩이 밑에 깔아둔다. 기저귀를 열고 생식기와 항문 부위를 깨끗이 닦은 다음, 더러워진 기저귀를 치우면 새 기저귀가 필요한 자리에 있을 것이다.

기저귀를 갈 때 아무리 해도 아기를 진정시키지 못하겠으면 무릎에 눕혀놓고 해보자. 많은 아기들이 그렇게 하는 것을 더 좋아하고, 엄마도 허리를 구부리지 않아도 된다.

지나친 자극은 아기를 지치게 만든다

아기에게 첫 수유를 하고 깨끗한 기저귀로 갈아주고 나면 이제 놀이 시간이다. 놀이에 대해 부모들은 종종 잘못 알고 있다. 아기가 그냥 바라보고만 있어도 많은 것을 배우고 있다는 사실을 모르고 놀이의 중요성을 과소평가하거나, 아니면 완전히 얼빠진 사람처럼 아기 얼굴에 대고 하루종일 어르고 장난감을 보여주고 물건을 흔들어대는 것이다. 어느 쪽이건 지나치면 좋지 않다.

내가 만난 부모들로 미루어보건대, 대부분 후자(과잉 친절)에 속하는 잘못을 저지른다. 그런 부모들이 가끔 전화를 하는데, 3주 된 세레나의 엄마 메이도 그랬다. "트레이시, 세레나가 왜 이럴까요?" 비명을 지르는 아기를 진정시키려고 쩔쩔매는 아빠의 목소리가 수화기를 통해 들려왔다.

"글쎄요, 울기 전에 무슨 일이 있었는지 말해보세요."

"그냥 놀고 있었어요."

메이는 무슨 영문인지 모르겠다는 듯 말했다.

"아기가 뭘 하고 놀았죠?" 지금 이야기하는 아기는 단지 3주 된 아기라는 것을 기억하자.

"잠시 그네를 태웠는데 칭얼거리기 시작했죠. 그래서 의자에 앉혔

아기가 지각하는 것들

- 청각 말 · 홍얼거림 · 노래 · 심장박동 · 음악
- 시각 흑백 카드 · 줄무늬 · 모빌 · 얼굴 · 주변 환경
- 촉각 피부, 입술, 머리카락의 접촉 · 안아주기 · 마사지 · 물 · 솜이나 옷감
- 후각 사람 · 음식 냄새 · 향수 · 향신료
- 미각 모유나 분유 · 다른 음식물
- 움직임 흔들림 · 이동 · 회전 · 유모차나 자동차 타기

습니다."

"그 다음에는요?"

"그래도 소용이 없기에 담요에 내려놓고 남편이 책을 읽어주려고 했어요." 그녀가 계속 설명했다. "우리는 아기가 피곤한 것 같다고 생각했는데, 잠을 자지 않는 거예요."

메이는 그네에서 음악이 나오고, 의자는 진동식이며, 담요는 아기 머리 위에서 알록달록한 모빌이 춤추는 신개발품이라는 것을 말하지 않았다. 그런 것들과는 상관이 없다고 생각했을 것이다. 게다가 아빠는 아기 얼굴 옆에서 동화책을 읽고 있었다.

내가 허풍을 떤다고 생각하겠지만 절대 아니다. 나는 그와 비슷한 광경을 수도 없이 많이 보았다.

그럴 때, 나는 넌지시 "댁의 아드님이 너무 벅차하는 것 같네요"라고 말하면서 아기의 입장에서는 디즈니랜드에서 하루종일 보낸 것과 같은 환경을 견뎌냈다고 지적한다.

"하지만 장난감을 좋아해요." 그들은 항의한다.

나는 그 말에는 대꾸도 하지 않고 나의 기본 규칙을 제안한다. 우선 흔들리고 덜거덕거리고 짤랑거리고 삑삑거리고 진동하는 것들은 모두 치우라고 한다. 단 3일 동안만 그렇게 하면서 아기가 차분해지는지 보라고 한다. 다른 것이 잘못되지 않았다면 대부분 안정이 된다.

안타깝게도 세레나의 부모는 요즘 부모들이 대부분 그렇듯이, 이른바 문명의 희생자들이다. 매년 400만 명의 아기가 태어나면서 유아용품 업체들이 우후죽순으로 생겨나고 있다. 해마다 수십억 달러가 아기들에게 '올바른 환경'을 만들어주고, 신기한 아이디어 상품을 사라고 부추기는 일에 쓰인다. 부모들은 아기를 끊임없이 즐겁게 해주지 못하면 아기에게 충분한 '지적 자극'을 주지 못하며, 부모로서 뭔가 잘못하고 있다고 생각한다. 설령 스스로 그런 압력을 받지 않는다고 해도 친구 중 하나가 말한다. "너 아직 현관에 보호대를 설치하지 않았단 말이니?" 친구들은 마치 메이와 웬델이 딸을 불우하게 키운다는 듯이 질책했다. 터무니없는 소리다!

물론, 아이들에게는 음악을 들려주고 노래를 불러주어야 한다. 다양한 물건을 보여주고 장난감도 사주어야 한다. 하지만 지나친 자극을 주고 너무 많은 선택을 하게 한다면 아기들은 지친다. 안락하고 포

아기도 조용히 잠잘 권리가 있다

종종 "아기들이 큰소리에 익숙해지도록 하는 것이 좋다"고 말하는 사람들이 있다. 물어보자. 당신이라면 한밤중에 곤히 자고 있는데, 누군가 들어와 요란한 음악을 틀면 좋겠는가? 그것은 예의에 어긋나는 일이다. 아기에게는 아무런 배려도 할 필요가 없다는 말인가?

근한 태내에 있다가 밖으로 나온 것만으로도 아기들은 충분히 힘들다. 그들은 좁은 산도를 비집고 나오거나 아니면 자궁에서 그야말로 억지로 끌려나온다. 분만실의 어수선한 형광등 불빛 아래 나오자마자 온갖 수술 도구와 약물에 맞닥뜨리고, 이손저손이 와서 당기고 꼬집고 문지른다. 1장에서 지적한 대로 아기마다 제각기 기질이 다르긴 하지만 거의 모든 신생아는 힘든 격동을 치러야 한다. 특히 예민한 아기들에게는 세상에 나온 것 자체만으로도 너무 벅찬 일이다.

게다가 우리 주변에는 시각과 청각을 자극하는 TV, 라디오, 애완동물, 자동차 여행, 진공청소기 등 이루 헤아릴 수 없이 많은 가전제품들이 있다. 엄마의 걱정어린 목소리, 친가와 외가의 친척 등 방문객들이 어르고 속삭이고 감탄하는 소리! 겨우 몇 킬로그램에 불과한 여린 신체가 감당하기에는 너무 벅차다. 그런데도 엄마 아빠는 얼굴을 들이밀고 놀자고 한다. 그러니 아무리 천사 아기라도 울 수밖에 없다.

삼각 학습에 적합한 놀이

놀이란 정확히 무엇일까? 그 대답은 아기가 무엇을 할 수 있느냐에 따라 달라진다. 요즘 나오는 대부분의 책들은 연령별로 놀이의 기준을 세우지만 나는 그 의견에 반대한다. 그런 기준이 도움이 되지 않아서가 아니다. 나이에 따른 일반적인 기준을 세우는 것은 좋다. 사실 나도 그런 식으로 신생아~3개월, 3~6개월, 6~9개월, 9개월~1년의 '엄마와 아기' 교실을 운영하고 있다.

문제는 많은 엄마 아빠들이, 정상적인 아기라고 해도 능력과 인지도에서 현저한 차이를 나타낸다는 사실을 모르고 있다는 것이다. 우리 교실에서 나는 그런 엄마 아빠들을 많이 본다. 어떤 엄마는 무언가를 읽고 난 후부터 5개월 된 딸아이가 뒤집지 않는다고 걱정이 태산이다. "이를 어쩌죠, 트레이시! 우리 아기는 발육이 느린가 봐요." 그녀는 아기가 그냥 누워만 있는 것을 불안해한다. "어떻게 해야 뒤집게 할 수 있을까요?"

나는 아기로 하여금 무언가를 억지로 하도록 만들어야 한다고 생각하지 않는다. 나는 항상 부모들에게 아기도 한 사람의 개인이라고 말한다. 책에 나오는 기준은 개인적인 특질과 차이까지 감안하지 않는다. 그러한 기준치는 그저 참고만 하면 된다. 아기들은 각자 나름대로 발달 단계에 도착할 것이다.

더구나 아기들은 개가 아니므로 아기를 '훈련'시키면 안 된다. 아기를 존중한다는 것은, 친구의 아이와 다르거나 어떤 책에 나오는 설명에 부합하지 않는다고 전전긍긍하면서 아기를 괴롭히지 않고 스스로

첫날부터 시작하자

학자들이라고 해서 아기의 연령에 따른 이해력이 어느 정도인지 정확하게 맞출 수는 없다. 따라서 아기가 태어나면 곧바로 시작할 수 있다.

- 아기에게 무언가를 할 때는 설명을 해준다.
- 엄마의 일상적인 활동에 대해 이야기해 준다.
- 가족사진을 보여주고 사람들의 이름을 들려준다.
- 사물을 가리키면서 이름을 말해준다. "강아지 보이니?" "아기 좀 봐라. 너 같은 아기야."
- 간단한 책을 읽어주고 그림을 보여준다.
- 음악을 들려주고 노래를 불러준다.

발전하도록 지켜보는 것을 의미한다. 아기가 스스로 알아서 하도록 해주자. 자연의 섭리는 충분히 합리적이다. 아기가 준비되기도 전에 부모가 뒤집어준다고 해서 더 빨리 배우는 것이 아니다. 아직 뒤집을 수 있을 만큼 신체적 능력이 발달하지 못했을 뿐이다. 아기를 억지로 뒤집게 만들면 본의아니게 아기의 삶을 고달프게 만들 수 있다.

나는 항상 아기를 '삼각 학습'의 범위 안에 머물게 하라고 제안한다. 아기 스스로 움직이고 생각하고 즐거움을 느낄 수 있는 놀이를 하게 해주라는 것이다. 신생아가 있는 집을 방문하면 거의 대부분 아기방에 딸랑이가 쌓여 있다. 은 딸랑이, 플라스틱 딸랑이, 링 모양 딸랑이, 오리 모양 딸랑이, 등등. 하지만 아직 손에 뭔가를 쥘 수 없는 아기에게는 딸랑이가 적당하지 않다. 부모가 아기 얼굴에 대고 딸랑이를 흔들지만 아기가 그것을 갖고 노는 것은 아니다. 내가 말한 기본 규칙을 기억하자. '아기가 장난감을 갖고 놀 때는 끼여들지 말고 관찰하라.'

아기의 삼각 학습에 적합한 놀이가 무엇인지 생각해 보자. 책에 나오는 연령별 기준을 보지 말고 자신의 아기를 보라는 것이다. 삼각 학습의 범위 안에 머물게 한다면 아기는 자신의 속도에 따라 자연스럽게 배워갈 것이다.

♥ 아기는 거의 모든 것을 보고 들을 수 있다. 처음 약 6주에서 8주에 걸쳐 청각과 시각이 점차 뚜렷해지면서 아기는 주변을 인식하게 된다. 아기에게 보이는 범위는 약 20~30센티미터 정도에 불과하지만 사람을 알아보고 웃거나 옹알이를 하는 등 반응을 보이기도 한다. 아기에게 그때그때 '대답'해 주자. 학자들은 태어날 때 이미 아기는 사람의 얼굴과 목소리를 다른 사물이나 소리와 구별할 수 있으며 사람을 더 좋아한다고 말한다. 며칠 후에는 익숙한 얼굴과 목소리를 인식

할 수 있고 낯선 사람보다 더 좋아할 것이다.

아기는 사람 얼굴을 보지 않을 때, 특히 직선 보는 것을 좋아한다. 왜 그럴까? 아기의 망막이 아직 고정되지 않았기 때문에 직선이 움직이는 것처럼 보인다. 따라서 아기를 즐겁게 해주려고 플래시카드*에 돈을 투자할 필요가 없다. 흰 종이에 검은색 펜으로 직선을 그려주자. 그렇게 하면 시야가 아직 흐릿하고 평면적으로 보이는 아기에게 초점을 줄 수 있다.

나는 신생아 때는 아기침대에 장난감을 한두 개만 올려놓으라고 권한다. 아기가 더 이상 그것을 보려고 하지 않으면 다른 것으로 바꾸어주면 된다. 색의 효과를 고려하자. 원색은 자극을 주고 파스텔색은 아기를 진정시킨다. 시간에 따라 원하는 효과를 얻을 수 있는 색을 선택하자. 낮잠을 자려고 할 때 빨강과 검정색의 플래시카드를 보여주지 말자.

♥ 머리와 목을 가눈다. 대체로 2개월이 되면 고개를 돌려 좌우로 움직이고 약간 들어올리기도 한다(보통 3개월째). 눈동자도 더 잘 움직이고 자기 손을 바라본다. 실험에 의해, 한 달 된 아기라도 얼굴 표정을 따라할 수 있다는 사실이 밝혀졌다. 어른이 혀를 내밀면 아기도 따라 하고, 어른이 입을 벌리면 아기도 따라한다.

이 무렵에 모빌을 달아주면 좋다. 부모들은 대부분 모빌을 제일 먼저 사지만, 사실 2개월이 되기 전까지는 장식품에 불과하다. 아기들은 고개 돌리는 것(종종 오른쪽으로)을 좋아하므로, 정면보다 비스듬한 각도로 35센티미터 정도 떨어지게 달아준다.

---

*단어, 숫자, 그림 등을 보여주는 유아용 교재.

아기에게 적합한 음악

아기들은 음악을 좋아하지만, 연령에 맞는 음악을 들려주어야 한다. '엄마와 아기' 수업이 끝날 때마다 나는 항상 다음과 같은 음악을 들려준다.

- 3개월까지 자장가만 들려준다. 부드럽고 편안하면서, 동요처럼 경쾌하지 않은 음악이 좋다. 내가 추천하는 자장가 모음집 〈아이들을 위한 자장가 선물〉*을 들려주어도 좋다. 특히 엄마가 직접 자장가를 불러주면 더욱 좋다.
- 6개월까지 보통 간단한 동요를 딱 한 곡만 들려준다.
- 9개월까지 3가지 동요를 한 번씩 들려준다.
- 12개월까지 하나를 더 추가해서 모두 4가지 동요를 반복해서 2번씩 들려준다. 이제 율동을 함께 할 수 있다.

이 시기(약 8주)에 아기는 3차원 공간을 인식하기 시작한다. 자세가 똑바로 펴지고 대체로 손을 벌리고 있다. 손을 마주잡기도 하는데, 대부분은 우연히 하는 것이다. 또 기억을 하고 다음에 어떤 일이 일어날지 좀더 정확하게 예상한다. 2개월이 되면 아기들은 전에 본 사람을 기억하고 알아볼 수 있다. 엄마를 보면 좋다고 몸을 흔들며 눈으로 쫓기 시작한다.

갓 태어나서 4주가 되기까지는 직선을 보고 즐거워하는 반면, 8주

* 〈아이들을 위한 자장가 선물(A Child's Gift of Lullabyes)〉에는 Playing a Lullaby, Lullaby for Teddy 등이 수록되어 있으며, 보다 자세한 사항은 http://www.lullabyes.com에서 확인할 수 있다.

가 되면 얼굴 그림을 보고 웃는다. 이 무렵에 집에서 만든 플래시카드를 곡선이나 원, 간단한 집이나 웃는 얼굴 모양의 그림으로 바꾸어준다. 침대에 거울을 놓아두고 아기가 웃으면 거울에 비친 얼굴도 따라 웃는 것을 볼 수 있도록 해주면 좋다. 아기는 뭔가 쳐다보기를 좋아하지만 흥미가 없어져도 거기서 벗어날 수 있는 운동력이 없다는 것을 기억하자. 아기가 칭얼대고 보채는 소리를 내면 그것은 '이제 그만'이라는 의미다. 속수무책으로 울음을 터뜨리기 전에 아기를 구출해 내자.

♥ 손을 내밀어 잡는다. 3~4개월이 되면 아기는 자기 몸을 포함하여 손으로 잡을 수 있는 것을 좋아한다. 그리고 손에 잡히는 것은 뭐든지 입으로 가져간다. 이맘때가 되면 또 턱을 들고 골골거리는 소리를 낸다. 아기가 제일 좋아하는 장난감은 부모이지만, 딸랑이처럼 소리가 나거나 촉감이 좋고 안전한 종류 또는 단순하면서 반응을 보여주는 장난감이 적당하다.

아기들은 탐험하기를 좋아하고 반응을 볼 수 있을 때 흥미를 느낀다. 아기가 딸랑이를 흔들면서 눈이 동그래지는 것을 볼 수 있다. 이제 인과관계를 이해하기 때문에 소리가 나는 것은 무엇이든 아기에게 성취감을 준다. 아기는 방금 전보다 훨씬 더 활발한 반응과 끊임없는 옹알이로 부모를 즐겁게 해줄 것이고, 이제부터 점점 더 잘할 것이다. 또한 자기가 충분히 놀았다는 의사 표현을 하게 된다. 장난감을 떨어뜨리고 목구멍 안에서부터 기침하는 것 같은 소리를 내거나 조그맣게 칭얼거리듯이 운다.

♥ 뒤집는다. 3개월 말에서 4개월 사이가 되면 몸을 옆으로 뒤집으면서 이동하기 시작한다. 어느새 양옆으로 뒤집고, 계속 새로운 재주

를 보여준다. 아직 소리나는 장난감을 좋아하고, 숟가락 같은 생활용품을 갖고 논다. 그런 단순한 물건이 아기에게는 한없는 즐거움을 선사한다. 아기에게 플라스틱 접시를 주면 이리저리 돌려보고 밀어냈다가 다시 잡고 하면서 논다. 아기는 작은 과학자가 되어 끊임없이 탐구한다.

또 육면체나 공이나 삼각형 모양의 작은 물건을 갖고 놀기를 좋아한다. 믿기 어렵겠지만, 아기는 그런 것들을 입에 넣어 무엇인지 생각하고 차이를 느낀다. 연구에 따르면, 갓난아기들도 입안에서 형태를 구별할 수 있다고 한다. 한 달 된 아기도 눈으로 보는 것과 촉각으로 느끼는 것을 연상하는 능력이 있는 것으로 입증되었다. 우툴두툴한 젖꼭지와 매끄러운 젖꼭지 중의 하나를 빨게 한 다음, 우툴두툴한 것과 매끄러운 것의 그림을 보여주면 자신이 빨았던 것과 같은 모양의 그림을 좀더 오래 바라본다.

♥ 앉는다. 보통 6개월 이후에 머리를 완전히 가눌 수 있을 때까지는 머리가 무거워서 앉지 못한다. 아기들이 앉을 수 있게 되면 이해가 깊어지기 시작한다. 앉은 자세에서 보는 세상은 누워 있을 때와는 훨씬 달라 보인다. 또 이제 물건을 한 손에서 다른 손으로 옮길 수 있고 손으로 사물을 가리킬 수 있다. 호기심을 느끼는 물건을 향해 움직이려고 하지만 아직 몸을 이동하지는 못한다.

스스로 탐험하게 하자. 이 시기에 아기는 머리, 팔, 상체를 움직이지만 다리는 움직이지 못한다. 그래서 앞으로 몸을 숙이고 원하는 것을 향해 돌진하려다가 아직도 머리가 무거워 결국 엎어지고 만다. 날아갈 것처럼 팔다리를 공중에서 허우적거린다. 아기가 칭얼거리는 소리를 내면 부모들은 기다리면서 지켜보지 못하고 당장 끼어들어 아기 손에 장난감을 쥐어준다. 그보다는 뒤에서 "잘한다! 거의 다 됐다"고

응원하면서 스스로 할 수 있도록 하자. 하지만 지나치지 않아야 한다. 우리는 지금 올림픽 경기를 지도하는 것이 아니다. 다만 부모로서 아기에게 약간의 격려를 해주면 된다. 아기가 잡으려고 노력했다면 손에 쥐어주어도 된다.

단추를 누르면 인형이 튀어나오는 장난감처럼, 아기의 행동을 유도하는 단순한 장난감을 주자. 아기들은 자신이 만든 결과를 보고 좋아한다. 이때쯤 되면 부모들은 많은 장난감을 사주고 싶어한다. 하지만 너무 많으면 오히려 좋지 않다는 사실을 기억하자. 사주고 싶은 대로 다 사주면 아기가 즐기지 못한다. 나는 이 단계의 아이들을 가진 부모가 "우리 아기는 이 장난감을 좋아하지 않아요"라고 말하면 웃음이 나온다. 사실 그것은 아기가 좋아하고 싫어하는 문제가 아니다. 다만 아직 그 장난감을 어떻게 갖고 놀아야 하는지 모르는 것이다.

♥ 이동한다. 보통 8개월에서 10개월이 되면 아기들은 본격적으로 기어다니기 시작한다. 아직 준비해 두지 않았다면, 지금이라도 집안을 안전하게 꾸며서 아기에게 마음껏 탐험할 기회를 마련해 주어야 한다. 이 무렵에 혼자 일어서는 아기들도 있다. 처음에는 뒤로 기어가거나 제자리에서 돌기만 하는 아기들도 있다. 머리에 비해 몸이 충분히 길고 튼튼하게 자라지 못했기 때문이다.

또한 호기심과 신체 발달이 나란히 진행된다. 지금까지는, 예를 들어 "방 저쪽에 있는 장난감을 가지려면 움직여야 한다"는 복잡한 사고력을 갖지 못했다. 이제는 그 모든 능력이 발달하기 시작한다.

일단 여러 가지 목표에 초점을 맞출 수 있게 되면 아기는 꿀벌처럼 바쁘게 기어다니기 시작한다. 엄마 무릎에 앉아 있는 것으로는 더 이상 만족하지 않는다. 여전히 안아주는 것을 좋아하지만, 먼저 탐험하면서 자기 에너지의 일부를 자연스럽게 소모한다. 새로운 소리를 내고 새로운 말썽을 부리기 시작한다.

가장 좋은 장난감은 물건을 넣었다가 꺼냈다가 할 수 있는 종류이다. 처음에는 물론 빼내기를 더 잘한다. 꺼냈다가 다시 집어넣는 일은 거의 없다. 그러다가 10개월에서 첫돌이 되면 물건을 함께 모으고, 바닥에 있는 장난감들을 치워 상자에 넣기도 하는 민첩함을 보일 것이다. 정교한 운동 신경이 발달한다. 엄지와 검지를 사용해 작은 물건들을 집을 수 있게 되며 밀고 당길 수 있는 바퀴 달린 장난감을 좋아한다. 봉제 인형이나 자신이 덮고 자는 담요에 특별한 애착을 보이기 시작하는 때이기도 하다.

한마디 더

아기가 갖고 노는 것은 모두 물로 씻을 수 있어야 한다. 뿐만 아니라 튼튼하고 날카로운 모서리가 없고 올이 풀려서 삼키는 일이 없어야 하므로 아기가 입에 넣고 삼켜서 목에 걸리거나 귀나 코 속에 집어넣을 수 있는 작은 물건은 주지 말자.

이제 동요를 들려주면서 아기가 따라할 수 있는 동작을 추가할 수 있다. 노래와 율동은 어린이들의 언어와 근육 발달에 도움이 된다. 이 시기에는 숨어 있다가 나타나는 까꿍놀이를 좋아한다. 아기가 이 놀이의 개념을 배우면, 엄마가 다른 방에 들어가도 어딘가로 사라져버리지 않는다는 것을 이해할 것이다. "다시 올 거다"라는 말로 확실히 이해시켜 주자. 창의력을 발휘해서 다양한 가재도구를 장난감으로 사용해 보자. 숟가락이나 접시나 주전자는 두드리기 좋다. 수도꼭지는 훌륭한 놀잇감이 될 수 있다.

아기의 운동과 사고 능력은 각지 나름대로 발전한다는 사실을 기억하자. 언니의 아기가 같은 나이에 했던 행동과 똑같이 일치하지는 않는다. 더 잘할 수도 있고 다르게 할 수도 있다. 모든 사람들이 그렇듯이, 아기들은 각자 개성이 있고 좋아하거나 싫어하는 것도 다르다. 아이를 부모가 바라는 대로 만들려고 하지 말고 아기가 하는 것을 지켜보자. 안전한 환경을 마련해 주고 격려하고 사랑해 준다면, 아기는 훌륭하고 독특한 작은 존재로 피어날 것이다. 끊임없이 움직이면서 매일 새로운 모습으로 우리를 놀라게 할 것이다.

우리집은 아기에게 안전한가

아기에게 안전한 환경을 만들어주는 것은 매우 중요하지만 다소 번거로운 일이다. 아기가 독성이 있는 물질을 마시거나, 화상을 입거나, 물에 빠지거나, 상처를 입거나, 계단에서 떨어지지 않도록 해야 한다. 또한 호기심 많은 아기가 일으킬 수 있는 잠재적인 위험으로부터 가정을 보호해야 한다. 문제는 어느 정도까지 해야 하는 가다. 나는 이런 걱정을 하는 부모들에게 다음과 같은 방법을 소개하려고 한다. 간단하면서도 돈도 적게 드는 방법이다. 예를 들어, 베개나 범퍼로 가로 3미터 세로 3미터 정도의 공간을 둘러싸서 아기 놀이터를 만들어줄 수 있다.

한 가지 더 우리가 생각해야 할 것은, 집안에 있는 물건을 너무 많이 치워버리면 아기가 탐험할 기회가 적어진다는 것이다. 또 아기가 무엇이 옳고 그른지를 배울 수 있는 기회가 사라진다.

나는 우리 딸들이 어렸을 때, 집안에 있는 위험한 화학약품들을 치우고 어지르면 안 되는 곳의 출입문을 막아놓는 등 예방조치를 취했다. 한편, 동시에 우리 딸들에게 내 물건을 존중해야 한다는 것을 가르쳤다. 우리 거실에는 낮은 선반 위에 카포디몬테 궁*의 모형들이 전시되어 있었다. 사라는 기어다니기 시작하면서 모든 것에 관심을 보였다. 하루는 그 모형이 사라의 눈에 띄었다. 나는 사라가 그것을 움켜잡기 전에 먼저 보여주면서 말했다. "이건 엄마 거야. 지금처럼 엄마가 같이 있을 때는 만져도 좋아. 하지만 이건 장난감이 아니란다."

사라는 대부분의 아기들처럼 나를 몇 차례 시험했다. 모형을 향해 쏜살같이 돌진해서 움켜쥐려고 하면, 나는 부드럽지만 단호한 어조로 말했다. "우…우! 만지면 안 돼. 그건 엄마 거야. 장난감이 아니지!" 아이가 그래도 고집을 부리면 나는 한마디로 "안 돼!"라고 딱 잘라 말하곤 했다. 사흘이 채 지나지 않아 사라는 그 작은 모형들을 거들떠보지도 않게 되었다. 나는 사라의 동생 소피에게도 같은 식으로 했다.

하루는 내 친구가 아들을 데려와 소피와 함께 놀게 되었다. 그 아이의 엄마는 자신의 물건을 모두 아기 손이 닿지 않는 곳에 치워버렸기 때문에, 그 집의 낮은 선반에는 아무것도 없었다. 그 아이는 내 모형들을 보고는 당연히 한바탕 갖고 놀 태세를 취했다. 나는 사라에게 했던 것처럼 멈춰보려고 했지만 소용없었다. 급기야 나는 다소 모질게 "안 돼!"라고 말했다. 내 친구가 기겁을 하고 나를 바라보았다. "우린 조지에게 '안 돼!'라고 말하지 않아, 트레이시."

"그러면 이제부터라도 시작해야겠구나. 우리 딸들에게 만지지도 못하게 하는 물건을 네 아들이 깨뜨리도록 놔둘 순 없어. 잘못은 조지에게 있는 것이 아니라 아이에게 자기 물건과 엄마 물건을 구별하도록 가르치지 않은 너에게 있어."

내 이야기가 주는 교훈은 단순하다. 아이가 만지지 못하도록 집에 있는 물건들을 모두 치운다면 아이는 아름답고 깨지기 쉬운 물건들을

* 현재 이탈리아 나폴리의 국립 미술관.

아기 안전사고 예방을 위한 기본 수칙

아기의 눈높이에서 집안을 바라보는 것이 요령이다. 엎드려서 네 발로 기어다녀 보자! 다음과 같은 위험은 미리 예방해야 한다.

- ♥독물 세제와 그 밖의 위험 물질을 주방과 욕실 바닥에서 모두 치우고 높은 곳에 올려놓는다. 찬장 문에 고리를 달아서 걸어놓는다고 해도, 아이가 걷기 시작하면 힘도 세지고 똑똑해져서 문을 열지도 모른다. 구급상자를 준비해 두자. 아기가 만일 독성이 있는 물질을 먹었다고 생각되면 어떤 조치를 취하기 전에 먼저 의사나 119에 도움을 청한다.
- ♥공기 오염 자연 방사능 가스인 라돈이 집안에서 검출되는지 조사한다. 연기와 일산화탄소 탐지기를 설치하고, 배터리를 정기적으로 점검한다. 집안이나 차안을 금연 구역으로 정한다.
- ♥질식 커튼이나 블라인드를 고정시키는 끈, 전깃줄 등은 접착 테이프나 못을 사용하여 아기 손이 미치지 못하는 높이에 올려놓는다.
- ♥감전 콘센트는 모두 덮어두고 백열등 소켓에는 전구를 꽂아놓는다.
- ♥익사 아기를 욕조에 혼자 두는 일이 없도록 하자. 변기에 아기가 머리를 넣지 않도록 조심한다. 아기는 아직 머리가 무거워서 변기 안으로 곤두박질할 수 있다.
- ♥화상 스토브의 점화 장치에 보호 기구를 설치한다. 욕조의 수도꼭지를 수건으로 싸서, 아기가 뜨거운 주둥이를 만지거나 머리를 부딪쳐 다치는 일이 없도록 해야 한다. 또 뜨거운 물에 데지 않도록 온수를 49도 정도에 고정시킨다.

♥낙상 일단 아기가 움직이기 시작하면 언제나 방심하지 말고 주시해야 한다. 아기가 계단을 기어올라가는 법을 배우기 시작할 때에는 항상 옆에서 지켜보아야 한다. 아기는 올라가는 데는 명수지만 내려올 줄 모른다.

♥침대 사고 침대의 간살이 6센티미터보다 넓은 것은 사용하지 말자. 나는 미국에 와서 침대 범퍼를 보고 깜짝 놀랐다. 나는 항상 부모들에게 범퍼들을 치우라고 말한다. 활동적인 아기들은 그 밑에 기어들어갔다가 끼여서 잘못하면 질식할 수 있다.

조심해서 다룰 줄을 모를 것이고, 다른 집에 가서도 어떻게 해야 하는지 모를 것이다. 게다가 조지의 엄마처럼 다른 부모가 자기 아이에게 어떤 물건이나 어떤 장소에 접근하지 못하게 할 때 감정이 상하는 일을 당하지 않을 것이다.

나는 항상 아기 안전 구역을 따로 만들어주라고 권한다. 아기가 무언가를 보려고 하면 보여주자. 그것을 느끼고 갖고 놀도록 하자. 하지만 부모가 곁에 있을 때에 한해서만 허락하자. 다행히 아이들은 어른들의 물건에 곧 싫증을 낸다. 장신구들은 대개 선반 위에 진열되어 있는 것 외에는 별 쓸모가 없기 때문이다. 아기는 그 물건을 만질 수 있게 되면 금방 시들해지기 쉽다. 금세 또 다른 것을 포착하고 그 쪽으로 관심을 옮겨간다.

한마디 더

아이에게 무언가를 만지지 못하도록 가르치기까지는 단 며칠밖에 걸리지 않지만, 집안 곳곳에 있는 여러 가지 물건들에 대해 반복해서 주의를 주어야 한다. 그 동안 위험을 피하고 싶다면 귀중하고 값진 장신구들은 값싼 모조품으로 바꾸자.

아기는 또 VCR의 투입구를 멋진 우편함 정도로 생각한다는 사실을 염두에 두자. 아기는 그 속에 자기 손가락이고 과자고, 들어가는 것은 모두 집어넣는다. 걱정할 필요 없이 덮개로 덮어두자. 또 집에서 사용하는 물건들을 흉내내 만든 모형 장난감을 사주자. 아기들은 대부분 누르는 장난감을 좋아한다. 아기가 조작할 수 있는 TV 리모컨이나 라디오처럼 생긴 장난감들도 있다. 아기는 집을 어지럽히고 장비를 망가뜨리려는 것이 아니다. 단지 우리의 행동을 따라하고 싶어할 뿐이다.

목욕으로 긴장 풀기

먹고 자고 놀고 하면서 힘든 하루를 보냈으니, 휴식을 취하면서 긴장도 풀 겸 목욕을 할 차례다. 사실, 아기가 2~3주 되면 저녁에 평소보다 더 보채는 것처럼 보일지도 모른다. 아기는 점점 활발해지고 주위에서 더 많은 것을 흡수하므로 그날그날 긴장을 풀어줄 필요가 있다. 저녁 5~6시경에 수유를 하고 마지막으로 트림을 한 지 15분 정도 지나면 목욕을 시작하자. 아침이나 낮에 목욕을 시킬 수도 있지만, 피로를 풀기에는 잠자기 전이 가장 적당하다. 목욕은 부모 자식 간의 정을 느낄 수 있는 경험이며, 종종 아빠들이 기꺼이 하는 일이기도 하다.

처음 3개월 동안 목욕을 싫어하는 '예민한 아기'와 마지못해 하는 '심술쟁이 아기'를 제외하면, 대부분의 아기들은 천천히 '10단계 목욕법'의 순서대로 따라한다면 목욕을 좋아한다.

부분목욕 요령

- 물수건, 온수, 알코올, 연고, 목욕수건 등 필요한 물건들을 손닿는 곳에 미리 준비해 둔다.
- 아기를 따뜻하게 강보에 싼 채 머리에서 발가락까지 한 번에 한 곳씩 닦아내려 간다. 가볍게 두드려 물기를 말리고 나서 이동한다.
- 작은 물수건으로 사타구니를 닦는다. 항상 생식기에서 항문 방향으로 닦는다.
- 눈을 닦을 때에는 한 눈에 하나씩 전용 가제 수건으로 안쪽에서 바깥쪽으로 훔친다.
- 배꼽을 닦을 때에는 알코올에 적신 면봉을 안까지 집어넣는다. 때로 아기가 울지만 아파서가 아니라 차게 느껴지기 때문이다.
- 아기가 포경수술을 했다면 절개 부위에 바셀린을 묻힌 가제나 솜을 덮어서 건조해지는 것을 막고 소변이 닿지 않게 한다. 아물 때까지는 음경에 물을 대지 말자.

첫 목욕은 탯줄이 떨어지고 나서, 사내아이의 경우에는 포경수술한 자리가 충분히 아무는 14일경에 하게 된다. 그 전까지는 부분목욕을 한다. 어떤 경우든, 아기의 입장에서 생각해 보자. 아기에게 목욕은 재미있고 상호 작용하는 시간이 되어야 하며, 적어도 15분에서 20분 정도가 적당할 것이다. 옷을 입히고 기저귀를 갈 때와 마찬가지로 아기를 배려하자. 아기에게 불안감을 주지 않도록 주의하자. 항상 아기가 최대한 편안해할 수 있는 방법을 택하자.

목욕 후 옷을 입힐 때, 티셔츠 모양의 옷을 머리 위부터 넣거나 팔을 옷소매에 억지로 넣으려고 하지 말자. 8개월 정도가 될 때까지 아기의 머리는 몸무게의 3분의 2를 차지할 정도로 무겁다. 머리부터 집어넣으려고 하면 사방으로 기우뚱거린다. 또 셔츠 소매에 팔을 넣으려고 할 때 아기가 저항할 것이다. 태아 자세에 익숙해서 본능적으로 팔을 몸에 붙이고 있으려고 하기 때문이다. 머리 위부터 입히지 말고, 팔도 소매에 손목을 넣어서 입힌다.

나는 부모들에게 이런 어려움을 겪지 않으려면 머리 위로 입히는 옷은 아예 사지 말라고 한다. 앞에서 똑딱단추로 여미는 셔츠나 어깨에서 벨크로*로 붙이는 옷을 구입하자. 모양보다는 입기 편하고 편안한 옷이 좋다.

다음에는 목욕을 안전하고 천천히 그리고 즐거운 시간으로 만들어 주는 절차를 설명하겠다. 그래도 아기가 운다면 엄마 잘못이라기보

티셔츠 입히기

나는 티셔츠 모양의 옷을 권하지 않지만, 머리 위로 입는 셔츠를 이미 구입했다면 다음과 같은 순서로 입히면 좀더 수월하다.

- 아기를 똑바로 눕힌다.
- 옷을 위로 말아올리고 목을 넓게 늘여서 아기 턱부터 넣고 재빨리 얼굴 위로 넘겨서 머리를 넣는다.
- 손가락을 옷소매 겨드랑이까지 넣은 다음 아기 손을 잡는다. 바늘에 실을 꿰듯이 아기 손을 잡아당겨서 팔을 넣는다.

* 나일론제 부착 테이프로 단추나 지퍼 대용으로 쓰인다.

다는 아기의 감수성과 성격에 관련된 문제일 것이다. 만일 아기가 목욕 때마다 계속 힘들어하면 며칠 중단했다가 다시 시도해 보는 수밖에 없다. '예민한 아기'라면 그래도 여전히 소동이 일어날 수 있다. 그렇다면 처음 한두 달은 부분목욕도 무방하다. 무엇보다 중요한 건 아기의 요구를 읽어야 한다는 것이다. 아기가 "나는 엄마가 하는 것이 싫어요. 참을 수가 없어요"라고 말하면 잠시 시간을 두고 기다려야 한다.

10단계 목욕법

나는 부모들에게 다음과 같은 목욕법을 가르친다. 모든 단계가 다 중요하다는 사실을 명심하자. 자칫 아기를 미끄러뜨리는 실수를 하지 않으려면 시작하기 전에 모든 것을 준비해 두어야 한다.

다음 각 단계를 따라하면서 목욕을 시키는 동안 계속 아기와 대화하는 것을 잊지 말자. 말을 건네고 귀를 기울이고 아기의 반응을 살피면서 무엇을 하고 있는지 말해주자.

♥ 1. 분위기를 조성한다. 방안은 따뜻하게(22~24도) 유지한다. 가벼운 경음악을 틀어놓는다. 이렇게 하면 엄마도 함께 긴장을 푸는 데 도움이 된다.

♥ 2. 욕조에 물을 3분의 2 정도 채운다. 아기 목욕비누를 한 뚜껑 따라 물에 직접 푼다. 물의 온도는 체온보다 약간 높은 38도 정도로 한다. 손이 아니라 손목 안쪽을 내보아서 뜨겁지 않고 따뜻하게 느껴지면 적당하다. 아기 피부는 어른보다 민감하다.

♥ 3. 아기를 들어올린다. 오른손으로 아기 가슴을 받치고 손가락을 벌려서 세 손가락은 아기의 왼쪽 겨드랑이 밑에 넣고 엄지와 검지는 가슴을 받친다(왼손잡이는 반대로). 왼손은 등 뒤로 넘겨서 목덜미와 어깨를 잡고, 아기 체중을 오른손에 실으면서 몸을 약간 앞으로 숙이게 한다. 이제 왼손을 아기 엉덩이 밑에 넣고 들어올린다. 그러면 오른손으로 가슴을 받친 상태에서 아기가 앞으로 몸을 숙이고 왼손 위에 앉아 있는 자세가 된다.

아기를 눕힌 자세로 욕조에 넣지 말자. 다이빙 보드에서 뒤로 떨어지는 것처럼 아기가 불안하게 느낄 수 있다.

♥ 4. 아기를 욕조에 넣는다. 아기가 앉은 자세로 다리, 그 다음에 엉덩이 순서로 천천히 욕조 안에 넣는다. 다음에 왼손을 옮겨서 아기의 뒤통수와 목을 받친다. 아주 천천히 아기를 물 속에 넣는다. 이제 오른손을 빼고 물수건을 아기 가슴에 얹어서 따뜻하게 해준다.

♥ 5. 비누를 아기 피부에 직접 문지르지 말자. 물에 아기 비누를 풀었다는 것을 기억하자. 손가락으로 아기 목과 사타구니를 닦는다. 다리를 약간 들어서 엉덩이에 손을 넣는다. 주전자에 담긴 물을 아기 몸에 뿌려서 비눗물을 씻어내린다. 사실, 흙에서 뛰어노는 아이가 아니므로 그렇게 더럽지 않다. 이 시기의 목욕은 청결보다는 습관을 들이는 일이다.

♥ 6. 물수건으로 머리카락을 닦는다. 아기들은 머리카락이 별로 없

목욕 용품

- 바닥이 평평한 플라스틱 욕조
- 깨끗한 더운물이 담긴 주전자
- 액체 목욕비누
- 물수건 두 장
- 대형 목욕수건
- 옷과 새 기저귀

는 경우가 많다. 머리카락이 많다고 해도 샴푸를 해줄 필요는 없다. 물수건으로 두피를 닦아준다. 아기 눈에 물이 들어가지 않도록 주의하면서 깨끗한 물로 헹군다.

아기를 욕조 안에 방치하면 안 된다. 목욕 준비를 다 못했다면 이번에는 그냥 깨끗한 물로 헹구고 다음 목욕을 위해 모든 것을 준비해 두자.

♥ 7. 귀에 물이 들어가지 않도록 조심한다. 등을 받친 손을 물 속에 너무 깊이 내리지 않도록 한다.

♥ 8. 목욕을 끝낼 준비를 한다. 한 손으로 두건이 달린 수건(대형 목욕수건)을 잡는다. 모자(대형수건의 한쪽 모서리)를 입으로 물고 양쪽 겨드랑이 밑에 양쪽 모서리를 끼운다.

♥ 9. 아기를 물에서 꺼낸다. 목욕을 시작할 때처럼 아기를 앉은 자세로 바꾼다. 아기 체중을 오른손에 싣고 손가락을 펴서 가슴을 받친다. 아기 등을 엄마 쪽으로 향해 들어올린 다음 머리를 수건의 모자(대형수건의 모서리)에서 약간 아래쪽 중앙에 놓는다. 수건의 양쪽 끝으로 아기를 감싸고 모자(수건 모서리)를 머리에 얹는다.

♥ 10. 옷을 입힌다. 처음 3개월 동안은 정확하게 같은 방식으로 한다. 익숙한 방식이 안전하다. 적절한 시기가 되면 옷을 입히기 전에 마사지를 해서 피로를 풀어줄 수 있다.

아기 마사지

아기 마사지는 미숙아들에게 적절한 자극을 주어 뇌와 신경 계통의 발달을 촉진하고 순환을 개선하며 근육을 강화하고 긴장과 피로를 풀어주기 위한 연구에서 시작되었다. 그러다가 정상적인 아기에게도 마사지가 좋다는 결론이 나오면서 마사지는 이제 아기의 건강과 성장을 도와주는 훌륭한 도구로 알려졌다.

연구가 아니더라도 나는 직접 마사지가 아기들에게 바람직한 영향을 미치는 것을 보아왔다. 마사지를 받은 아기들은 걷기 시작하면서 자신의 몸에 대해 좀더 편안하게 느끼는 것 같다. 내가 캘리포니아의 작업실에서 열고 있는 '아기 마사지 교실'은 가장 인기 있는 수업 중 하나다. 무엇보다, 부모들이 아기의 몸에 대해 알게 되고 아기의 긴장을 풀어줄 뿐만 아니라 아기와 완전하고 조화롭게 연결되는 느낌을 경험할 수 있다.

아기의 감각이 어떻게 발달하는지 생각해 보자. 태내에서 시작되는 청각 다음에는 촉각이 발달한다. 태어날 때 아기는 온도와 촉감의 변화를 경험한다. 아기의 울음은 "이봐요, 나도 느낌이 있다구요"라고 말한다. 감각은 감정보다 앞선다. 뜨거움 · 차가움 · 고통 · 배고픔을 느낀 다음에 실제로 그것이 무엇인지 알게 되는 것이다.

더 빨리 시작하는 엄마들도 있지만, 아기에게 마사지를 시작하기에는 3개월이 가장 적당하다. 서두르거나 다른 생각을 하지 않고 완전히 전념할 수 있는 시간을 택해서 천천히 시작하자. 마사지를 서둘러 하거나 다른 곳에 반쯤 정신이 팔려 있으면 안 된다. 처음 할 때에는 아기가 15분 동안 가만히 누워 있으리라고 기대할 수 없다. 처음에는 3분 정도로 시작해서 점차 시간을 늘려간다. 나는 마사지와 저녁 목욕을 함께 하는 것을 좋아한다. 아기나 어른이나 가장 편안해질 수 있기 때문이다. 하지만 언제라도 시간이 있을 때 하면 된다.

어떤 아기들은 다른 아기들보다 마사지에 더 잘 적응한다. '천사 아기' '모범생 아기' '씩씩한 아기'는 비교적 빨리 적응한다. '예민한 아기'와 '심술쟁이 아기'는 자극에 익숙해지기까지 시간이 걸리므로 좀 더 나중에 시작해야 한다. 마사지를 해주면 몸의 예민성이 떨어지므로 참을성이 점차 많아진다. 예민한 아기는 까다로운 성격이 완화되고 심술쟁이 아기는 느긋해지는 법을 배울 것이다. 또 산통이 있는 아기의 긴장을 풀어주기도 한다.

가장 성공적인 마사지 사례 중에 티모시가 있다. 티모시는 기저귀를 갈아주기도 힘든 예민한 아기였다. 욕조에 넣으면 너무 울어대서 거의 6주 만에야 겨우 제대로 된 목욕을 시킬 수 있었다. 티모시의 성향은 엄마 라나를 정말 힘들게 했다. 아빠 그레고리는 그 짐을 덜어줄 방법이 없겠느냐고 물었다. 아빠는 이미 매일 밤 11시에 엄마가 짜놓은 모유를 아기에게 먹이고 있었지만, 낮에는 출근해야 했다. 나는 그에게 까다로운 아들을 목욕시키는 임무를 맡겼다. 나는 종종 아빠들에게 그 일을 시킨다. 그러면 아빠가 양육을 분담하면서 아기에 대해 알 수 있는 기회를 갖게 된다.

그레고리가 아기를 목욕시키는 일에 익숙해졌을 때, 나는 그에게 마사지를 추가로 시켰다. 그레고리는 내가 하는 과정을 유심히 지켜보았다. 우리는 매우 조심스럽게 티모시가 내 손에 그리고 아빠의 손에 익숙해지도록 했다.

지금 거의 돌이 된 티모시는 여전히 예민한 꼬마이긴 하지만, 그 동안 많이 발전했다. 자극을 견디는 능력이 점차 나아지고 있는데, 어느 정도는 아빠가 저녁에 해주는 목욕과 마사지 덕분이다. 엄마가 해도 물론 마찬가지였겠지만, 라나는 예민한 아기와 하루를 보낸 후 저녁에는 재충전을 위해 쉬어야 했다. 무엇보다 아기들은 아빠들과 그런 식으로 친해지는 시간이 필요하다. 그들은 그렇게 친밀한 시간을 함께하면서 서로에게 신뢰감을 느끼게 된다. 라나는 모유를 먹이면서 아기와 유대감을 형성하고, 그레고리는 아기를 안고 신체 접촉을 하면서 엄마에 못지않은 애정을 키울 수 있었다.

마사지 용품

방바닥이나 침대 등 편안한 자세로 할 수 있는 곳을 택한다.
그리고 다음과 같은 용품을 준비한다.

- 베개
- 방수 패드
- 포실포실한 목욕수건 두 장
- 베이비 오일이나 식물성 오일 또는 아기 마사지 전용 오일

10단계 마사지법

목욕과 마찬가지로 마사지도 10단계로 나누어 설명하려고 한다. 먼저 필요한 물건들을 준비한다. 천천히 하는 것을 잊지 말고, 시작하기 전에 먼저 아기에게 무엇을 할지 이야기하고 단계마다 설명해 주자. 언제라도 아기가 불편해하는 것 같으면(울 때까지 기다리지 않아도 몸을 비트는 것만 봐도 알 수 있다) 마사지를 중단해야 한다. 처음부터 아기가 전신 마사지를 끝낼 때까지 누워 있으리라고는 기대하지 말자. 할 때마다 몇 분씩 시간을 늘려간다고 생각하고 2~3분 정도 걸리는 몇 가지 동작부터 시작한다. 몇 주에 걸쳐 10분에서 20분까지 시간을 늘려간다.

♥ 1. 적당한 환경을 갖춘다. 방은 24도 정도로 따뜻하고 외풍이 없어야 한다. 조용한 음악을 튼다. 방수 패드를 덧댄 쿠션 위에 포실포실한 목욕수건을 깐다.

♥ 2. 준비를 한다. 스스로에게 물어보자. "지금부터 아기에게 완전히 전념할 수 있는가? 아니면 다른 시간에 하는 것이 좋을까?" 아기에게 완전히 정성을 쏟을 수 있다고 확신하면 손을 씻고 심호흡을 하면서 긴장을 푼다. 그 다음에 아기를 준비시킨다. 아기를 똑바로 눕히고 아기와 대화를 나누면서 설명을 해준다. "지금부터 네 몸을 마사지할 거야." 어떻게 할지 설명하면서 오일을 조금(1~2 티스푼) 손바닥에 놓고 문질러 따뜻하게 한다.

♥ 3. 시작하기 전에 허락을 구한다. 발에서 시작해서 머리를 향해 올라간다. 그 전에 먼저 아기에게 설명해 주자. "이제 네 작은 발을 들

어울릴 거야. 발바닥을 문지를 거다."

♥ 4. 다리와 발을 먼저 한다. 오른손과 왼손의 엄지손가락을 교차시키면서 아기 발바닥을 위쪽을 향해 문지른다. 뒤꿈치에서 발가락을 향해 발바닥을 부드럽게 쓰다듬고 발바닥 전체를 골고루 눌러준다. 발가락을 하나씩 살며시 주무르면서 동요를 불러보자. 발등은 발목을 향해 마사지한다. 발목 주위에서 작은 원을 그린다. 다리로 올라가면서 두 손으로 다리를 느슨하게 감싸고 '새끼 꼬기'를 한다. 위쪽을 잡은 손은 왼쪽을 향해 움직이고 아래쪽을 잡은 손은 오른쪽으로 움직이면서 아기의 피부와 근육을 가볍게 '비틀어' 다리의 혈액 순환을 돕는다. 그렇게 양쪽 다리 위까지 올라간다. 그 다음에는 아기 엉덩이 밑에 두 손을 넣어 마사지한 다음 다리를 따라 발까지 쓸어내린다.

♥ 5. 그 다음은 배다. 두 손을 아기의 배 위에 올려놓고 바깥쪽을 향해 살며시 쓸어내린다. 양쪽 엄지를 사용해 배꼽에서 바깥쪽으로 가볍게 마사지한다. 손가락으로 가볍게 누르면서 배에서 가슴으로 올라간다.

♥ 6. 이제 가슴이다. "엄마는 너를 사랑한단다"라고 말하면서 '해와 달' 동작을 한다. 양쪽 검지로 가슴 위쪽에서 시작해서 배꼽 주위에서 끝나는 원(해)을 그린다. 다음에는 오른손을 위로 올려서 아기 가슴 위로 '달'을 그리고(C자를 거꾸로), 왼손으로 다시 똑같이 한다. 이 동작을 몇 차례 반복한다. 그 다음에는 양쪽 손가락으로 가슴 위에 하트 모양을 그린다. 흉골 한가운데에서 시작해서 살며시 하트를 그리며 내려와 배꼽에서 끝낸다.

♥ 7. 팔과 손을 마사지한다. 손바닥을 펴서 '새끼 꼬기' 동작으로 양쪽 팔을 마사지한다. 손가락마다 주무르면서 동요를 불러준다. 손목 주위에서 작은 원을 그리듯이 마사지한다.

♥ 8. 얼굴 차례다. 얼굴은 특히 조심해서 다루어야 한다. 이마와 눈썹을 마사지하는데, 눈 주위는 엄지손가락을 사용한다. 콧날을 따라 내려가 귀에서 입술을 향해 앞뒤로 뺨을 문지른다. 턱 주변과 귀 뒤에 작은 원을 그리듯이 마사지하고, 귓불과 턱 아래를 문지른다. 이제 아기를 뒤집는다.

♥ 9. 머리와 등을 마사지한다. 아기 뒤통수와 어깨에 작은 원을 그리듯이 마사지한다. 머리와 등을 위아래로 쓸어올렸다가 내렸다가 한다. 척추와 평행한 등 근육을 따라 작은 원을 그리듯이 마사지한다. 두 손으로 아기의 목덜미에서부터 엉덩이와 발목까지, 몸 전체를 훑듯이 쓰다듬어 내려간다.

♥ 10. 마사지를 끝내고 말한다. "자, 이제 다 끝났다. 어때, 기분이 좋니?"

매번 이 단계를 따라한다면 아기는 마사지 시간을 기다리게 될 것이다. 다시 한 번, 아기의 감각을 존중해야 한다는 것을 기억하자. 아기가 울면 마사지를 중단하고 몇 주 후에 다시 시도해 보는데, 이번에는 좀더 짧게 한다. 아기가 접촉을 좋아해야만 효과가 있기 때문이다. 또 다음 장의 주제인 아기를 재우는 문제도 좀더 수월해진다.

6장

S—수면

아기를 지켜보되, 참견하지 말자

우리 아기가 태어난 지 2주가 채 안 되었을 때 나는 문득 다시는 영원히 쉴 수 없을 거라는 생각이 들었다. '영원히' 는 아니라고 해도 아이가 대학에 갈 때쯤 되면 모를까, 그 전에는 밤새 편안히 잠을 잔다는 것이 어림도 없는 일 같았다.

—샌디 칸 셸톤의 『밤새 잠재우기와 그 외의 거짓말들』 중에서

잘 자라, 착한 아기

아기는 갓 태어나면 거의 하루종일 잔다. 첫 주에는 하루 24시간까지도 잔다! 그리고 그것은 좋은 현상이다. 잠을 잘 자야 한다는 것은 누구에게나 말할 나위도 없는 얘기지만, 특히 아기에게는 더없이 중요하다. 아기가 자는 동안 정신적 · 육체적 · 정서적인 발달에 필요한 뇌세포가 부지런히 만들어진다. 실제로 휴식을 잘 취한 아기는 우리가 단잠을 자거나 기분좋게 낮잠을 자고 난 것처럼 정신이 맑을 뿐만 아니라 집중을 잘하고 편안한 기분을 느낀다. 잘 먹고 잘 놀며 활력이 넘치므로 주변 환경과 사람들에게 원만하게 적응한다.

아기가 잠을 잘 자지 못하면 신경이 원활하게 제 기능을 하지 못한다. 그래서 곧잘 짜증을 내고 투정을 부리고 엄마젖이나 젖병을 잘 빨지 않는다. 그러면 세상을 탐험하기 위해 필요한 에너지를 얻지 못한다. 그리고 지쳐서 다시 잠을 잘 못 자는 악순환이 이어진다. 너무 피곤하면 아기는 긴장을 풀고 잠에 빠지지 못한다. 그래서 완전히 기진맥진한 후에야 비로소 잠든다. 갓난아기가 신경이 날카롭고 불안한 나머지 그야말로 세상을 차단하기 위해 악을 쓰다가 잠이 든다면 보는 사람도 고통스러운 일이다. 게다가 마침내 잠이 들어도 20분을 넘기지 못하고 자더라도 깼다가 다시 잠드는 일을 반복하므로 언제나 불안정한 상태에 있게 된다.

이제 문제가 무엇인지 분명해졌다. 하지만 많은 사람들이 부모가 아기에게 올바른 잠버릇을 들여주어야 한다는 사실을 모르고 있다. 사실 잠버릇 때문에 문제가 생기는 이유는, 많은 부모들이 잠자는 시간을 관리해야 하는 쪽이 아기가 아닌 자신들이라는 사실을 모르기 때문이다.

설상가상으로 부모들은 부담감까지 느껴야 한다. 갓난아기를 둔 부모를 보면 사람들은 "아기가 밤새 잠을 잘 자느냐?"고 묻는다. 아기가 4개월이 되면 "아기가 잠을 잘 자느냐?"는 질문으로 약간 바뀌기는 하지만, 부모들이 잠을 설치는 것으로도 부족해서 죄의식과 긴장감까지 느끼게 만들기는 매한가지다. 이 장에서는 잠버릇에 대한 내 생각을 이야기할 텐데, 여러분이 책에서 읽거나 다른 사람들에게 들은 이야기와 상당 부분 모순될 것이다. 나는 아기가 지나치게 피곤해지기 전에 알아내는 방법과 그 신호를 놓쳤을 때 어떻게 해야 하는지를 알려주려고 한다. 그리고 아기를 재우는 법과 나쁜 습관이 들기 전에 고치는 방법도 귀띔해줄 것이다.

유행을 좇지 말자

아기를 재우는 방법에 대해 일가견을 갖고 있는 사람들이 많은 것 같다. 지금도 서로 분명하게 대립되는 두 가지 의견이 부모들의 관심을 끌고 있다.

한쪽에는 캘리포니아 소아과 의사 윌리엄 시어스 박사가 아기가 자기 침대를 요구할 때까지 부모 침대에서 함께 재우는 유행을 만들어 낸 이래로 '시어스법' '함께 자기' '가족 침대'라고 불리는 방법을 선택하는 사람들이 있다. 취지는 아이들이 잠자는 시간을 긍정적으로 생각하도록 해줄 필요가 있다는(전적으로 동의한다) 것인데, 그러기 위해 가장 좋은 방법이 아기가 잠들 때까지 안고 어르고 흔들고 마사지해 주는 것이라고(절대 찬성할 수 없다) 한다. 지금까지 이 방법을 가장 강력하게 주장해 온 시어스 박사는 1998년 『차일드 매거진』의 한 기사에서 "왜 아기를 혼자 어두운 방의 창살을 두른 상자 안에 갇혀 있게 하는 겁니까?"라고 말했다.

'가족 침대'를 지지하는 사람들은 종종, 아기가 3개월이 될 때까지 바닥에 내려놓지 않는다. 모유수유협회에서는 아기가 힘든 하루를 보냈을 때에는 엄마가 침대에 함께 있어주면서 좀더 접촉하며 돌봐주라고 권한다. 그것은 모두 '유대감'과 '안정'을 위한 것이므로 엄마 아빠는 자신들의 시간과 사생활을 모두 포기하고 잠을 설쳐도 어쩔 수 없다는 것이다. '가족 침대'를 찬성하는 패트 이어리안은 그 효과를 높이기 위해 『모유 수유의 기술』이라는 책에서 잠을 못 잤다고 불평하는 부모들은 마음가짐을 바꾸라고 설득한다. "부모가—아기가 계속 엄마를 깨우는 것에 대해—좀더 너그럽게 생각한다면, 밤에 안아주고 달래주기를 바라거나 단지 누군가 옆에 있어주기를 바라는 아기와 함께 조용한 순간을 즐길 수 있을 것이다."

한편, 그와 반대되는 이론은 아기에 대한 반응을 유보하는 방법으로, 보스턴 어린이병원 소아과 수면장애연구소 소장 리처드 퍼버 박사의 이름을 따서 '퍼버법'이라고 불리기도 한다. 그는 나쁜 잠버릇은 배운 것이므로 고칠 수 있다고 주장한다(전적으로 동의한다). 부모들에게 아기가 깨어 있을 때 자기 침대에 재우고 혼자 잠드는 방법을 가르치라고 권한다(여기까지는 같은 생각이다). 아기가 잠들지 못하고 울면서 "나를 여기서 꺼내주세요"라고 말할 때에도 한참 동안 그냥 울게 내버려두라고(부분적으로 동의한다) 한다. 첫날 밤에는 5분, 다음에는 10분, 15분…. 퍼버 박사가 『어린이』라는 책에서 한 말을 인용해 보자. "어린이가 위험한 것을 갖고 놀려고 할 때 우리는 안 된다고 말하면서 아이가 넘어서는 안 되는 선을 정해준다… 밤에도 마찬가지로 규칙이 있다는 것을 가르쳐야 한다. 밤에 잠을 잘 자는 것은 아기에게 중요한 문제다."

물론, 두 가지 이론 모두 나름대로 장점이 있다. 또 믿을 만한 전문가들이 하는 말이기도 하다. 각각의 주장은 종종 언론 지상에서 뜨거운 논쟁을 불러일으킨다. 1999년 가을 미국 소비상품안전위원회에서 아기와 함께 자는 부모들에게 '아기와 함께 자거나 어른 침대에서 재우면' 아기가 질식하거나 짓눌릴 위험이 있다고 경고하자, 『마더링』 잡지의 편집자 페기 오마르는 '내 침실에서 나가!'라는 제목의 격앙된 기사로 반기를 들었다. 그녀는 아기를 깔고 잤다고 하는 64명의 부모들이 어떤 사람들인지 물었다. 술을 마신 것은 아닌가?

마찬가지로, 언론이나 어떤 육아 전문가가 퍼버법이 아기의 요구를 너무 등한시하는 것이 아니냐고 비난하면 열성적인 부모들이 그 방법 덕분에 건강과 결혼생활을 되찾았고 아기가 이제는 밤새도록 자고 있다고 주장하면서 들고일어난다.

여러분은 이미 어느 한쪽 진영에 가담하고 있을지도 모른다. 만일 두 가지 중 하나가 자신과 아기에게 그리고 자신의 생활 방식에 적당하다면, 누가 뭐라고 해도 자기 방식대로 밀고 나가면 된다. 문제는 나에게 도움을 청하는 사람들은 종종 두 가지 방법을 모두 시도해 본 사람들이라는 것이다. 흔히 부모 중 한 사람이 처음에 '가족 침대'에 이끌려서 배우자에게 '추천'을 한다. 그 방법은 여러 가지 면에서 좀더 단순하게 살았던 옛 시절의 향수를 불러일으킨다. 아기와 함께 자라는 말은 마치 자연으로 돌아가라는 의미로 들리기도 한다. 또 밤중에 수유하기도 좀더 수월할 것 같다. 그래서 무턱대고 아기침대를 사지 않기로 한다. 그러나 몇 달 지나지 않아 그들의 신혼생활은 끝난다. 엄마 아빠는 아기를 깔고 자지 않으려고 조심하다가, 아니면 한밤중에 아기가 조그만 소리만 내도 신경이 날카로워져서 잠을 설친다.

아기는 누군가의 관심을 기대하고 2시간마다 깨어날 것이다. 어떤 아기는 다독거리고 보듬어주기만 하면 다시 잠들지만, 어떤 아기는 놀이 시간으로 생각한다. 부모는 결국 번갈아가면서 하루는 침대에서 다음날은 거실에서 잠을 보충해야 한다. 그리고 두 사람 모두 처음에

100퍼센트 그 방법에 동의하지 않았다면, 회의적이었던 쪽에서 원망하기 시작할 것이다. 그때쯤이면 '퍼버법'이 가장 매력적으로 보인다.

엄마 아빠는 아기침대를 사서 아기를 혼자 재우기로 한다. 하지만 아기 입장에서는 그것이 얼마나 엄청난 충격일지 생각해 보라. "엄마 아빠는 몇 달 동안 그들의 침대에서 나를 안아주고 어르고 하면서 내가 원하는 것은 무엇이든 들어주었다. 그런데 이럴 수가! 갑자기 나를 복도 끝에 있는 낯선 방으로 쫓아내고 버려두었다. 나는 아직 어려서 '감옥'이라든가 어둠이 무섭다는 생각은 들지 않지만 '모두들 어디 갔지? 늘 내 옆에 누워 있던 따뜻한 몸들이 어디 있지?' 하고 생각한다. 나의 표현 방식인 울음으로 '당신들 어디 있어요?' 하고 말한다. 나는 울고 울고 또 울지만 아무도 오지 않는다. 마침내 그들이 왔다. 하지만 나를 다독여주고 잘 자라고 말하고는 다시 가버렸다. 지금까지 아무도 나에게 혼자 자는 법을 가르쳐주지 않았다. 나는 아기에 불과하다구!"

내가 말하고자 하는 것은, 극단적인 방법들은 많은 부모들에게, 그리고 내게 도움을 청해 만나본 아기들에게는 분명 맞지 않았다는 것이다. 나는 처음부터 상식적으로 접근해서 내가 '합리적으로 재우기'라고 부르는 방법을 택한다.

합리적으로 재우기

'합리적으로 재우기'란 극단적인 방법에 반대하는 입장을 말한다. 내 철학은 양쪽의 이론을 어느 정도 인정하지만, 아기를 울도록 그냥 내버려누는 방법은 아기를 배려하지 않는 것이고, '가족 침대'는 부모들을 업신여기는 방법이라고 생각한다. '합리적으로 재우기'는 부모와 아기의 요구를 함께 존중하는 가족 전체를 위한 접근법이다.

아기들은 무엇보다 첫째, 혼자 잠드는 법을 배울 필요가 있고 자기 침대에서 안전하고 편안함을 느낄 수 있어야 한다. 그리고 둘째, 아기가 힘들어할 때는 부모의 위로가 필요하다. 우리는 두 번째 조건을 배려하지 않는 한 첫 번째에 성공할 수 없다. 또한 부모는 적당한 휴식과 그들만의 시간을 가져야 한다. 언제나 아기가 전부일 수는 없다. 하지만 한편으로는 시간과 에너지를 바쳐서 아기에게 집중해야 한다. 이 두 가지 목표는 모순되는 것이 아니다.

다음은 이 두 가지를 모두 얻기 위해 우리가 알아야 하는, '합리적으로 재우기'의 기본 원칙들이다. 이 장에서는 E.A.S.Y.의 'S-수면'에 관해 설명하면서 다음 원칙들을 실천으로 옮기는 법을 설명하려고 한다.

♥ 시기를 놓치지 말자. 아기와 함께 자는 방법이 마음에 든다면 우

잠버릇

잠이 드는 과정은 대략 3단계로 나눌 수 있지만, 아기마다 어떤 식으로 잠드는지 알아야 한다.
'천사 아기'와 '모범생 아기'는 부모가 중간에 방해하지 않으면 쉽게 그리고 독립적으로 잠든다. 잠투정을 하기 쉬운 '예민한 아기'는 매우 주의깊게 관찰해야 한다. 엄마가 신호를 놓쳐서 울음소리가 커지면 달래기가 어렵다. '씩씩한 아기'는 많이 보채는 경향이 있다. 시각적인 자극을 차단해 줄 필요가 있을지도 모른다. 때로 피곤할 때는 먼산을 바라보듯 멍하니 눈을 크게 뜨고 있다. '심술쟁이 아기'는 약간 칭얼거리지만 보통 낮잠은 잘 잔다.

선 곰곰이 생각해 보자. 이 방법을 얼마나 오랫동안 계속할 수 있을까? 세 달? 여섯 달? 아기는 우리가 하는 대로 배운다는 것을 기억하자. 아기를 40분 동안 안고 흔들면서 재운다면 그것은 아기에게 '잠이란 이렇게 자는 거야'라고 가르치는 셈이다. 일단 그 길에 들어서면 아주 오래오래 아기를 안고 흔들어서 재울 각오를 해야 한다.

♥ 따로 재우는 것은 방치하는 것과 다르다. 아기가 태어난 지 하루가 지난 엄마 아빠에게 "아기가 독립할 수 있도록 해야 합니다"라고 말하면 그들은 나를 멍하니 쳐다본다. "독립이라구요? 우리 아이는 태어난 지 몇 시간밖에 안 됐어요, 트레이시." 그러면 내가 묻는다. "그럼, 언제 시작하면 될까요?" 이 질문에는 아무도 대답하지 못한다. 우리는 아기가 정확하게 언제부터 세상을 이해하고 환경에 적응하는 능력을 개발하기 시작하는지 모르기 때문이다. 나는 지금 당장 시작하라고 말한다. 그러나 독립심을 길러주는 것은 아기를 울게 내버려두라는 의미가 아니다. 아기의 요구를 들어주고 아기가 울 때는 안아주어야 하지만, 그 요구가 충족되면 즉시 내려놓으라는 것이다.

♥ 지켜보되, 참견하지 말자. 앞서 아기와 함께 하는 놀이에 대한 설명에서도 이 말을 한 적이 있다. 잠을 재울 때도 같은 원칙이 적용된다. 아기들은 잠들 때마다 대체로 일정한 주기를 거친다(226쪽 참고). 부모들은 그 주기를 염두에 두고 서두르지 말아야 한다. 자연스러운 과정을 방해하지 말고 뒤로 물러서서 아기 스스로 잠들도록 하자.

♥ 아기가 버팀목에 의지하지 않도록 하자. 버팀목이란 아기가 의지하는 어떤 상지나 매개체로, 그것이 없으면 힘들어하는 대상을 말한다. 아빠가 30분 내내 안아주거나 매번 젖을 물려주기를 기대하도록

훈련시킨다면, 아기에게 혼자 잠드는 법을 가르칠 수 없다. 4장에서 말했듯이 나는 노리개젖꼭지에 찬성하지만, 아기의 입을 막기 위해 사용하는 것에는 반대한다. 아기를 조용히 하도록 하기 위해 입에 엄마젖이나 노리개젖꼭지를 물린다는 것은 무례한 일이다. 게다가 아기를 재운다는 명목으로 그런 것들을 물려주거나 안아주고 업어주고 끝없이 흔들어댄다면, 아기를 버팀목에 의존하게 만들고 스스로 위안하는 방법을 개발할 기회를 잃게 만들어 혼자 잠드는 법을 배우지 못할 것이다.

잠들기까지의 3단계

아기들은 잠들 때마다 3단계를 거친다. 전체 과정은 보통 20분 정도 걸린다.

- 1단계 신호 아기는 "피곤해요"라고 말할 수 없지만 하품을 하거나 다른 표시를 보여줄 것이다. 세 번째 하품을 하면 침대로 데려간다. 신호를 놓치면 다음 단계로 들어가기 전에 울음을 터뜨릴 것이다.
- 2단계 경계 구역 이 시점에서 내가 '먼산 바라보기'라고 부르는 상태가 3~4분간 지속된다. 눈을 뜨고 있지만 정말 무언가를 보고 있는 것은 아니다. 어딘가 딴 나라에 가 있다.
- 3단계 잠에 빠져든다 이제 지하철에서 꾸벅거리면서 조는 사람과 비슷해진다. 눈을 감고 머리를 앞이나 양옆으로 떨어뜨린다. 잠이 들 듯하다가도 갑자기 눈을 크게 뜨고 몸을 움찔하면서 머리를 쳐든다. 곧 다시 눈을 감고 위의 과정을 3~5 차례 반복하다가 마침내 꿈나라로 들어간다.

버팀목은 아기가 애착을 갖는 봉제 인형이나 담요 같은 물건과는 다르다. 대부분의 아기들은 7~8개월 이상이 될 때까지 그런 애착을 보이지 않는다. 그 이전의 '애착'은 보통 부모에 의한 것이다. 물론 아기가 어떤 장난감을 안고 자면서 편안해한다면 허락해야 한다. 하지만 아기를 조용하게 하려고 무언가를 주는 것은 반대한다. 대신 아기 스스로 진정하는 방법을 찾을 수 있도록 도와주어야 한다.

♥ 취침 시간과 낮잠 시간에 하는 의식을 만들자. 취침 시간과 낮잠 시간은 각각 일정한 방식으로 진행되어야 한다. 다시 한 번 강조하지만, 아기들은 습관적인 동물이므로 다음에 무엇이 올지 알고 있는 것을 좋아한다. 연구에 따르면, 아주 어린 갓난아기라도 어떤 특별한 자극에 습관이 들면 그것을 미리 기대하게 된다고 한다.

♥ 아기마다 특별한 잠버릇이 있다. 어떤 '잠재우기 처방'도 모든 아기에게 다 맞을 수는 없다. 그래서 나는 부모들에게 아기가 잠들기까지 거치는 3단계보다 자신의 아기에 대해 잘 알아야 한다고 말한다. 가장 좋은 방법은 일기를 쓰는 것이다. 아침에 잠에서 깨어나는 시간부터 시작해 낮잠 시간, 취침 시간과 한밤중에 깨는 시간도 적는다. 그렇게 나흘 동안 계속하면, 낮잠을 불규칙하게 잔다고 해도 아기의 잠버릇을 대충 짐작할 수 있다.

마시는 8개월 된 딜란의 낮잠 시간을 도통 짐작할 수 없었다. "같은 시간에 낮잠을 자는 법이 없어요, 트레이시." 하지만 나흘 동안 기록해 본 마시는 시간이 조금씩 달라지긴 하지만 오전 9시부터 10시 사이에 잠깐 자고, 12시 30분에서 2시 사이에 다시 40분간 자고, 5시 무렵에 몹시 보채는데 그러다가 약 20분간 잠을 잔다는 것을 알 수 있었다. 딜란의 잠버릇을 안 엄마는 자기 시간을 계획할 수 있었고 아기의 기분을 이해하는 데도 도움이 되었다. 마시는 딜란의 자연적인 신체 리듬에 맞추어 일과를 정해서 아기가 적절한 휴식을 취할 수 있도록 했다. 그리고 아기가 칭얼거리면 낮잠 잘 때가 되었다는 것을 알고 좀 더 빨리 준비할 수 있었다.

꿈나라로 향하는 노란 벽돌길

『오즈의 마법사』에서 도로시는 노란 벽돌길을 따라 집으로 가는 길을 가르쳐줄 사람을 찾아간다. 도로시가 천신만고 끝에 발견한 것은 그녀 자신이 갖고 있는 지혜였다. 마찬가지로, 나는 부모들에게 아기에게 좋은 잠버릇을 들이려면 그들 스스로 솔선수범해야 한다고 이야기한다. 아기의 잠버릇은 부모에 의해 시작되고 강화되는 학습 과정이다. 따라서 우리는 아기들이 어떻게 잠을 자야 하는지 가르쳐야 한다. 다음은 합리적으로 재우기 위한 조건들이다.

♥ 잠으로 가는 길을 닦는다. 아기들은 예측 가능한 것을 잘하고 반복에 의해 배운다. 따라서 낮잠이나 취침 시간 전에는 언제나 같은 말과 행동으로 아기가 "아, 이것은 내가 잠을 자야 한다는 의미구나"라고 생각하도록 해야 한다. 같은 순서로 같은 의식을 행한다. 예를 들어, "좋아, 이제 잠잘 시간이다" 또는 "밤 인사를 할 시간이구나" 하고 말한다. 아기방으로 데려갈 때에는 조용하고 차분하게 한다. 편안하게 잘 수 있도록 기저귀를 갈아야 하는지 항상 점검한다. 블라인드나 커튼을 친다. 나는 낮에는 보통 "잘 자요, 햇님. 낮잠 자고 만나요"라고 말한다. 취침 시간이고 밖이 어두울 때에는 "잘 자요, 달님" 하고 말한다. 나는 아기를 거실에서 재우는 것을 좋아하지 않는다. 사람들

이 지나다니는 백화점 한가운데에서 자고 싶은 사람이 어디 있겠는가? 아기도 마찬가지다.

♥ 신호를 보면서 길을 따라 간다. 아기들도 피곤하면 하품을 한다. 사람이 하품을 하는 것은, 피곤해지면 신체 기능이 떨어지면서 폐·심장·혈관에 공급되는 산소의 양이 줄어들기 때문이다. 하품은 신체가 산소를 더 마시기 위해 사용하는 방법이다. 일부러 하품을 해보면 숨을 깊이 들이마시게 된다는 것을 알 수 있다. 나는 부모들에게 아기가 처음 하품하는 것을 보자마자 재우지는 말라고 한다. 적어도 세 번은 한 후에 재우라고 한다. 만일 세 번째 신호를 놓치면, '예민한 아기'는 재빨리 울음을 터뜨린다.

한마디 더

아기에게 휴식이 좋은 것이라는 느낌을 갖게 해주자. 잠을 벌을 받거나 억지로 해야 하는 일처럼 느끼게 하면 안 된다. 만일 "낮잠을 잘 시간이다" 또는 "이제 쉬어야 한다"라는 말을 혼내는 어조로 말한다면 아기는 잠자는 것이 불쾌하고 즐겁지 않은 일이라는 인상을 받을 것이다.

목적지에 가까워지면 긴장을 풀어준다. 어른들은 하루 일과를 마치면 기분 전환을 위해 잠들기 전에 TV를 보거나 책을 읽곤 한다. 아기들에게도 그런 시간이 필요하다. 취침 시간 전에 목욕과 마사지를 해주자. 아기가 잠드는 데 많은 도움을 줄 것이다. 마사지는 3개월 이상 된 아기에게 해주어야 한다. 낮잠 시간에도 나는 항상 감미로운 선율의 자장가를 틀어준다. 그리고 5분 정도 흔들의자나 바닥에 앉아서 아기를 안아준다. 또 아기에게 이야기를 해주거나 다정하게 속삭여준다. 이런 행동의 목적은 아기를 진정시키는 것이지 잠들게 하는 것은 아니다.

그러다가 아기가 2단계로 '먼산 바라보기'를 하거나, 눈이 스르르 감기기 시작하면서 3단계로 들어가면 더 이상 안아주지 않는다. 나는 보통 옛날이야기는 일찍부터 들려주지만, 책은 아기가 좀더 집중을 하고 앉아 있을 수 있는 6개월경이 되면 읽어준다.

한마디 더

아기를 재울 때는 집에 손님을 들이지 말자. 그것은 아기에게 공정하지 않다. 아기는 손님이 자신을 보러 왔다고 생각하고 함께 놀고 싶어한다. "엄마! 새로운 얼굴들이 나를 바라보고 웃고 있어요. 그런데 엄마 아빠는 나더러 이 시간을 놓치고 잠이나 자라는 거예요? 그러고 싶지 않아요."

♥꿈나라에 도착하기 전에 침대에 눕힌다. 많은 사람들이 아기가 잠들기까지는 침대에 내려놓으면 안 된다고 생각한다. 하지만 절대 그렇지 않다. 3단계가 시작될 때 내려놓아야 아기는 혼자서 잠들기 위해 필요한 기술을 배울 수 있다. 또 다른 이유도 있다. 아기가 엄마에게 안긴 채 또는 흔들그네 등에서 잠이 들었다가 침대에서 깨어난다면 어리둥절할 것이다. 잠자고 있는 동안 누가 내 침대를 정원에 내다 놓은 것과 마찬가지다. "내가 어디에 있는 거지? 어떻게 여기 있는 거지?" 아기는 "아, 누군가 내가 자는 동안 여기로 데려다 놓았구나" 하고 생각하지 않는다. 아기는 어리둥절하고 겁을 먹을 것이다. 결국 침대를 편하고 안전하게 느낄 수 없게 된다.

나는 아기를 내려놓으면서 항상 같은 말을 한다. "네가 편안히 잘 수 있도록 침대에 내려놓을 거야. 이제 아주 기분이 좋아질 거야." 그리고 유심히 아기를 관찰한다. 아기는 특히 3단계에서 동요를 느끼고 잠시 칭얼거릴지도 모른다. 이때 부모들이 끼여드는 경우가 많다. 어떤 아기는 스스로 진정한다. 아기가 울면 등을 규칙적으로 가볍게 다

잘 때가 되었음을 알리는 신호

어른과 마찬가지로, 아기들도 피곤하면 하품을 하고 집중력이 떨어진다. 또 자라면서 잠들 준비가 되었음을 알리는 방식도 달라진다.

- 머리를 움직일 수 있을 때 점점 졸음이 오면서, 마치 만사가 귀찮다는 듯이 물건이나 사람에게서 얼굴을 돌린다. 안으면 얼굴을 엄마 가슴에 묻는다. 자기도 모르게 팔다리를 휘젓는다.
- 팔다리를 자유자재로 움직이게 되었을 때 피곤하면 눈을 비비고 귀를 잡아당기고 자기 얼굴을 할퀴기도 한다.
- 이동하기 시작할 때 피곤하면 행동이 눈에 띄게 둔해지고 장난감에 흥미를 잃는다. 안아주면 등을 뒤로 젖힌다. 침대에 눕히면 구석으로 기어가서 머리를 박는다. 아니면 한쪽으로 굴러갔다가 다시 굴러나오지 못하고 그대로 있다.
- 기어다니고 걷기 시작할 때 피곤하면 맨 먼저 행동이 둔해진다. 혼자서 서려고 하다가 쓰러진다. 걷는다면 뒤뚱거리거나 물건에 부딪친다. 몸을 자유자재로 움직일 수 있으므로 안았다가 내려놓으려고 하면 매달리기도 한다. 침대에서 일어날 수 있지만 다시 앉는 법을 몰라 쓰러지는 일이 종종 있다.

독여주면서 혼자가 아니라고 안심시켜 주자. 하지만 칭얼거림이 멈추면 다독거림도 멈춰야 한다. 필요 이상으로 계속하면 아기는 다독이는 것을 잠자는 것과 연결시키기 시작할 것이고, 잠들 때마다 필요로 하게 된다.

한마디 더

나는 보통 아기를 똑바로 눕히고, 그 자세로 자게 한다. 그러나 아기를 옆으로 눕히고 수건 두 장을 말거나 V자 모양의 쿠션으로 등을 받쳐줄 수도 있다. 아기가 옆으로 자는 것을 편안해한다고 해도 항상 같은 쪽으로 재우지는 말아야 한다.

꿈나라로 들어가는 길이 너무 험난하면 노리개젖꼭지를 물려서 재운다. 나는 아기가 규칙적인 일과에 적응하는 처음 3개월 동안 노리개젖꼭지를 사용한다. 그러면 엄마가 위안이 되어주지 않아도 된다. 그러나 나는 노리개젖꼭지가 버팀목으로 변하지 않도록 하라고 항상 주의를 준다. 아기들은 보통 6~7분 가량 열심히 빨다가 점점 속도가 줄어들고 마침내는 뱉어낸다. 빠는 욕구를 발산하고 나서 꿈나라로 들어가는 것이다. 이때 부모들은 대개 "이런, 가엾게도 젖꼭지가 빠졌

아기가 혼자 잠들지 못하게 하는 원인

잠자기 전에

- 수유를 한다.
- 안고 걸어다닌다.
- 흔들거나 추스른다.
- 가슴에 올려놓고 재운다.

또는

- 아기가 잠을 자다가 조금만 칭얼거려도 부모가 달려간다. 부모가 끼어들지 않으면 아기는 혼자 다시 잠들지도 모른다. 게다가 아기는 부모가 자신을 달래주는 것에 익숙해진다.

노리개젖꼭지의 올바른 사용과 남용, 퀸시 이야기

4장에서 지적했듯이, 노리개젖꼭지의 올바른 사용과 남용에는 아주 분명한 선이 있다. 6~7주 된 아기가 잠이 든 후에 자동으로 노리개젖꼭지를 뱉어내지 않는다면 부모가 살며시 빼낼 수 있다. 3개월이 넘은 아기가 깨어나 노리개젖꼭지를 찾으면서 울면 나는 남용의 증거로 본다. 그럴 때마다 나는 당시 6개월이었던 퀸시가 생각난다.

퀸시의 부모는 아기가 한밤중에 계속 깨어나는데 노리개젖꼭지를 물려주어야 다시 잠든다고 전화했다. 좀더 이야기를 해보니 내 짐작이 확실해졌다. 퀸시가 자연스럽게 노리개젖꼭지를 뱉어내면 부모가 다시 물려주었던 것이다. 물론 아기는 노리개젖꼭지에 의지하게 되었고, 그것이 없으면 잠을 잘 수 없었다. 나는 노리개젖꼭지를 치우자고 말했다. 그날 밤, 아기가 노리개젖꼭지를 찾으면서 울 때 노리개젖꼭지를 물려주는 대신 다독거려주었다. 다음날 밤에는 조금 덜 다독여주어도 되었다. 겨우 사흘밖에 걸리지 않았다. 퀸시는 이제 스스로 자신을 위안하는 기술을 개발했으므로 잠을 더 잘 잤다. 퀸시는 자기 혀를 빨기 시작했다. 밤에는 가끔 도널드덕처럼 쩝쩝거리는 소리를 내긴 했지만 낮에는 훨씬 더 잘 놀았다.

구나" 하면서 다시 넣어주려고 한다. 그러면 안 된다! 아기가 잠을 자기 위해 젖꼭지를 필요로 한다면 칭얼거리고 몸을 비틀면서 신호를 보낼 것이다.

E.A.S.Y.에서 잠자는 시간이 돌아올 때마다 꿈나라로 향하는 위의 경로를 따라간다면 아기가 잠자는 것을 긍정적으로 받아들이게 된다.

반복하다 보면 습관이 되어 편안해진다. 아기는 잠자는 것을 기운을 회복하고 기분 좋은 경험을 하는 시간으로 알고 기다릴 것이다. 물론 아기가 너무 피곤하거나 이가 날 때나 열이 있을 때는 예외다.

또한 아기가 실제로 잠이 들 때까지 20분 정도 걸린다는 사실을 염두에 두고 서두르지 말자. 자칫 잘못하면 아기가 3단계를 거쳐 자연스럽게 잠드는 과정을 방해할 수 있다. 뭔가 쿵쾅거리거나 개가 짖는다거나 문이 세게 닫히는 소리에 아기가 깨어나면 3단계 과정을 처음부터 다시 시작해야 한다. 어른들도 막 잠들려고 할 때 전화벨이 울리면 짜증이 나고 다시 잠들기가 어렵다. 아기도 마찬가지다. 아기는 당연히 칭얼거릴 것이고 처음부터 다시 시작해서 잠이 들 때까지 20분이 더 걸릴 것이다.

신호를 놓쳤을 때

아기의 울음과 신체 언어에 익숙하지 않을 때에는 아기가 세 번째 하품하는 것을 놓칠 수 있다. 만일 '천사 아기'나 '모범생 아기'라면 별 상관이 없다. 그런 아기들은 대개 조금만 안심시켜 주면 어느새 잠이 든다. 하지만 특히 '예민한 아기'이거나 '씩씩한 아기'와 '심술쟁이 아기'는 부모가 1단계 신호를 놓치는 경우에 대비해 비장의 무기를 몇 가지 준비하고 있어야 한다. 그렇지 않으면 아기가 너무 지쳐버릴 수 있다. 또는 아기가 잠들다가 큰소리에 놀라서 칭얼거릴 때 도와줄 필요가 있다.

우선, 우리가 하지 말아야 하는 것부터 살펴보자. 아기를 어르지 말고, 크게 걷거나 흔들지 말자. 아기는 이미 지쳐 있다는 사실을 기억하자. 아기가 우는 것은 소리와 빛을 차단하기 위한 한 가지 방법이다. 그런데 부모까지 가세하면 안 된다. 게다가 나쁜 습관이 보통 처음에 그런 식으로 형성된다. 엄마 아빠는 아기가 잠이 들 때까지 안고 걸어다니거나 흔든다.

그러다가 아기가 7킬로그램 이상 나가면 그런 버팀목 없이 재우려고 한다. 그러면 아기는 당연히 울기 시작한다. "이봐요, 여태까지는 이런 식으로 하지 않았잖아요. 나를 흔들어주거나 안고 다니면서 재웠잖아요" 하고 생각한다. 그런 일이 일어나지 않도록 아기가 스스로 위안을 찾고 외부 세계를 차단하도록 우리가 도와주어야 한다.

♥ 강보로 감싼다. 갓 태어난 아기는 활짝 열린 공간이 낯설기만 하다. 게다가 자기 팔다리가 누구의 것인지도 모르고 있다. 그래서 아기가 피곤해할 때에는 팔다리를 고정시켜 주어야 한다. 자기 팔다리의 움직임에도 겁을 먹을 수 있기 때문이다. 강보로 감싸주는 것은 아기를 재우는 가장 오래된 기술이다. 구식처럼 보일지 모르지만 현대의 연구들도 그 효과를 인정하고 있다. 아기를 강보에 올바로 싸려면, 우선 커다란 사각형 수건을 접어서 삼각형으로 만든다. 위쪽에 접은 선과 아기 목이 나란히 오도록 눕힌다. 아기의 한쪽 팔을 45도 각도로 가슴에 얹고 수건의 한쪽 모서리를 가져다가 아기 몸을 감싼다. 다른 쪽도 똑같이 한다. 나는 보통 태어난 후 6주 동안 강보에 싸놓으라고 하지만, 처음 손을 입에 가져가는 7주 이후에는 아기가 팔을 구부려 손을 내밀고 얼굴로 가져갈 수 있도록 해준다.

♥ 안심시킨다. 엄마가 옆에서 도와주고 있다는 사실을 알게 한다. 계속 일정한 속도로 심장박동을 흉내내면서 아기 등을 다독거린다. 또 아기가 태내에서 들었던 규칙적인 물소리처럼 쉬…쉬 쉬 쉬 소리를 함께 들려주면 좋다. 나지막하고 부드러운 목소리로 속삭여준

다. "자, 됐다" 또는 "이제 자면 된다." 아기를 다독이고 있었다면 침대에 내려놓은 다음에도 계속 다독여준다. 쉬… 소리를 내고 있었다면 그 소리를 계속 들려준다. 그러면 좀더 매끄럽게 연결될 것이다.

♥ 시각 자극을 차단해 준다. 빛이나 움직이는 물체 같은 시각 자극은 피곤한 아기, 특히 '예민한 아기'를 괴롭힌다. 따라서 아기를 재우기 전에 방을 어둡게 해야 한다. 어떤 아기에게는 그것으로도 충분하지 않다. 아기가 누워 있다면 위쪽을 손으로 가려서 보이는 것을 막아준다. 안고 있다면 어둑한 장소가 좋으며, 아주 심한 동요를 보이면 아주 컴컴한 방안에서 아기를 안고 조용히 서 있는다.

♥ 굴복하지 말자. 아기가 너무 지치면 더 힘들다. 특히 이미 나쁜 습관이 들었다면 엄청난 인내와 결단이 필요하다. 아기는 비명을 지를 것이다. 계속 다독거려야 한다. 울음소리는 점점 더 커진다. 지친 아기는 점점 더 울다가 마침내는 "나는 기진맥진했어요!"라고 울부짖

독립심을 길러주라는 것은 아기를 방치하라는 의미가 아니다!

나는 우는 아이를 그냥 내버려두지 않는다. 대신 아기가 무슨 말을 하고 있는지 곰곰이 생각한다. 내가 도와주지 않으면 누가 그의 요구를 전달해 주겠는가? 하지만 일단 아기의 요구를 들어주고 나면 더 이상 안거나 달래주지 않는다. 아기가 진정되면 곧바로 아기를 내려놓는다. 그래야만 독립심이 길러진다.

는다. 잠시 멈추었다가 다시 시작한다. 보통 아기가 마침내 진정하기까지 그런 식으로 세 번쯤 악을 쓰며 울어댄다. 부모들은 대개 두 번째에서 굴복한다. 그리고는 하는 수 없이 원래 사용했던 방법, 즉 업고 안고 젖을 물리고 흔들어주는 방식으로 돌아간다.

문제는, 부모가 계속 굴복하면 아기는 여전히 잠을 잘 때마다 엄마를 필요로 한다는 것이다. 아기가 버팀목에 의존하게 되기까지는 별로 오랜 시간이 걸리지 않는다. 몇 번이면 버릇이 된다. 아기들의 기억량이 그 정도로 적기 때문이다. 처음에 발을 잘못 디디면 날이 갈수록 부정적인 습관이 굳어질 것이다. 아기가 이미 7킬로그램이 넘어 되돌리기가 쉽지 않을 때 잠버릇에 관한 문제로 나에게 전화를 거는 경우가 많다. 일반적으로 6주에서 8주 정도 되어야 문제가 분명히 드러나기 때문이다. 나는 항상 부모들에게 이야기한다. "지금 어떤 일이 일어나고 있는지를 알고 부모가 아기에게 나쁜 습관을 들였다는 것을 인정해야 합니다. 그러면 반은 해결된 셈이죠. 확신과 인내심을 갖고 아기가 더 나은 방법을 새로 배울 수 있도록 해줍시다."

밤새 재우기

수면에 관해 이야기하자면 아기들이 언제부터 밤새 자기 시작하는지에 대한 문제를 빼놓을 수 없다. 243쪽에 아기의 발달 단계에 따른 일반적인 기준치가 나와 있지만 통계적인 확률에 기초한 자료라는 사실을 기억하자. 오로지 '모범생 아기'만이 그 기준에 일치할 것이다. 기준에서 벗어난다고 해서 '잘못된' 것은 아니다. 단지 다를 뿐이다.

우리가 먼저 기억해야 할 것은, 아기에게는 '낮'이 24시간이라는 사실이다. 아기들은 밤낮을 구별하지 못하므로 밤새도록 자야 한다는 개념이 없다. 단지 우리가 그렇게 해주기를 바랄 뿐이다. 아기가 밤새 자는 것은 저절로 되는 일이 아니므로 아기를 훈련시키고 밤과 낮이 다르다는 것을 가르쳐야 한다. 나는 부모들에게 다음과 같은 요령들을 가르친다.

♥ '이쪽에서 꾸어 저쪽에 주는' 원리를 적용하자. 체계적이면서 융통성이 있는 E.A.S.Y.에 따라 생활하면 물론 좀더 빨리 밤새 잠을 자게 된다. 또 아기가 먹고 자는 시간을 알고 있기 때문에 아기의 요구를 좀더 분명히 이해할 수 있다.

어느 날 아침 아기가 특별히 피곤해하면 수유 시간이 조금 늦어지더라도 30분 정도 더 자게 한다. 하지만 계산을 해야 한다. 낮에는 아기를 3시간 이상 재우면 안 된다. 밤에 자지 않기 때문이다. 어떤 아기라도 낮에 6시간 동안 내리 자면 밤에는 절대 3시간 이상 자지 않는다고 장담할 수 있다. 그렇게 되면 아기의 밤낮이 뒤바뀐다. 그렇다면 아기를 깨우는 수밖에 없다. 낮에 자는 시간을 줄여서 밤에 그만큼 더 자게 하는 것이다.

♥ 배를 채워둔다. 아기를 밤새 자게 하는 방법 중 하나는 배를 잔뜩 채워놓는 것이다. 6주 된 아기일 경우에 나는 두 가지를 제안한다. 즉 취침 전에 2시간 간격으로 수유를 하는 '집중 수유'와 내가 '꿈나라 수유'라고 부르는 방법으로 엄마가 잠자리에 들기 전에 수유를 하는 것이다.

저녁 6시와 8시에 엄마젖이나 젖병으로 수유를 한 다음, 10시 반이나 11시경에 꿈나라 수유를 한다. 꿈나라 수유란 말 그대로 자고 있는 아기에게 먹이는 것이다. 아기를 안아서 아랫입술에 젖꼭지를 가볍게 대주고 자면서 먹게 하는 것이다. 다 먹으면 트림을 시킬 것도 없이 그대로 내려놓는다. 이때 아기들은 보통 아주 편안하게 먹기 때문에 공기를 마시지 않는다. 아기에게 말도 하지 말고 기저귀가 흠뻑 젖었거나 대변을 보지 않는 한 그대로 둔다. 이런 식으로 아기 배를 가득 채워놓으면 5~6시간 지탱할 만한 충분한 칼로리를 섭취했으므로 대부분 밤새 깨지 않고 잠을 잔다.

한마디 더

아빠에게 꿈나라 수유를 맡기자. 그 시간이면 남자들은 대개 집에 있으며 대부분은 기꺼이 한다.

♥ 노리개젖꼭지를 사용하자. 버팀목이 되지만 않는다면, 밤수유를 중단할 때 노리개젖꼭지를 요긴하게 사용할 수 있다. 아기가 4.5킬로그램 정도 되고 낮에 적어도 750~900cc를 먹거나 6~8번 엄마젖을 먹는다면 영양 섭취를 위해 밤에 추가로 수유할 필요가 없다. 그래도 밤에 깨서 먹는다면 단지 빨기 위한 것일 수 있다. 이때 노리개젖꼭지를 잘만 사용하면 큰 도움이 된다. 아기가 보통 밤에 20분 정도 먹었다면, 아기가 깨서 엄마젖이나 젖병을 찾으면서 울 때 5분 정도 또는 30cc 정도만 먹이고 나서 대신 노리개젖꼭지를 물려준다. 첫날 밤에는 아마 20분 내내 젖꼭지를 물고 깨어 있다가 잠이 들 것이다. 다음날 밤에는 10분으로 줄어든다. 사흘째 되는 날에는 지금까지 먹던 시간에 잠꼬대를 하면서 칭얼거리다가 이내 멈출지도 모른다. 만일 깨어나면 노리개젖꼭지를 물려준다. 젖병이나 엄마젖 대신 노리개젖꼭지를 물려주고 빨게 하는 것이다. 그렇게 하면 깨지 않고 자게 된다.

줄리아나의 아들 코너가 그랬다. 코너는 6.7킬로그램이었는데, 습관적으로 새벽 3시에 깨서 10분 정도 젖병을 빨다가 다시 잠들었다.

줄리아나는 내게 전화해서 집으로 와달라고 했다. 자신의 판단이 옳은지 확인해 보고, 아기가 그 시간에 깨지 않도록 도와달라는 것이었다. 나는 그 가족과 3일을 함께 보냈다. 첫날 밤에는 코디를 아기침대에서 들어올려 젖병에 달린 것과 모양이 같은 노리개젖꼭지를 주었더니 10분 동안 빨다가 잠들었다. 다음날 밤에는 단지 3분 정도가 걸렸다. 사흘째 밤에는 새벽 3시 15분경에 잠깐 칭얼거렸지만 깨지는 않았다. 그 이후로 코디는 아침 6~7시까지 잤다.

♥ 끼어들지 말자. 아기들은 종종 끊어졌다 이어졌다 하는 잠을 잔다. 그러므로 아기가 작은 소리를 낼 때마다 일일이 반응하지 않는 것

아기의 수면

어른과 마찬가지로 아기들도 잠이 들면 약 40분 정도 걸리는 수면 주기를 거친다. 처음에 깊은 잠에 빠졌다가 다음에는 꿈을 꾸는 얕은 잠인 렘 수면을 통과해서 마침내 깨어난다. 이러한 주기를 대부분의 어른들은 거의 인식하지 못한다(생생한 꿈을 꾸고 깨어나지 않는 한). 보통 깨어났다는 사실을 모르고 몸을 한번 뒤척이고는 다시 잠들기 때문이다.
어떤 아기들은 거의 어른들처럼 잔다. 그런 아기들은 내가 '헛울음' 이라고 부르는 작은 소리를 낸다. 그때 아무도 끼어들지 않으면 다시 꿈나라로 간다.
그런가 하면 렘 수면에서 나오면 쉽사리 다시 잠들지 못할 수도 있다. 종종 부모들이 "이런! 깼구나!" 하면서 황급하게 달려드는 바람에 아기가 자연스러운 수면 주기에 들어가고 나오는 법을 배울 수 없기 때문이다.

이 현명하다. 이 장에서 계속 강조하고 있지만, 아기에게 반응을 보여주는 것과 참견하는 것을 분명히 구분해야 한다. 부모가 적절한 반응을 보여주면 아기는 모험을 두려워하지 않는 안정된 성격이 된다. 반대로 부모가 끊임없이 간섭하면 아기는 자신감을 갖지 못하고 주변 세계를 탐험하거나 적응하는 힘과 능력을 기르지 못한다.

이런 수면 장애는 정상이다

종종 정상적으로 잘 자던 아기가 자다 깨거나 좀처럼 잠을 이루지 못하는 문제가 생길 때가 있다. 몇 가지 경우를 소개하면 다음과 같다.

♥ 고형식을 처음 먹일 때 고형식을 아기가 먹기 시작하면 가스가 차서 자다가 깰 수 있다. 의사에게 어떤 음식을 언제 먹여야 하는지 상담해 보자. 어떤 음식이 가스나 알레르기를 유발할 수 있는지 물어보자. 아기에게 처음 먹이는 음식은 모두 자세히 기록해 두었다가 문제가 일어나면 의사에게 아기가 무엇을 먹었는지 알려준다.

♥ 이동하기 시작할 때 아기들은 기어다니기 시작하면서 종종 팔다리가 쑤시고 아픈 것을 느낀다. 우리도 한동안 운동을 안 하다가 하면 비슷한 증상을 경험한다. 움직임을 멈추고 있을 때에도 에너지 수준과 혈액 순환은 여전히 활발하게 유지된다. 아기들도 마찬가지다. 아기들은 운동에 익숙하지 않다. 때로는 자면서 움직이다가 원래 자세로 돌아오지 못해 잠을 깰 수도 있다. 그리고 이상한 자세로 잠에서 깨어나면 당황할 것이다. 그럴 때는 들어가서 규칙적으로 "쉬…쉬…쉬…쉬… 이제 됐다"고 속삭이면서 안심시켜 주자.

♥ 급성장기를 통과할 때 아기가 급성장을 할 때는 배가 고파서 깰 수 있다. 그런 날 밤에는 수유를 하고 다음날 낮에 좀더 많이 먹이도록 하자. 급성장은 이틀 정도 지속되지만 칼로리 섭취를 늘려주면 수면 장애는 대개 사라진다.

♥ 이가 날 때 아기는 이가 날 때 침을 흘리고 잇몸이 붉게 부어오르고 때로 미열이 오르기도 한다. 내가 주로 사용하는 민간요법은 한쪽 모서리를 적신 물수건을 냉동실에 넣어 딱딱하게 얼렸다가 아기 입에 물려주는 것이다. 시중에서 파는 상품들은 그 안에 뭐가 들어 있는지 몰라 꺼려진다.

♥ 대변을 보았을 때 엄마들이 '응가'라고 부르는 것을 할 때 아기들은 대부분 잠에서 깨어난다. 때로는 놀라서 울기도 한다. 아기가 완전히 깨지 않도록 희미한 불빛에서 기저귀를 갈아준다. 다독여서 다시 잠을 재운다.

한마디 더

아기가 어떤 이유로 한밤중에 깨어났을 때는 놀거나 장난치지 말자. 애정을 보이고 문제를 해결해 주되, 아기가 노는 시간으로 잘못 생각하지 않도록 하자. 그렇지 않으면 다음날 밤에도 깨어나 놀자고 할 것이다.

나는 아기 잠버릇에 대해 걱정하는 부모들에게 항상 어떤 문제든지 언젠가는 끝난다고 말해준다. 좀더 멀리 앞을 내다보면 밤에 몇 번 잠을 못 잔다고 해서 하늘이 무너진 것처럼 걱정이 되지는 않을 것이다. 물론 아무 문제 없이 잘 자는 아기들도 있다. 하지만 그렇지 못한 아기의 부모라면, 적어도 그 공격을 견뎌낼 만큼 충분히 쉬어야 한다.

다음 장에서는 부모가 자신을 돌볼 수 있는 여러 가지 방법들을 알아보겠다.

아기가 자는 시간

월령 · 운동 능력	하루에 필요한 수면 시간	일반적인 유형
신생아 눈 이외에는 마음대로 움직이지 못한다.	16~20 시간	3시간 간격으로 1시간씩 낮잠을 잔다. 밤에 5~6시간 잔다.
1~3개월 점차 기민하게 주변을 인식한다. 머리를 움직일 수 있다.	15~18시간, 18개월까지	1시간 반씩 3번 낮잠을 잔다. 밤에 8시간 잔다.
4~6개월 이동 능력이 생긴다.		2~3시간씩 2번 낮잠을 잔다. 밤에 10~12시간 잔다.
6~8개월 이동이 활발해진다. 앉고 기어다닐 수 있다.		1~2시간씩 2번 낮잠을 자고 밤에는 12시간 잔다.
8~18개월 끊임없이 움직인다.		1~2 시간씩 2번, 3시간 동안 1번 낮잠을 잔다. 밤에 12시간 잔다.

7장

Y—엄마

엄마가 행복해야 아기도 행복하다

자, 어서 눕자. 이 책을 읽을 때에도 누워서 읽자. 내가 여러분에게 해주는 충고는 간단하지만 아주 중요하다. 앉을 수 있을 때 서 있지 말고, 누울 수 있을 때 앉아 있지 말고, 잠잘 수 있을 때 깨어 있지 말라는 것이다.

—비키 로비니의 『엄마가 된 첫해를 살아남기 위한 지침서』 중에서

때로는 자신을 생각하자. 아이에게 모든 것을 남김없이 바치지는 말자. 우리 자신이 누구인지 알아야 한다. 자신에 대해서 많은 것을 배우고 자신에게 귀를 기울이고 자신이 성숙하는 것을 지켜보아야 한다.

— '여성들은 어머니가 되면 어떻게 느끼는가' 라는 설문에 응답한 한 엄마

내가 첫아기를 낳았을 때

무엇이든 직접 부딪쳐봐야 알게 되는 법이다. 부모들이 나를 믿는 이유 중 하나는 내가 일찍이 그들처럼 엄마가 되는 경험을 해보았기 때문이다. 첫아이를 낳고 느꼈던 두려움과 실망은 지금까지도 내 기억 속에 생생하게 남아 있다. 나는 아무런 준비가 되어있지 않았고 과연 좋은 엄마가 될 수 있을지도 알 수 없었다. 그래도 나에게는 훌륭한 후원자들이 있었다. 사실상 나를 키워준 외할머니, 어머니, 수많은 친척과 친구와 이웃들이 언제라도 등판할 준비를 하고 대기중이었다. 그럼에도 불구하고 나는 아기를 낳고 나서 어지간히 큰 충격을 받았다.

우리 어머니와 외할머니는 물론 사라를 보고 예쁘다고 야단이었지만 나는 무덤덤했다. "세상에, 어쩜 이렇게 새빨갛고 쭈글쭈글할까?" 하고 생각했다. 내가 상상했던 그런 아기가 아니었다. 그리고 사라의 윗입술이 예쁘지 않아 느낀 실망은 너무나 커서 지금이라도 다시 18년 전의 그때 느낌으로 돌아갈 수 있을 정도다. 또 아기가 염소처럼 '메애'하고 울면서 내 얼굴을 뚫어지게 쳐다보던 모습이 기억난다. 외할머니가 나를 돌아보며 말했다. "힘든 사랑을 시작했구나, 트레이시. 숨을 거두는 날까지 너는 엄마가 되는 거야." 그 말은 마치 나에게 찬 바닷물을 끼얹는 것 같았다. 이제 나는 엄마였다. 갑자기 그 자리에서 도망쳐버리거나 모든 것을 취소하고 싶은 충동을 느꼈다.

매일 끝없는 실수와 눈물과 고통으로 얼룩진 나날을 보냈다. 다리가 쑤셔왔으며, 어깨도 결렸고, 기를 쓰고 힘을 주어 그런지 눈알이 다 아팠다. 무엇보다 큰 문제는 터질 것 같은 유방이었다. 어머니가 당장 모유를 먹여야 한다고 말했을 때 나는 완전히 겁에 질려 있었다.

외할머니가 편안한 자세로 먹일 수 있도록 도와주긴 했지만, 어쨌든 모든 것은 내가 해야 했다. 그리고 기저귀를 갈고 아기를 달래고 돌보면서 내 시간이라고는 거의 없다시피 생활했다.

그로부터 18년이 지난 지금도 산모들은 대부분 비슷한 경험을 한다. 산모는 육체적인 후유증만으로도 충분히 힘들다. 지칠 대로 지쳐 있고, 이런저런 감정이 교차하고, 역부족이라는 생각이 들기도 한다. 그런 감정은 산모들이 정상적으로 겪는 것들이다. 산후우울증이 아니더라도, 산후조리를 하고 아기와 함께 지내면서 알아가는 시간에 겪어야 하는 일들이다. 어떤 산모들은 아기가 태어나면 자신은 잘 먹지 않으려고 하는데, 그러면 당장은 위험하지 않다고 해도 나중에 커다란 대가를 치를 수 있다.

두 여자 이야기

내가 만났던 두 엄마, 다프네와 코니 이야기를 해보자. 두 사람 다 수년 동안 열심히 자기 일을 해온 여성이었다. 두 사람 모두 30대에 순산을 했고, '천사 아기'를 낳는 행운을 누렸다. 차이점이자 중요한 점은, 코니는 아기가 태어나면 자신의 삶이 변할 것이라는 점을 알고 있었지만, 다프네는 고집스럽게 평소처럼 계속할 수 있다는 생각에 매달렸다는 것이다.

♥ 코니 인테리어 디자이너인 코니는 35세에 딸을 낳았다. 천성이 계획적인(즉흥적 · 계획적 테스트의 결과가 4정도 될 것이다. 82쪽 참고) 그녀는 임신 후반기에 아기방을 준비한다는 목표를 세우고 그대로 했다. 출산 전 가정방문을 했을 때 내가 말했다. "모든 것이 준비되어 있

군요. 아기만 들어오면 정말 완벽하겠어요."

코니는 일단 아기가 집에 오면 보통 때처럼 요리할 시간과 마음의 여유가 없으리라고 예상하고, 맛있고 영양이 풍부한 수프 · 찜 · 소스 등 오븐에 데워서 바로 먹을 수 있는 음식들을 요리해 냉동실 가득 채워두었다. 그리고 예정일이 가까워오자 회사의 고객들에게 전화해서 급한 일은 누군가가 대신 해주겠지만 두 달 동안 직접 일을 할 수 없다고 알렸다. 그녀 자신과 새로 태어날 아기가 우선이 되어야 했기 때문이다. 고맙게도 아무도 이의를 제기하지 않았다. 사실 그들은 그녀의 솔직한 태도를 마음에 들어했다.

코니는 가족과 매우 가깝고 친하게 지내고 있었기 때문에 아기가 태어나면 모두들 나서서 도와주리라고 기대했고, 사실 그랬다. 어머니와 할머니는 요리와 심부름을 담당했다. 여동생은 사업상 전화를 처리하고 사무실에 나가서 이런저런 일들을 점검해 주었다.

애너벨이 태어나고 처음 1주일 동안은 거의 하루종일 침대에서 아기를 돌보며 아기에 대해 알아갔다. 그녀는 자신의 평소의 빠른 속도를 늦추고 시간을 내서 모유를 먹였다. 그리고 자기 자신을 챙겨야 한다는 사실도 인정했다. 친정어머니가 떠나자 냉장고에 가득 채워두었던 음식을 꺼내 먹었다.

또한 남편 부즈를 확실하게 합류시켰다. 어떤 엄마들은 남자들이 하는 것을 내려다보면서 이래라저래라 지시하고 나무라기도 하지만, 코니는 부즈가 자신만큼이나 애너벨을 사랑한다는 것을 알고 있었다. 그가 기저귀를 좀 느슨하게 묶을지도 모른다. 하지만 그러면 좀 어떤가? 그녀는 남편도 부모가 되도록 격려해 주었다. 그들은 일을 분담하고 서로의 영역을 침범하지 않았다. 그 결과 부즈는 육아를 '도와주는' 입장이 아니라 동등한 파트너라고 느끼게 되었다.

코니는 애너벨이 규칙적인 일과를 따라가게 하고 자기 시간을 낼 수 있었다. 그래도 그녀의 아침은 대부분의 산모들이 그렇듯이 정신 없이 지나갔다. 일어나서 애너벨의 요구를 들어주고 샤워하고 옷을 입고 나면 점심시간이 되었다. 하지만 오후 2시에서 5시 사이에는 반드시 누워서 지냈다. 낮잠을 자거나 책을 읽거나 이런저런 생각을 하면서 혼자 있는 시간이 필요했다. 그녀는 그 소중한 자유 시간을 빼앗기는 일이 없도록 당장 급한 일들만 처리했다. 편지를 쓰고 전화를 하는 일은 대개 '나중에 해도 된다'고 판단했다.

내가 떠난 후에도 코니는 계속해서 휴식과 회복을 위한 시간을 가질 수 있었다. 그녀는 내가 떠날 것을 예상하고 몇 주일 전부터 가까운 친구들에게 부탁해 두었으므로 그들이 매일 교대로 2시에서 5시까지 아기를 돌봐주었다. 그리고 다시 출근하게 될 때를 대비해서 보모를 구하기 시작했다.

애너벨이 2개월이 되자 코니는 조금씩 일을 하기 시작했다. 처음에는 고객들과 다시 연락을 취하면서 정상 근무를 하고 있다는 사실을 확인해 줄 수 있는 정도의 시간만 사무실에서 보냈다. 아직은 새로운 일을 맡지 않고 시간제로 근무했다. 애너벨이 6개월이 되고 보모가 충분히 익숙해지자 그녀는 사무실에서 좀더 많은 시간을 보내기로 했다. 코니는 이제 자신의 딸에 대해 제대로 알고 육아에 대한 자신감도 생겼으며 몸도 건강해졌다. 예전의 모습 그대로는 아니지만 적어도 건강하고 안정된 자신을 되찾았다. 이제 전일 근무로 돌아간 코니는, 얼마 전에 내게 말했다. "트레이시, 엄마가 된 것은 여태까지 내가 한 일 중에서 가장 잘한 일이었어요. 여러 가지 이유가 있지만 무엇보다 속도를 늦출 수 있었으니까요."

♥ 다프네 다프네가 코니를 반만 따라갔더라도 좋았을 것을! 다프네는 38세의 할리우드 연예계 변호사였다. 그녀는 퇴원하는 날 병원

에서 전화를 받은 후 1시간 만에 집에 도착했다. 방문객들이 여기저기 집안을 어슬렁거리고 있었다. 아름답게 꾸민 아기방이 준비되어 있었지만 물건들은 포장도 풀지 않은 채였다. 다음날, 나는 다프네가 거실에서 사업회의를 연다는 이야기를 들었다. 그리고 셋째날이 되자 그녀는 "다시 일을 하겠다"고 했다.

다프네는 친구들과 사업 동료들이 엄청나게 많았고, 1주일이 채 안 되었을 때 마치 아기는 자신의 삶에 아무런 영향도 주지 않는다는 것처럼 점심 약속을 했다. 그녀는 거의 대들듯이 말했다. "나는 점심 약속을 할 수 있어요. 트레이시가 있잖아요. 게다가 보모도 고용했구요." 그녀는 체중을 줄이기 위해 헬스클럽에 나가고 음식을 조절했다. 러닝머신도 사용하고 싶어했다. 마치 출세가도를 달리고 싶은 욕구를 발산해야겠다는 듯이.

다프네는 자신에게 아이가 있다는 사실을 모르는 것 같았다. 그녀가 몸담고 있는 세계(사람들이 종종 일을 '자식' 같다고 말하는)를 생각하면 이해할 수도 있었다. 다프네에게 출산은 또 다른 일에 불과했다. 아니면 적어도 그렇게 생각하고 싶어했다. 그녀에게 쉽지 않았던 임신은 '개발' 단계였고, 마침내 최종 결과(아기)가 나오자 다른 일을 준비할 시간이 된 것이다.

다프네는 기회만 있으면 외출했다. 심부름할 일이 있으면 아무리 사소한 일이라도 자진해서 나갔다. 그녀는 어김없이 쇼핑 목록에 적힌 물건들을 한두 가지 잊어버리고(또는 일부러 사지 않고) 와서 그것을 구실로 다시 외출했다.

처음 며칠 동안 다프네의 집에서 지내면서 나는 마치 폭풍 속에서 사는 것 같았다. 그녀는 아기에게 모유를 먹여보겠다고 했지만, 처음에는 적어도 40분씩 시간을 바쳐야 한다는 사실을 알고 말했다. "우유를 먹여야겠군요." 나는 엄마의 생활 방식에 맞는 수유 방법을 찬성하지만, 다른 점들도 함께 고려해 보라고 충고한다. 다프네의 유일한 관심은 자신의 시간을 좀더 갖는 것뿐이었다. "나는 이전의 나로 돌아가고 싶어요." 그녀가 선언했다.

변명, 변명, 변명!

아기를 낳은 첫날부터 매일 생각해 보자. "오늘은 나 자신을 위해 무엇을 했나?" 다음은 자신을 위해 시간을 내지 않는 엄마들이 하는 변명을 듣고 내가 해주는 말이다.

- "아기를 혼자 내버려둘 수는 없어요." 그러면 1시간 만이라도 친척이나 친구에게 와달라고 하자.
- "내 친구들은 아기를 다루어본 적이 없어요." 그들을 오라고 해서 어떻게 하는지 가르쳐주자.
- "시간이 없어요." 내 말대로 하면 시간을 낼 수 있을 것이다. 당장 급한 일들만 처리하자. 전화를 받지 말고 자동응답기를 켜두자.
- "내가 하는 것처럼 아기를 돌봐주는 사람이 어디 있겠어요?" 부질없는 생각이다. 혼자서 다 하겠다는 말인데 그러다가 완전히 기진맥진해 버리면 누군가 당신을 대신해야 할 것이다.
- "내가 여기 없으면 어떻게 되겠어요?" 완벽하고자 하는 여성들은 자신이 없어도 가정이 무너지지 않는다는 사실을 알면 충격을 받는다.
- "아기가 조금 더 크면 시간을 내보죠." 지금 자기 시간을 갖지 않으면 스스로를 중요하게 느낄 수 없다. 엄마로서의 역할 이외의 정체성을 잃어버릴 것이다.

그녀는 불쌍한 남편 더크에게도 혼란을 주고 있었다. 그는 아빠로서 기꺼이 도와주려고 했다. 다프네는 어떤 때는 그의 참여를 환영했다. "내가 나가 있는 동안 캐리를 좀 봐주세요." 그렇게 말하고 잽싸게 문으로 달려가는 식이었다. 하지만 어떤 때는 그가 아기를 안거나 옷 입히는 것을 보고 핀잔을 주었다. "왜 아이에게 이런 옷을 입혔어요?" 그녀는 캐리가 입은 옷을 보고 투덜거렸다. 당연히 더크는 화가 났고 점차 의욕을 상실해 갔다.

나는 다프네를 늦추기 위해 온갖 수를 다 써보았다. 처음에는 전화기를 압수했다. 하지만 그녀에게는 휴대전화까지 포함해서 전화기가 여러 대 있었으므로 소용없었다. 나는 오후 2시에서 5시 사이에 잠을 자라고 했지만, 그녀는 그 시간에 전화를 하거나 사람들을 만나면서 보냈다. "2시에서 5시까지는 자유야. 우리집으로 와." 그녀는 친구들에게 말했다. 아니면 사업회의를 했다. 한번은 더크와 내가 그녀의 자동차 열쇠를 감추기로 했다. 그녀는 미친 듯이 열쇠를 찾았다. 우리는 마침내 열쇠를 숨겼다고 고백했지만 돌려주지는 않았다. 그러자 그녀가 쏘아붙였다. "그렇다면 사무실까지 걸어가야겠군요."

아무도 그녀를 말릴 수 없었다. 그리고 그렇게 계속할 수 있었을지도 모른다. 나 대신 고용한 보모가 나타나지 않는 불상사가 생기지 않았다면 말이다. 나는 그 집에서 앞으로 이틀밖에 일할 수가 없는 상황이었다. 갑자기 현실이 천근만근의 무게로 그녀를 내리눌렀다. 그녀는 결국 어찌할 바를 모르고 흐느껴 울었다.

나는 그녀의 마음속에 불안감이 숨어 있다는 사실을 깨닫게 해주었다. 나는 그녀가 훌륭한 엄마가 될 수 있지만 시간이 걸리는 일이라고 타일렀다. 그녀가 무기력하게 느끼는 것은 시간을 갖고 아기에 대해 알고 아기가 무엇을 필요로 하는지 배우지 못했기 때문이었다. 게다가 산후조리를 할 시간이 없었기 때문에 지쳐 있었다. "아무것도 제대로 할 수 없어요." 그녀는 내 팔에 안겨 흐느끼다가, 마음속 깊이 감추고 있던 두려움을 고백했다. "다른 사람들은 모두 잘하는 일을 어떻게 내가 못할 수 있을까요?"

다프네를 나쁘게 이야기할 생각은 없다. 나는 그녀에게 동정심을 느꼈고, 사실 종종 그런 상황을 보아왔다. 특히 철두철미한 성격의 엄마들과 스스로 자부심을 느끼는 직업을 가진 엄마들이 현실을 거부한다. 아기가 태어나면 갑자기 생활의 균형이 깨진다. 하지만 그들은 이전 생활로 돌아갈 수 있다고 믿고 싶어한다. 그리고 처음 엄마가 되었을 때 느끼는 감정이나 두려움을 최소화하고 싶어한다.

사실, 예비 엄마들은 "아기가 태어나면 얼마나 힘들어질까요?" 또는 "모유를 먹이려면 얼마나 힘들까요?"라는 질문을 자주 한다. 그리고 아기를 데리고 집에 왔을 때 어머니가 된다는 것이 상상 외로 힘든 일이라는 것을 알게 된다. 그래서 현실을 부정하고 자신이 잘하는 일로 서둘러 돌아가려고 한다. 옛 친구들과 사업 이야기를 하면서 점심을 같이하는 것이 새로 태어난 아기를 집에 데려와서 배워야 하는 일들보다 훨씬 쉽기 때문이다.

반대로 혼자서 모든 것을 하겠다고 주장하는 엄마들도 결과는 매한가지다. 조안은 나와 상담을 하고 나서 선언했다. "혼자서 해보겠어요." 하지만 2주 후에 나는 자포자기한 그녀에게서 전화를 받았다. "남편하고 하루종일 싸우느라 지쳐버렸어요. 나 스스로도 엄마 노릇을 제대로 못하는 것 같다는 생각이 들어요. 두손 두발 다 들었어요." 나는 그렇게 어려운 일은 아니라고 말했다. 단지 예상했던 것보다 할 일이 많은 것뿐이다. 나는 그녀에게 오후에 낮잠을 자고 남편에게 딸과 함께 있을 기회를 주라고 조언했다.

여유를 가져라

아기를 낳고 처음 며칠에서 몇 주 사이의 산모들에게 내가 가장 강조하는 이야기는 자신감을 가지라는 것이다. 부모들은 대부분 육아가 '배워야 하는 기술'이라는 것을 모르고 있다. 그들은 온갖 책과 매스컴을 접하면서 자신이 어떻게 해야 할지 알고 있다고 생각한다. 그런데 안타깝게도, 아기가 태어나서 이제 막 배우기 시작해야 할 때는 그 어느 때보다 무기력해진다. 그래서 나는 4장에서 모유를 먹이는 엄마들에게 내가 제안하는 '40일 규칙(149쪽 참고)'을 지키라고 했다. 사실, 산모들은 모두 산후조리할 시간이 필요하다. 그들은 출산후유증과 생각지도 못했던 일들로 기진맥진한데다가 여러 가지 감정이 교차하는 상태다. 모유를 먹인다면 그 방법도 어려울 뿐 아니라, 엎친 데 덮치는 격으로 모유 수유에 따른 문제들까지 생긴다.

게일은 전에 보육원 교사였으며 다섯 형제의 맏이였지만, 아이가 태어나자 일과 책임감의 무게에 짓눌려 망연자실했다. 그녀는 조카들을 돌보고 친구들이 첫아기를 낳으면 정기적으로 가서 도와주기도 했다. 하지만 릴리가 태어났을 때 게일은 주저앉고 말았다. 왜? 무엇보다 이번에는 자신의 아기였고 또 자신의 몸이었기 때문이다. 쑤시고 결리고 소변을 볼 때 따끔거렸다. 그녀는 토스트가 너무 구워졌다고 성을 냈고, 의자를 옮겨놓았다고 어머니에게 고함을 쳤으며, 젖병 마개가 열리지 않자 울음을 터뜨렸다. "내가 왜 이러는지 모르겠어요." 게일이 하소연했다.

하지만 그녀가 유난스러운 것이 아니다. 집에 들어서자마자부터 내게 줄곧 질문을 해대던 마시는 처음 며칠 동안을 이렇게 기억한다. "현실 같지가 않았어요. 나는 웃옷을 벗고 저녁을 먹었어요. 젖꼭지가 너무 아파서 아무것도 입을 수가 없었으니까요. 젖이 줄줄 흘러나왔고, 내가 엉엉 울자 어머니와 남편이 겁에 질려 바라보았죠. '이게 무슨 꼴이람!'이라는 말밖에 안 나오더라구요."

내가 알고 있는 가장 좋은 회복제는 잠이다. 나는 엄마들을 매일 오후 2시에서 5시 사이에 침대로 보낸다. 만일 그럴 사정이 못 된다면 적어도 처음 6주 동안에는 매일 3번 1시간씩 낮잠을 자라고 한다. 그 귀한 시간에는 전화를 받거나 집안일을 하거나 편지 쓰는 일을 하지 말라고 경고한다. 필요한 수면 시간의 50퍼센트만 자고 움직이면 100퍼센트 회복될 수 없다. 산모는 누군가의 도움을 받는다고 해도, 또 피곤함을 느끼지 않는다고 해도 이미 내부에 엄청난 충격을 안고 있다. 만일 충분히 휴식을 취하지 않으면 6주가 지난 후에는 기진맥진할 것이다.

먼저 경험한 친구들과 대화를 나누면 산모에게 도움이 된다. 특히 친정어머니는 큰 위안이 되어줄 뿐만 아니라 모든 것이 자연스러운 과정임을 알게 해줄 것이다. 그렇지만 아빠들의 경우에는 친구들과 이야기하는 것이 별 도움이 되지 않을 수도 있다. 우리 수업에 오는 아빠들에게서 들은 이야기인데, 새로 아빠가 된 남자들은 경쟁이나 하듯 자신이 얼마나 힘든지 떠벌린다고 한다. "아기 때문에 밤에 자는 둥 마는 둥 했네." 한 사람이 말한다. "그래?" 옆에 있던 친구가 대답한다. "우리 아기는 밤새 한숨도 안 잤다네. 나는 잠시도 눈을 붙일 수가 없었다니까."

엄마든 아빠든 여유를 갖고 실수와 어려움을 받아들이는 태도가 중요하다. 코니는 자신에게 관대하고 참을성이 많았다. 그녀는 계획을 세우고 도움을 받아야 한다는 사실을 인식했다. 그녀는 운동기구에 서둘러 올라가지 않았다. 대신 한참씩 산책했는데, 그렇게 해서 혈액순환을 증진시키고 기분 전환도 할 수 있었다. 무엇보다 코니는 아기가 태어나면 생활이 전과 같을 수 없으며, 그렇다고 잘못되는 것이 아

산후조리

다음은 아주 기본적인 일들처럼 보이지만, 얼마나 많은 엄마들이 지키지 않는지를 알면 믿어지지 않을 것이다.

- 먹는다. 균형 잡힌 식사를 한다. 하루에 적어도 1,500칼로리를 섭취하고, 모유를 먹인다면 500칼로리를 더 섭취한다. 살을 빼려고 하지 말자.
- 잠을 잔다. 적어도 오후에 한 번씩 낮잠을 자고 되도록이면 좀더 자주 잔다. 아빠와 교대를 하자. 운동을 한다. 적어도 6주 동안에는 운동기구를 사용하지 말고 대신 오랫동안 걷는다.
- 자기 시간을 갖는다. 남편이나 친척 또는 친구에게 맡기고 완전하게 '비번'이 되자.
- 지킬 수 없는 약속을 하지 말자. 적어도 한두 달은 아무 일도 할 수 없다는 것을 알려두자.
- 우선 순위를 정하자. 지금 당장 하지 않아도 되는 일은 목록에서 삭제한다.
- 계획을 세운다. 미리미리 아기 봐주는 사람들을 구하고, 식단을 짜고, 1주일에 한 번씩 장을 볼 수 있도록 쇼핑 목록을 만든다.
- 자신의 한계를 인정한다. 피곤할 때는 눕는다. 배가 고프면 먹는다. 그리고 짜증이 나면 밖으로 나가라!
- 도움을 청하자. 아무도 혼자서는 할 수 없다.
- 남편이나 친한 친구와 시간을 보낸다. 하루종일 아기 곁을 맴돌지 말자. 아기가 전부라는 생각은 바람직하지 않다.
- 마음껏 누리자. 가능하다면 정기적으로 전신 마사지를 받고(산모의 몸을 잘 알고 있는 전문가에게), 얼굴 마사지나 손톱 손질, 발 마사지를 하자.

니라 단지 달라질 뿐이라는 것을 이해했다.

또한 일을 조금씩 나누어 하는 것이 좋다. 빨랫감이 산더미같이 쌓였다고 해도 한꺼번에 하지 말자. 그리고 선물을 보내준 사람들은 당장 감사편지를 받지 않아도 이해해 줄 것이다.

아기가 태어나면 하루 일과, 우선 순위, 인간 관계 등 모든 것이 변한다. 그런 현실을 받아들이지 않는 여성과 남성에게는 문제가 생길 수 있다. 산후를 무사히 넘기기 위해서는 멀리 내다보는 자세가 필요하다. 처음 사흘은 단지 사흘로 끝난다. 처음 한 달도 곧 지나간다. 시간이 해결해 줄 것이다. 그 동안에는 좋은 날도 있고 힘든 날도 있다. 마음의 각오를 단단히 해야 한다.

산모들의 변덕스러운 기분

종종 문에서 나를 맞이하는 엄마의 모습을 보면 그녀의 기분 상태를 짐작할 수 있다. 프란신은 표면상으로는 모유 상담을 위해 나를 불렀다. 그녀가 흰 강아지 무늬가 그려진 구깃구깃한 티셔츠를 입고 문을 열어주었을 때, 나는 모유 수유만 문제가 아니라는 것을 금방 눈치챘다. "미안해요." 그녀는 내가 자기 차림새를 훑어보는 것을 알고 미안해했다. "당신이 오는 날이니까 오늘만은 일어나서 옷을 입고 샤워를 하려고 했는데 말이죠." 그리고 하지 않아도 될 말을 덧붙였다. "오늘은 정말 힘든 날이었어요." 그녀가 털어놓았다. "나는 지킬 박사와 하이드가 된 기분이에요, 트레이시. 어떨 때는 2주 된 우리 아기에게 세상에서 제일 좋은 엄마가 되죠. 그러다가도 너무 힘들어지면 집을 뛰쳐나가서 다시는 돌아오고 싶지 않다는 생각이 드는 거예요."

"알아요." 내가 웃으면서 말했다. "다른 산모들도 다 그렇답니다."

"그래요?" 그녀가 물었다. "나는 내 자신이 뭔가 잘못된 것이 아닌가 했답니다."

나는 다른 산모들에게 하는 것처럼 프란신을 안심시켰다. 처음 6주 동안은 감정 기복이 심하기 때문에, 우리가 할 수 있는 유일한 것은 자신을 떨어지지 않게 붙들어매는 것이다. 기분이 자꾸 바뀌니까 갑자기 다중 인격이 된 것처럼 느껴질지도 모른다.

기억하자! 산모들은 하루에도 몇 번씩 아니면 며칠마다 기분이 바뀌면서, 마치 자신의 내부에 시끄럽게 떠들어대는 다양한 인물들이 살고 있는 것처럼 느낄 수 있다.

♥ "아주 수월하다." 이럴 때 엄마는 전형적인 모성애를 느낀다. 모든 것을 아주 빨리 쉽게 배울 수 있다. 자신의 판단을 믿고 자신감을 느끼고 유행에 휩쓸리지 않는다. 마음껏 웃고, 엄마라고 해서 언제나 완벽할 수는 없다는 사실을 인정한다. 모르는 것이 있으면 떳떳하게 물어보고 그 답을 자신의 상황에 맞게 응용할 수 있다. 안정감을 느낀다.

♥ "내가 올바로 하고 있는 걸까?" 비관적이고 무능하다고 느끼면서 불안에 휩싸이는 순간이 있다. 아기 다루기가 겁나고 다치게 할까 봐 두렵다. 사소한 문제에도 당황한다. 실제로 일어나지 않은 일까지 걱정하기도 한다. 심할 경우 최악의 상황을 상상한다.

♥ "이런, 이건 잘못된 거야! 아주아주 잘못되었다." 자신의 어린 시절 경험과 현재의 어머니 역할에 대해 한탄하고 애통해하면서 자기보다 불행한 사람은 없을 거라고 믿는다. 안 그러면 사람들이 왜 아기를 낳겠는가? 이 사람 저 사람 붙들고 넋두리를 늘어놓는다. 제왕절개가

너무 고통스러웠다, 아기가 밤새 잠을 자지 않는다, 남편은 약속한 일을 하지 않고 있다, 등등. 그리고 누가 도와주겠다고 하면 순교자 역할을 고집한다. "괜찮아, 내가 할 수 있어."

♥ "문제없어! 그냥 밀고나가겠어." 성공한 여성이 승승장구하던 직업을 떠나 엄마가 되면 이런 생각을 하기 쉽다. 자신의 경영 기술을 아기에게도 적용할 수 있다고 생각한다. 그러다가 아기가 협조해 주지 않으면 놀라고 실망하고 화가 날지도 모른다. 아기가 생겨도 예전과 같은 생활을 계속할 수 있다고 믿으면서 현실을 부정한다.

♥ "하지만 책에는 이렇게 써 있지 않았는데…." 당황하고 의심스러울 때 눈에 들어오는 책은 뭐든지 읽고 이것저것 아기에게 적용해 보려고 한다. 혼란을 피하기 위해 끝없이 목록과 계획표를 만든다. 물론 체계와 질서는 바람직하지만 일과표를 기준으로 융통성을 발휘할 줄 알아야 한다.

물론 "아주 수월하다"라는 목소리가 지배적이고 하루 24시간 1주일 내내 모성애를 느낀다면 더 말할 나위도 없겠지만, 실제로 많은 엄마들이 그렇지 못하다. 우리가 할 수 있는 최선의 방법은 자기 내부의 이런저런 목소리들을 인식하고, 감정 변화를 일기로 적어보기도 하면서 스스로 극복하는 것이다. 만일 어떤 목소리가 끈질기게 "당신은 엄마 노릇을 제대로 하지 않고 있다"고 비난한다면 자신의 역할에 대해 재평가하는 시간을 가져보는 것도 필요하다.

베이비 블루스일까, 진짜 우울증일까?

다시 한 번 말하지만, 산모들이 부정적인 감정을 느끼는 것은 정상적이다. 산모들은 일반적으로 신열과 오한, 두통, 어지럼증을 느낀다. 몸이 나른하거나 까닭없이 눈물이 나온다. 회의가 생기고 불안할지도 모른다. 이렇게 우울한 이유는 무엇일까?

출산 후 몇 시간 안에 에스트로겐과 프로게스테론이라는 호르몬의 분비가 급격하게 떨어지면서, 임신중에 기쁨과 편안함을 느끼게 해주었던 엔돌핀도 함께 내려가기 때문이다. 그래서 감정 기복이 몹시 심해진다. 그 밖에도 산모들이 스트레스를 받는 일들이 있다. 더군다나 평소에 월경 전 긴장증후군이 있었다면 호르몬에 의해 좌우되기 쉬운 체질이므로 산후에도 역시 영향을 받을 가능성이 크다.

우울한 기분은 대개 파도처럼 계속해서 밀려온다. 그래서 나는 그 힘을 '마음의 해일'이라고 부른다. 한 번 파도가 치면 1시간 또는 1~ 2일 또는 3개월에서 1년까지도 우리의 정신과 의식을 침잠시킬 수 있다. 우울한 기분은 무엇보다 산모가 아기에게 느끼는 감정에 영향을 줄 수 있다. 머리 속에서 이런 목소리들이 들려온다. "내가 어쩌다가 이 지경이 되었지?" 또는 "나는 도저히 이런 일들(기저귀를 갈고, 모유를 먹이고, 한밤중에 일어나는 일들)을 할 수 없어."

한마디 더

아기와 단 둘이 있다가 아기가 울면 어찌할 바를 모르겠고, 더 심하게는 화가 난다면 아기를 그대로 두고 방에서 나가자. 아기는 운다고 해서 죽지는

* '아기를 낳은 후 생기는 가벼운 우울증' 이라는 의미로, 대개 1주일쯤 지나면 없어진다.

않는다. 세 번 심호흡을 하고 나서 돌아오자. 그래도 여전히 진정되지 않으면 친구나 친척 또는 이웃에게 전화를 해서 도움을 구하자.

마음속 해일이 해안선까지 올라와 부서질 때 좀더 멀리 앞을 내다보자. 지금 느끼는 기분은 정상적이지만 견뎌내야 한다. 기분이 나아질 수만 있다면 침대에 누워 있자. 울자. 도움이 된다면 남편에게 소리를 지르자. 그러다 보면 지나갈 것이다.

하지만 우리가 느끼는 분노나 불안이 심각한 상태가 아니라는 것을 어떻게 알 수 있을까? 산후우울증은 일종의 정신과 질환으로 분류되며, 산후 3일째 분명해져서 4주 정도 지속된다. 하지만 나는 그리고 그 증세를 잘 아는 정신과 의사들은 범위를 그보다 넓게 생각한다. 산후 몇 개월에 걸쳐 강력하고 지속적인 슬픔, 잦은 울음과 절망감, 불면증, 무감각, 불안과 공황, 예민함, 강박관념과 반복적인 두려움, 식욕 감퇴, 자신감 결여, 의욕 상실, 배우자와 아기에 대한 소원함 그리고 자신이나 아기를 해치고자 하는 욕구를 포함한 증상들이 표면화될 수 있다. 이렇게 단지 우울한 기분이 아닌 증상들에 대해서는 진지하게 고려해 보아야 한다.

산후우울증은 산모의 10~15퍼센트가 겪으며 1,000분의 1 정도는 완전히 현실감을 상실하는 산후정신신경증에 걸린다. 과학자들은 호르몬의 변화와 산모 스트레스 외에, 일부 여성들이 출산 후에 심각한 우울증세를 보이는 이유에 대해 아직 확실히 모르고 있다. 한 가지 입증된 요인은 화학적인 불균형이다. 전에 우울증을 경험한 적이 있는 여성의 3분의 1 정도는 산후에도 우울증에 걸리며, 첫 출산 후에 우울증을 겪은 여성의 절반 가량은 다음 출산 후에도 다시 겪는다.

안타깝게도 의사들조차 우울증을 대수롭지 않게 생각할 수가 있다. 그 결과, 초기에 교육과 정보를 통해 피할 수 있는 문제임에도 불구하고 자신에게 무슨 일이 일어나고 있는지 몰라 고생하는 경우가 많다.

이베트는 우울증으로 프로작이라는 약을 복용하고 있었는데, 임신하면서 그 약을 중단했다. 그녀는 출산 이후에 자신의 상태가 악화될 수 있다는 사실을 모르고 있었다. 이베트는 아기에게 애정을 느낄 수 없었고 아기가 울 때마다 욕실에 들어가서 숨고 싶었다. 그녀는 자신이 "정상이 아닌 것 같다"고 말했지만 아무도 귀를 기울이지 않았다. "산후에는 다 그런 거란다." 그녀의 어머니는 이베트의 증상이 점점 더 심해지고 있다는 사실을 부정하면서 말했다. "네 스스로 추슬러야 한다." 그녀의 언니는 한술 더 떠서 나무라기까지 했다. "누구는 겪어보지 않은 줄 아니?" 이베트의 친구들조차 이구동성으로 한마디씩 했다. "네가 느끼는 기분은 정상이야."

이베트는 마침내 나에게 전화했다. "쓰레기를 내다놓거나 샤워를 하는 것조차 힘이 들어요. 뭐가 잘못된 건지 모르겠어요. 남편이 도와주려고 해도 매번 핀잔만 주게 되죠." 나는 이베트의 어두운 기분을 가볍게 들어넘기지 않았다. 그녀가 아기의 울음에 대해 느끼는 감정을 이야기했을 때 특히 염려가 되었다. "아이가 울면 종종 나도 되받아 소리를 지르죠. '도대체 왜 그러는 거야? 나한테 뭘 바라니? 왜 조용히 하지 못해?' 하구요. 화가 나서 나도 모르게 아기바구니를 너무 세게 흔들고 있을 때도 있었어요. 그때 나에게 도움이 필요하다는 것을 깨달았지요. 솔직히 말해 아기를 벽에 내던지고 싶었습니다. 아기를 버리는 사람들을 이해할 수 있겠더라구요."

아기가 끝없이 울어대면 누구든 미칠 것 같은 기분을 느끼기도 하지만, 이베트는 이미 정상적인 선을 훨씬 넘어서 있었다. 의사가 임신 중에 약을 중단하도록 한 것은 잘한 일이었다. 그 약은 태아에게 해로울 수 있다. 평소에 우울증을 앓고 있는 여성들도 종종 임신중에는 약을 먹지 않아도 호르몬과 엔돌핀 수준이 높아지기 때문에 무난히 넘긴다. 문제는 임신중에 이베트의 기분을 유지시켜 주었던 화학물질이 감소되면서 일어날 수 있는 일에 대해 아무도 경고해 주지 않았다는 것이다.

이베트는 출산 이후 호르몬이 급격히 줄어들자 우울증세가 10배로 심각해졌다. 나는 당장 정신과 의사를 찾아가라고 했다. 그녀는 약을 다시 복용하자마자 전혀 다른 눈으로 세상을 바라보게 되었고, 엄마라는 위치를 편안하게 느꼈다. 약 때문에 더 이상 모유를 먹일 수 없었지만, 그녀가 평정과 자신감을 되찾은 것에 비하면 그다지 큰 희생은 아니었다.

산후우울증에 걸렸다는 생각이 들면 의사와 상담해야 한다. 미국에는 정신과 의사들이 환자의 우울증 유형을 판단하기 위해 참고하는 '증세별 통계 자료'가 있다. 그러나 1994년 이전까지 몇 년마다 업데이트하는 권위 있는 학회 자료에서조차 산후우울증을 인정하지 않았다. 요즘 발표되는 자료에는 산모들이 여러 가지 우울증상을 겪을 수 있다는 내용이 실려 있다. 의사들은 또 우울증의 정도를 판정하기 위한 등급표를 사용하는데, 가장 널리 사용되는 것으로는 23등급의 '해밀턴 우울증 등급표'가 있다. 다만 특별히 산후우울증을 진단하기 위한 것은 아니다. 일부 미국 의사들은 20여 년 전에 스코틀랜드에서 만들어진 10등급의 '에딘버러 산후우울증 등급표'를 사용하기도 하는데, 단순하면서도 90퍼센트까지 정확하게 위험한 산모들을 판별해 내는 것으로 밝혀졌다. 이 두 가지 등급은 모두 자가진단이 아니라 전문가에게 검사를 받아야 하는 장치지만, 간략하게 두 가지 등급의 일부만 소개하려고 한다.

미국에서는 대부분의 전문가들이 산후우울증이 소홀히 다루어지고 있다는 의견에 동의한다. 미네소타 주 로체스터에 있는 마요 의대에 다니던 학생 두 명은 1997년부터 1998년까지, 1년 동안 출산한 모든

우울증 진단법

해밀턴 우울증 등급

♥ 동요

0=없음

1=안절부절한다

2=손 · 머리 · 등을 만진다

3=이러저리 움직이고 가만히 앉아 있지 못한다

4=손톱을 물어뜯고 머리카락을 잡아당기고 입술을 깨문다

♥ 정신적인 불안

0=문제없음

1=내적 긴장과 불안

2=사소한 문제도 걱정한다

3=표정이나 언어에 근심이 역력하다

4=분명하게 두려움이 드러난다

에딘버러 산후우울증 등급(영국 왕립대학 정신의학과 제공)

♥ 세상이 힘들게 느껴지는가?

0=아니다, 평소와 다름없이 잘하고 있다

1=아니다, 대체로 잘하고 있다

2=그렇다, 종종 평소처럼 대처할 수가 없다

3=그렇다, 거의 전혀 대처할 수가 없다

♥ 불행하게 느껴져서 잠을 이루지 못하는가?

0=전혀 그렇지 않다

1=별로 그렇지 않다

2=종종 그렇다

3=대부분 그렇다

여성의 기록을 연구함으로써 그러한 추세를 증명했다. 1993년 기록에는 불과 3퍼센트의 산모들만 우울증 진단을 받은 것으로 나와 있었다. 그러나 그들이 직접 산후 처음 병원을 찾은 산모들에게 '에딘버러 등급표'에 답변을 하게 한 결과, 발병률이 12퍼센트에 달했다.

만일 산후에 우울한 기분이 지속되는 것처럼 느껴지거나, 어느 날 언짢아진 기분이 다음날로 이어지면 즉시 전문가의 도움을 구해야 한다. 우울증을 창피하게 생각할 것은 없다. 그것은 생리적인 증상이다. 그것은 '나쁜 엄마'라는 의미가 아니라 독감과 다름없는 병에 걸린 것과 같다. 무엇보다 중요한 것은, 의학적인 도움을 받고 우울증을 경험한 다른 여성들로부터 위안을 받을 수 있다는 것이다.

아빠도 육아에 동참시키자

산후에는 대부분의 관심과 에너지가 산모와 아기에게 집중되기 때문에 아빠들이 소외감을 느끼기 쉽다. 그것은 당연한 일이지만, 남자들도 인간이다. 연구에 따르면, 어떤 아빠들은 스트레스와 우울증세까지 보인다고 한다. 아빠들도 아기와 새로운 가족 구성원에게 쏠리는 모든 관심과 엄마의 기분 그리고 집에 드나드는 방문객들과 낯선 사람들에게 어떤 반응을 하지 않을 수 없다. 나는 산모들과 마찬가지로 아빠들도 역시 아기가 태어났을 때 여러 가지 감정을 느낀다는 것을 알고 있다.

♥ "나한테 맡겨요." 어떤 아빠는 특히 처음 몇 주 동안 솔선수범하는 남편이 된다. 임신에서 출산까지 적극적으로 참여하고, 아기가 태어나면 본격적으로 관심을 갖는다. 뭐든 배우려고 하고 자신이 잘하

고 있다는 말을 듣고 싶어한다. 또 아기와 직감으로 통하고 아기와 함께 있는 것을 좋아한다고 얼굴에 씌어 있다. 아빠가 이렇게 느낀다면 엄마에게는 축복이다.

♥ "그건 내 일이 아니다." 예전에 내가 '전통적인 아빠'라고 생각했던, 남자들에게서 볼 수 있는 반응이다. 이들은 대부분 불간섭주의를 지향한다. 물론 아기를 사랑하지만, 기저귀를 갈거나 목욕을 시켜주는 일은 없다. 그의 관점에서 보면 그건 여자가 할 일이다. 아기가 태어나면 곧바로 자기 일에 전념하거나 늘어난 식구들을 부양하기 위해 돈을 더 벌어야겠다고 생각한다. 어쨌든 자신은 아기를 돌보는 지루한 허드렛일은 하지 않아도 떳떳하다고 믿는다. 때때로, 특히 아기가 커서 좀더 반응을 보이면 생각이 달라질 수도 있다. 장담하건대, 도와주지 않는다고 잔소리를 하거나 다른 아버지들과 비교한다면, 그는 절대로 마음을 바꾸지 않을 것이다.

♥ "오, 이런! 뭔가 잘못된 거야." 이런 남자는 처음 아기를 안을 때 긴장하고 경직된다. 그는 출산을 도와주고 아내와 함께 '육아 교실'에도 나가고 응급처치 수업까지 들어보자고 제안했을지도 모르지만, 뭔가 잘못될까 봐 계속 겁을 먹는다. 아기에게 목욕을 시키면 물에 델까 봐 걱정하고, 아기를 재우고 난 후에는 SIDS(유아돌연사 증후군)을 걱정한다. 그리고 아무 일도 없으면 아이를 대학에 보낼 수 있을지 걱정하기 시작한다. 아기와 즐거운 시간을 보내면 자신감이 생기면서 그런 느낌들이 사라질 것이다. 아내의 부드러운 격려와 칭찬이 필요하다.

♥ "우리 아기를 좀 봐요!" 이 아빠는 자랑이 지나치게 심하다. 모두

들 자신의 자랑스러운 아기를 쳐다봐주기를 바랄 뿐 아니라 사실은 자기가 아기를 키우고 있다고 떠벌린다. 그는 방문객들에게 말한다. "내 덕분에 아내가 밤새도록 잔답니다." 등 뒤에서는 그의 아내가 기가 막혀 눈을 굴리고 있다. 첫아이 때에는 손을 놓고 있었는데 이번에는 전문가가 되어 종종 나무라는 투로 아내의 잘못을 지적할 수도 있다. "나라면 그렇게 하지 않겠어요." 그가 무언가를 알고 하는 것 같을 때에는 인정해 주자. 하지만 모성을 무시당할 수는 없다.

♥ "무슨 아기?" 앞에서 말했듯이, 어떤 엄마들은 아기가 태어난 현실을 부정한다. 아빠들도 그런 사람이 있다. 최근에 나는 병원에서 출산한 넬을 3시간 후에 만나 아무 생각 없이 물었다. "톰은 어디 있어요?" 그녀는 아주 당연한 일이라는 듯 대답했다. "아, 우리 남편은 지금 집에 있어요. 정원을 손질한대요." 톰은 육아가 자기가 할 일이 아니라고 생각하는 것이 아니다. 그보다는 아기가 태어났고 그의 생활이 바뀔 것이라는 사실을 인정하지 않는 것이다. 설령 어떤 변화를 인정한다고 해도 그는 이미 익숙한 일에 숨어버리고 만다. 그에게 필요한 것은 현실감과 넬의 격려다. 그가 현실을 거부하거나 그녀가 그에게 참여할 자리를 만들어주지 않는다면, 그는 자기 주변에서 아무리 소동이 벌어져도 거실에서 TV를 보는 아빠가 될 것이다. 전화기를 귀에 대고 저녁 준비를 하다가 짜증이 난 엄마가 그에게 부탁한다. "여보, 아기 좀 안아줄래요?" 그가 올려다보며 말한다. "무슨 아기?"

처음에 어떤 반응을 보이든지, 남자들은 대부분 어느 정도 변화를 겪는다. 그리고 종종 아내가 바라지 않는 방향으로 변하기도 한다. 엄마들은 "어떻게 해야 남편이 좀더 참여하게 만들죠?" 라고 묻는다. 그들은 내게 별 뾰족한 답을 듣지 못하고 실망한다. 내가 알고 있는 것은, 남자들은 자기 방식대로 언젠가 관심을 갖게 된다는 것이다.

비버처럼 부지런했던 남자가 점차 뜨악해질 수도 있고, 전혀 관심을 보이지 않다가도 아기가 웃거나 앉거나 걷거나 말하기 시작하면 갑자기 두 팔을 걷어붙이고 덤빌지도 모른다. 남자들은 또 자신있다고 느끼는 구체적인 일에 최선을 다하는 경향이 있다.

"그건 불공평해요." 엔지는 내가 그녀의 남편 필이 좋아하는 일을 시키라고 하자 이렇게 외쳤다. "나는 하고 싶은 일만 골라서 하지 않아요. 나는 좋으나 싫으나 뭐든지 하고 있다구요."

"그건 그래요." 내가 인정했다. "하지만 그런 남자를 만났으니 어쩌겠어요. 그리고 남편이 아기 목욕을 시키지 않겠고 하면 설거지라도 시켜보세요."

비법이라면 이 책의 주제이기도 한 '존중'이다. 남자가 자신의 요구와 바람을 존중받고 있다고 느낀다면 아내의 요구와 바람도 좀더 존중해 줄 것이다. 하지만 처음에 엄마가 자신의 자리를 찾으려면 어느 정도 요령이 필요하다.

화성남자 금성여자의 아이 키우기

아기가 태어나면 부부관계 또한 변한다. 대부분의 경우, 현실은 좀처럼 꿈과 일치하지 않는다. 하지만 부부관계를 위태롭게 만드는 것은 무엇보다 겉으로 드러나지 않는 문제들이다. 다음은 일반적인 부부들이 겪는 문제들이다.

♥ **초보 엄마 아빠의 인질부질** 엄마는 지나친 책임감을 느낀다. 아빠는 어떻게 도와주어야 할지 잘 모른다. 아빠가 끼여들면 엄마는 조

바심이 나서 나무란다. 그러면 아빠는 물러서버린다.

"기저귀를 엉망으로 갈아준다니까요." 아빠가 가버리자 엄마가 투덜거린다.

"그러면서 배우는 거예요." 내가 말한다. "기회를 줘봐요."

사실, 두 사람 다 초보자다. 그들은 갑자기 배울 것이 너무나 많아졌다. 나는 엄마 아빠에게 처음 데이트할 때를 기억해 보라고 한다. 서로를 알아야 하지 않았는가. 시간이 가면서 점점 익숙해지고 서로를 좀더 깊이 이해하게 되지 않았는가. 부모와 아기도 마찬가지다.

나는 아빠에게 특별한 임무, 즉 쇼핑이나 목욕 또는 꿈나라 수유를 맡겨서 스스로 한몫을 하고 있다고 느끼도록 한다. 무엇보다 엄마는 많은 도움이 필요하다. 나는 남자들에게 아내의 귀와 기억력이 되어주라고 말한다. 산모들은 새로 배워야 할 것도 많은데다가 상당수가 산후건망증에 시달린다. 일시적인 증상이긴 하지만, 완전히 속수무책이 되기도 한다. 또는 아빠가 할 수 있는 특별한 일들이 있을 것이다. 라라의 엄마에게는 모유 수유가 특히 힘들었다. 그녀의 남편 드웨인은 아내가 힘든 시간을 보내고 있는데 아무것도 도와줄 수가 없다고 매우 낙심했다. 나는 그에게 젖을 올바로 먹이는 방법을 가르쳐주고 문제가 있을 때 아내에게 넌지시 지도해 주라고 했다. 그는 자신이 정말 대단한 공헌을 하고 있는 것처럼 느꼈다. 나는 또 그에게 책임지고 아내에게 하루 16잔씩 물을 먹게 하라는 임무를 부여했다.

♥ 성의 차이 처음 몇 주 동안 엄마와 아빠 사이에 어떤 갈등이 일어나면, 각자 어떤 식으로 생각하는지에 상관없이, 나는 반드시 모두에게 공동 책임이 있다는 것을 상기시킨다. 엄마가 자기에게 귀를 기울여주고 기대 울 수 있는 어깨와 감싸안아 주는 튼튼한 팔을 원할 때 남편은 이래라저래라 하고 지시하는 경향이 있다. 부부 갈등은 종종

남자가 하는 말 · 여자가 하는 말

아기가 생기면 부부는 각자 자신의 입장에서 생각한다. 나는 종종 그들이 서로 상대방에게 원하고 말하고 싶은 것이 무엇인지 통역해 주는 역할을 한다.

엄마가 남편에게 하고 싶은 말

- 분만이 얼마나 힘들었는지.
- 얼마나 피곤한지.
- 모유 수유가 얼마나 어렵고 아픈지.

(그 사실을 알려주기 위해 나는 언젠가 어떤 아빠의 젖꼭지를 꼬집으면서 말했다. "이렇게 20분 동안 잡고 있어볼까요?")

- 울거나 고함을 지르는 것은 남편 때문이 아니라 호르몬 때문이다.
- 나도 모르게 괜히 눈물이 난다.

아빠가 아내에게 하고 싶은 말

- 내가 하는 일마다 비판하지 말았으면.
- 아기는 도자기가 아니므로 깨지지 않는다.
- 나는 최선을 다하고 있다.
- 아기에 대한 내 의견을 무시하면 가슴이 아프다.
- 새식구를 부양해야 하는 부담감을 느낀다.
- 나도 역시 우울하고 힘들다.

그러한 성의 차이에서 비롯된다. 나는 종종 통역관이 되어 금성에게 화성이 하는 말을, 화성에게 금성이 하는 말을 해석해 준다. 부부에게 의견 차이가 있을 때에는 상대방의 의견을 이해하고 감정적으로 받아들이지 않도록 해야 한다. 서로 다르다는 사실에서 힘을 발견해야 한다. 선택 범위가 좀더 넓어질 수 있기 때문이다.

남편들의 의무

아기를 직접 낳지도 않았고 하루종일 집에서 아기와 함께 보내지 않는 남편들은 다음의 금언들을 따라야 한다.

해야 할 것

- 1주일 이상 휴가를 낸다. 그럴 수 없다면 돈을 절약해서 집안일을 도와주는 사람을 고용한다.
- 이래라저래라 지시하지 말고, 그저 아내가 하는 말에 귀를 기울인다.
- 비판하지 말고 다정하게 도와주겠다고 제안한다.
- 아내가 도움이 필요없다고 말한다고 해서 그냥 돌아서지 않는다.
- 아내가 부탁하기 전에 장을 보고 세탁하고 청소한다.
- 아내가 "나 같지가 않아요"라고 말할 때는 그럴 만한 충분한 이유가 있다는 것을 알아야 한다.

하지 말아야 할 것

- 아내의 감정적 · 신체적인 문제점을 '고치려고' 하지 말자. 그냥 참고 지내자.
- 응원하고 격려한답시고, 예를 들어 아내가 마치 개나 되는 것처럼 "잘 했어"라고 말하며 등을 두드리지 말자.
- 고자세로 비판하지 말자.
- 가게에 가서 찾는 물건이 없을 때 집으로 전화해서, "대신 뭘 사야 하지?"라고 물어보지 말자. 알아서 해결해야 한다.

♥ 생활 방식의 변화 어떤 부부에게는 가장 넘기 어려운 장애물이 생활방식을 바꿔야 한다는 사실이다. 아무리 친척들이 와서 도와주고 보모를 고용한다고 해도 또 다른 독립적인 존재인 아기까지 포함시켜서 시간을 계획해야 한다는 것이 익숙하지 않을 것이다.

결혼 후 4년 만에 아기를 낳은 30대 부부 마이클과 데니스는 아주 활기 넘치는 생활을 하고 있었다. 남편은 대기업의 중역이었고 운동을 좋아해서 1주일에 3번 테니스를 치고 주말에는 축구를 했다. 아내 또한 방송사의 중역이었다. 그녀는 종종 아침 8시에서 밤 9시까지 일했고 1주일에 4일은 규칙적으로 운동했다. 당연히 그들은 대부분 음식점에서 함께 또는 따로 식사를 했다.

우리가 처음 만난 것은 임신 9개월째였다. 두 사람이 어떻게 1주일을 보내는지 듣고 나서 내가 말했다.

"한 가지만은 분명하게 짚고 넘어갑시다. 모두는 아니지만 어떤 것들은 양보해야 합니다. 그리고 아기가 태어난 후에 어떻게 생활할 것인지 미리 계획을 세워야 합니다."

다행히 마이클과 데니스는 함께 앉아서 자신들이 원하는 사항들을 적어보았다. 부모 역할에 적응하는 처음 몇 달 동안 무엇을 포기할 수 있는가? 정서적인 건강을 위해서는 무엇이 절대적으로 필요한가? 데니스는 직장에서의 일을 줄이기로 했지만, 산후조리 기간을 한 달만 잡았다. 마이클도 회사에서 시간을 내보기로 약속했다. 그들은 처음에 약간 빡빡하게 일정을 잡았다. 어떤 부부들은 일을 줄이기가 분명히 쉽지 않다. 하지만 데니스는 산후조리를 잘하지 않으면 건강을 해칠 수 있다는 사실을 알고 휴가를 한 달 더 연장했다.

♥ 성생 부부간에 해결하기 힘든 가장 큰 문제이기도 하다. 40대 조반에 한 달 된 메이 리를 입양한 조지와 필리스를 예로 들어보자. 그

들은 누가 아기에게 더 많이 먹이고 누가 아기를 더 잘 달래는지 경쟁했다. 조지가 기저귀를 갈면 필리스가 말했다. "너무 밑으로 내려왔어요. 내가 할게요." 필리스가 아기를 목욕시키면 조지는 옆에서 잔소리를 했다. "아기 머리 조심해요. 저런, 그러다가 아기 눈에 비누가 들어가겠어요." 그들은 각자 육아에 대한 책을 읽고 상대방에게 이래야 한다느니 저래야 한다느니 말다툼을 하다가, 아기를 위해 최선을 다했다기보다는 "봤지? 내가 맞잖아"라고 끝내는 식이 되어버렸다.

조지와 필리스는 메이 리가 악을 쓰면서 운다고 전화했다. 그들은 아기가 산통이라고 확신했지만, 어떻게 해야 할지를 놓고 의견이 서로 맞지 않았다. 한 사람이 무언가 조치를 취하려고 하면 다른 사람이 못하게 말렸다. 나는 우선 사실은 아기가 산통 때문에 우는 것이 아니라고 설명했다. 메이 리는 아무도 자신이 무슨 말을 하는지 들으려 하지 않았기 때문에 끊임없이 울고 있었던 것이다.

그들은 서로 자기가 맞다고 주장하기 바빠서 아기를 관찰할 틈이 없었다. 나는 메이 리를 E.A.S.Y. 일과에 따라가게 하고, 필리스와 조

부부 애정 관리

- 산책이나 저녁 외출 등 함께하는 시간을 갖는다.
- 실제로 얼마 동안은 불가능하겠지만 둘만의 휴가를 계획한다.
- 상대방에게 보내는 깜짝 편지를 숨겨둔다.
- 기대하지 않은 선물을 한다.
- 사랑과 감사를 표현하는 연애편지를 사무실로 보낸다.
- 항상 서로 존경하고 친절하게 대한다.

지에게는 속도를 늦추는 요령을 가르쳐주었다. 그들에게는 우선 딸에게 귀를 기울이는 노력이 필요했던 것이다. 또 두 사람에게 각자 할 일을 정해주었다. "이제 각자 자신의 영역이 있습니다. 상대방이 하는 것을 감독하고 잔소리하고 나무라면 안 됩니다."

어떤 이유로든 부부간의 문제가 지속되면 두 사람의 모든 생활에 그 영향이 미친다. 사소한 일에도 말다툼을 하고, 서로 협조하고 동조하기를 거부한다. 그리고 십중팔구, 몇 주 동안 이미 중단되었던 성생활은 아예 끝나고 말 것이다.

성생활과 초조한 남편

'남자가 하고 싶은 말 · 여자가 하고 싶은 말'에 대해 이야기해 보자. 성(性)은 보통 모든 아빠들이 제일 먼저 이야기하고 싶어하는 주제이면서, 엄마들이 가장 피하고 싶어하는 주제이기도 하다.

사실 산모가 산부인과에 가서 검진을 받고 오면 남편은 제일 먼저 "부부관계를 해도 된대?"라고 묻는다. 그 말에 아내는 속이 부글부글 끓어오른다. 그녀의 기분이 어떤지 묻거나 꽃을 사다 바쳐도 시원치 않을 판에, 남편은 마치 그들의 성생활이 제3자의 의견에 좌지우지되는 것처럼 말하기 때문이다. 게다가 아내가 그 전까지 성관계를 내켜하지 않았다면 그 이후에는 더욱 결연해진다.

아내는 한숨을 쉬면서 말한다. "아직 안 돼요." 물론 의사가 한 말이 아니라 자신이 하는 말이다. 어떤 여자들은 또 아기를 부부 침대에서 재우면서 그것을 구실로 삼기도 한다. 아니면 "머리가 아파요" "피곤해요" "몸이 불편해요" "당신에게 이런 내 몸을 보여줄 수 없어요" 라는 말에 새삼 강도를 높이기도 한다.

애가 타는 아빠들은 나를 찾아와 도움을 청한다. "어떻게 하면 될까요, 트레이시? 다시는 잠자리를 못할 것 같아요." 어떤 남편들은 애걸을 한다. "트레이시, 당신이 아내에게 말 좀 해주세요." 나는 산모가 처음 산부인과 검진을 받는 6주까지는 별 도리가 없다고 말한다. 그 정도면 일반적으로 회음부절개나 제왕절개를 한 자리가 아물지만, 그렇다고 해서 모든 여성들이 6주 만에 완전히 회복되거나 정서적으로 성관계를 가질 준비가 되는 것은 아니다.

게다가 출산 후에는 신체적인 변화가 있다. 미리 알아두면 당황하지 않을 것이다. 곧바로 성관계를 원하는 남자들은 종종 여자의 몸이 출산으로 인해 어느 정도 변하는지 모르고 있다. 유방이 아프고 질이 늘어나고 음순이 확대되고 호르몬 수준이 낮아서 건조하다. 젖을 먹인다면 상황은 더욱 복잡해질 수 있다. 젖꼭지를 자극하는 것을 좋아하던 여성이라고 해도 이제는 아프거나 불쾌할 수 있다. 아내의 유방은 이제 아기 것이 된다.

이처럼 모든 것이 변하는데, 어떻게 성관계의 느낌이 달라지지 않겠는가? 두려움도 한몫을 한다. 어떤 여자들은 질이 너무 늘어나서 쾌감을 느끼거나 줄 수 없다고 걱정한다. 또 어떤 여자들은 통증을 예상하고 단순히 잠자리에 대한 암시만 받아도 긴장한다. 여자가 오르가슴을 느끼는데 유방에서 젖이 뿜어져 나오면 당황할 수도 있고, 아니면 남편이 그것을 싫어할까 봐 걱정하기도 한다.

그리고 일부 남자들은 실제로 싫어하기도 한다. 모유 세례를 받는 것이 그다지 에로틱할 수는 없다. 남자에 따라서 그리고 임신하기 전에 아내를 어떻게 보았는가에 따라서, 엄마로서의 새로운 역할을 가진 아내를 보는 데 문제가 있을 수도 있고 접촉하기가 겁날 수도 있다. 사실, 분만실에서 아내를 보거나 아니면 처음 젖먹이는 것을 보고 여자로서 매력을 느낄 수 없다고 고백하는 남자들도 있다.

그렇다면 어떻게 해야 할까? 당장의 해결책은 없지만, 양쪽 모두 어느 정도 스트레스를 줄일 수 있는 방법을 제안하겠다.

♥ 터놓고 이야기하자. 자신이 느끼는 감정을 덮어두려고 하지 말고 솔직히 인정하자.

아이린은 어느 날 자동차 안에서 울면서 전화했다. "방금 6주 검진을 받고 나오는 길인데, 의사가 성관계를 가져도 된다고 하더군요. 남편은 내내 의사가 통행증을 발급해 주기를 기다리고 있었어요. 그를 실망시킬 수 없어요. 그는 아기에게도 아주 잘해요. 그만큼 남편에게 갚아줘야죠, 그래야겠죠?"

"우리 솔직하게 이야기해 봅시다." 내가 제안했다. 나는 아이린이 특별히 오래 진통했으며 회음부 절개를 많이 했다는 사실을 이미 들어서 알고 있었다. "지금 어떤 기분이죠?"

"잠자리를 하면 고통스러울 것 같아 겁이 나요. 그리고 솔직히 말해서 그가 나를 만지는 것도 싫지만 특히 아래쪽을 만지는 것은 생각만 해도 끔찍해요."

아이린은 많은 여자들이 그렇게 느낀다는 말을 듣고 진정이 되었다. "당신이 느끼는 두려움과 감정을 이야기하세요." 내가 그녀에게 말했다. "나는 성문제 전문가는 아니지만 남편에게 성으로 '갚아준다'는 생각 또한 좋지 않아요."

다행히 그녀의 남편 길이 항상 성이 화젯거리가 되는 '아빠와 나' 수업을 듣고 있었다. 그 며칠 전 나는 수업에 들어가서, 아빠들에게 자신의 욕망에 대해 솔직해져도 되며 또 그래야 하지만 동시에 여성의 입장을 이해해야 한다고 설명했다. 또 여자가 신체적으로 준비되는 것과 마음의 준비가 되는 것에는 커다란 차이가 있다고 덧붙였다.

길은 아이린과 대화하고 그녀의 감정을 인정해 주어야 한다는 것을 이해했다. 무엇보다 그는 어떤 대가를 바라는 것이 아니라, 그녀에게 감사하고 사랑하고 함께 있기를 원한다는 것을 보여주기 위해 잘해야겠다는 생각을 갖게 되었다. 그것이 진정한 애정이며, 여자들은 백 마디 말보다 그런 분위기에 의해 훨씬 더 에로틱해진다.

출산 후 성관계

여자들이 느끼는 방식

- 지쳐 있다 성관계도 또 하나의 귀찮은 일이다.
- 스트레스 모두가 나를 못살게 구는 것 같다.
- 죄책감 아기 또는 남편을 힘들게 하는 일이다.
- 수치심 아기가 옆방에 있으면 나쁜 짓을 하는 기분이다.
- 무관심 생각할 겨를이 없다.
- 자의식 몸이 뚱뚱하고 유방이 '기형' 처럼 느껴진다.
- 경계심 남편이 뺨에 키스하면서 '사랑한다' 고 말하거나 허리에 팔을 두르면 잠자리를 바라는 첫 단계처럼 느껴진다.

남자들이 느끼는 방식

- 초조함 얼마나 더 기다려야 하는가?
- 거부당한 느낌 왜 나를 원하지 않을까?
- 질투심 나보다 아기를 더 걱정한다.
- 원망 아기가 아내의 시간을 모두 차지한다.
- 분노 아내는 도대체 언제 정상으로 돌아올 것인가?
- 혼란 잠자리를 요구해도 괜찮을까?
- 속은 기분 의사가 괜찮다고 말했는데 그후로도 몇 주일이 지났다.

♥ 부모가 되기 전의 성생활을 돌아보자. 나는 어느 날, 미지와 키이스 그리고 이제 3개월이 되어가는 그들의 딸 파멜라를 방문했다. 나는 파멜라를 처음 2주 동안 보살핀 적이 있다. 키이스는 미지가 부엌에서 차를 끓이고 있는 동안 나를 한쪽으로 끌고 갔다.

"트레이시, 미지와 나는 파멜라가 태어나고 난 이후 한번도 잠자리를 갖지 않았는데 이제는 참을 수가 없습니다." 그가 고백했다.

"키이스, 한 가지 물어보죠. 아기가 태어나기 전에는 부부관계를 많이 했나요?"

"별루요."

"아기가 생기기 전에 성생활이 별로 활발하지 않았다면, 당연히 더 나아지지는 않을 겁니다."

그렇게 말하면서 오래된 농담이 하나 생각났다. 어떤 남자가 수술을 받고 나서 의사에게 피아노를 쳐도 되느냐고 물었다. "물론이죠." 의사가 말한다. "아이고, 다행이군요." 남자가 말한다. "전에는 피아노를 쳐본 적이 없거든요." 부부들은 그들의 성생활에 대해 현실적인 기대감을 가질 필요가 있다.

♥ 자신의 가치관에 따르자. 부부가 함께 자신들에게 지금 당장 중요한 것이 무엇인지 결정하고 몇 달마다 재평가를 하자. 양쪽 다 성관계가 중요하다고 생각한다면 일부러라도 시간과 공간을 만들자. 1주일에 한 번 저녁 데이트를 계획한다. 아기 보는 사람을 구하고 외출을 한다. 나는 우리 수업에 들어오는 남자들에게 항상 여자가 생각하는 로맨스는 때때로 섹스와는 아무 관계도 없다는 사실을 상기시킨다. "여러분은 섹스를 원할지도 모르지만, 여자는 대화와 촛불과 협조를 원합니다. 부탁하지도 않았는데 설거지를 해수면 섹시하게 느낄 겁니다!" 꽃도 선물하고 기분을 맞춰주자. 아내가 아직 신체적으로나 정

서적으로 준비되지 않았다면 물러나야 한다. 억지로 해서 되는 일이 아니다.

한마디 더

엄마들이여, 아빠와 함께 외출하면 아기 이야기는 하지 말자. 아기를 집에 두고 나와서까지 아빠에게 섭섭한 마음을 갖게 하지 않으려면 아기에 대한 생각은 잠시 접어두어야 한다.

♥ 기대치를 낮춘다. 성관계는 친밀한 행위지만 친밀한 행위가 성관계밖에 없는 것은 아니다. 아직 준비되지 않았다면 다른 방법을 찾아보자. 손을 잡고 함께 음악회에 가거나 또는 1시간 동안 키스만 하는 방법을 택해보자. 나는 항상 남자들에게 참으라고 타이른다. 여자들은 시간이 필요하다. 또 남자는 여성의 거부를 감정적으로 받아들이면 안 된다. 나는 남자들에게, 몸 안에 작은 사람을 넣고 있다가 내보내면 어떨지 상상해 보라고 한다. 그런 상황에서 어떻게 곧바로 성관계를 하고 싶어지겠는가?

죄책감을 갖지 말고 직장으로 돌아가라

여성이 아기를 갖기 위해 직장을 그만두거나 좋아하는 취미 등을 그만두면 언젠가는 "나는 어떻게 되는 거지?"라는 회의가 드는 순간이 온다. 어떤 여성들은 임신중에 이미 다시 직장으로 돌아갈 계획을 세우기도 한다. 이럴 경우 엄마들은 대개 다음과 같은 두 가지 문제에 직면한다. "어떻게 하면 죄책감을 느끼지 않고 일을 할 수 있을까?" 그리고 "누구에게 아기를 맡길 것인가?" 적어도 내 생각에는 첫 번째 문제가 좀더 단순하므로 먼저 생각해 보기로 하자.

죄책감은 거추장스러운 모성이다. 우리 할아버지는 이렇게 말하곤 했다. "인생은 리허설이 아니다. 다시는 돌이킬 수 없다." 인생은 다시 살 수 없으므로, 죄책감이란 이 세상에서의 소중한 시간을 낭비하는 일이다. 죄책감이 언제, 어디서 그리고 왜 시작되었는지는 모르지만 어쨌든 이 세상에 만연해 있다. 완벽해지고자 하는 바람 때문일지도 모르지만, 내가 보기에 엄마들은 일을 하거나 안 하거나 어쨌든 죄책감을 느낀다.

우리 교실에 나오는 일부 여성들은 '단순히 엄마' 또는 '단순히 가정주부'이기 때문에 자신을 완전히 무능력하다고 느낀다. 일하는 엄마들도 나름대로 이유는 있겠지만, 자신에 대해 만족하지 못한다. "우리 어머니는 내가 직장에 나가는 것에 반대합니다." 어떤 여성은 말한다. "아기와 보내야 하는 금쪽 같은 시간을 놓친다는 거죠."

밖에 나가서 일을 하기로 결정하는 여성들은 이러저런 고민을 한다. 무엇보다 아이를 사랑하는 것은 사실이지만 경제적인 문제, 정서적인 만족감 그리고 자긍심도 작용한다. 어떤 엄마들은 단지 무언가 자기 일이 없으면 견딜 수 없을 것 같다고 말한다. 나는 그들에게 아기를 사랑하고 보살피라고 권한다. 하지만 그렇다고 해서 그들의 꿈을 추구할 수 없는 것은 아니다. 일을 한다고 해서 나쁜 엄마가 되는 것은 아니다. 일을 하다 보면 그럭저럭 꾸려갈 수 있다는 자신감이 생기기도 할 것이다.

어떤 여성들은 경제적인 이유로 일을 해야만 한다. 또는 자아실현을 위해 일을 할 수도 있다. 중요한 것은 엄마들은 모두 자기 몫을 하고 있다는 것이다. 집에서 행복하게 살림을 하고 있는 엄마들도 미안하게 생각할 필요가 없다. 나는 예전에 우리 어머니에게 이렇게 물은 적이 있다 "뭔가 하고 싶지 않으세요?" 그녀는 화난 표정으로 나를 바라보더니 말했다. "뭔가를 한다고? 나는 살림을 하고 있다. 내가 아무 것도 하지 않는다는 거니?" 나는 그 교훈을 잊지 않았다.

팔을 걷어붙이고 집안일을 도와주는 아빠들도 있지만, 대부분 아이를 키우는 일은 엄마들의 몫이다. 게다가 편모라면 남편의 도움을 바랄 수 있는 처지도 아니다. 그런 엄마들이 적어도 전화를 받고 친구들과 점심을 먹고 엄마 이외의 다른 역할을 바라는 것은 잘못이 아니다. 하지만 이런저런 충고를 듣고 책임감을 느끼는 혼란스러운 와중에서 쉽게 죄책감에 빠지게 된다. 나는 두 가지 극단, 즉 완벽주의와 될 대로 돼라는 마음 사이에서 갈팡질팡하는 엄마들의 이야기를 듣는다. "나는 우리 아기를 사랑해요. 그리고 최고의 엄마가 되고 싶어요. 그렇다고 해서 내 생활을 포기해야 하는 건가요?"

한마디 더

죄책감이 느껴지면 자신에게 이런 주문을 외워보자. "나를 위한 시간을 갖는다고 해서 아기에게 해가 되는 것은 아니다."

엄마들이 자신의 영혼을 살찌우는 무언가를 할 수 있는 시간을 갖지 않는다면, 아기가 전부인 삶이 된다. 아기와 할 수 있는 일에는 한계가 있다는 사실을 인정하자. 아기가 주는 즐거움도 한계가 있다. 죄책감을 느낄 에너지가 있다면 자신의 상황을 좀더 바람직하게 만드는 해결책을 생각해 보자. 밖에 나가 일하고 싶다거나 그렇게 해야 할 필요가 있다면, 집에서 아이와 함께 지낼 때 좀더 의미있게 시간을 보내는 방법을 생각해 내자. 예를 들어, 아이들과 함께 있을 때에는 전화를 걸지 않는다. 코드를 뽑아놓거나 자동응답기를 켜놓는다. 주말에는 일을 하지 말자. 그리고 집에 있을 때에는 사무실 일은 생각하지 말자. 아기들은 엄마가 딴 생각을 하고 있는 것을 금방 알아차린다.

이제 누구에게 아기를 맡길 것인지에 대한 문제가 남아 있다. 사람을 고용할 것인지 아니면 도움을 받을 것인지 결정해야 한다.

엄마를 위한 후원회를 조직하자

영국에서는 전통적으로 40일간 산후조리를 하기 때문에, 나는 사라가 태어난 후 6주의 회복 기간 동안 아기만 돌보면서 다른 일은 하지 않았다. 외할머니와 어머니와 주변의 친척들과 이웃이 와서 집안일을 하고 음식도 만들어주었다. 덕분에 나는 일을 해야 한다는 중압감을 느끼지 않았다. 소피를 낳았을 때에도 같은 후원자들이 세 살이 된 사라를 돌봐주었으므로, 나는 새로 태어난 아기와 친해질 수 있었다.

영국에서는 아기를 낳으면 흔히 공동체 행사가 되다시피 한다. 할머니, 이모, 이웃집 아줌마까지 타석에 오른다. 먼저 경험을 해본 그들보다 훌륭한 구원자는 없다.

이런 전통은 많은 문화권에서 볼 수 있다. 임신에서 출산까지 도와주는 제도와 부모가 되기까지의 험난한 과정을 무사히 통과하도록 배려해 주는 관습도 있다. 산모가 육체적 · 정서적인 안정을 취하게 도와주고 음식을 만들어주는 등 집안일에서 벗어나 마음 편히 아기를 돌보고 산후조리를 하도록 해준다.

그렇지만 많은 여성들이 그렇지 못한 상황에 있다. 좀처럼 이웃의 도움을 받을 수 없고, 친척들은 멀리 살고 있다. 운이 좋으면 가족과 친구들이 몇 명 찾아와서 음식을 만들어주기도 한다. 또 산모가 종교단체나 지역사회 단체의 일원이라면 그 구성원들에게 도움을 받을 수 있다. 어떤 식으로든 기분을 북돋워주고 편안하게 해줄 수 있는 후원자를 한 사람이라도 구하는 것이 중요하다.

가족 구성원들과의 관계를 평가해 보자. 친정어머니보다 산모에 대해 더 잘 아는 사람은 없다. 또 새로 태어난 손주를 사랑할 것이고 아기의 안전을 누구보다 염려할 것이다. 나는 협조적인 할머니나 할아버지가 있는 집에서는 아주 즐겁게 일한다. 나는 그들에게, 각자 할 일을 정해서 목록을 만들어준다. 산모는 지금 집안일에 대해 생각조차 하지 않는 것이 좋다.

하지만 그렇게 화목한 가정의 그림이 그려지지 않는 경우도 있다. 부모들은 참견을 하거나 젊은 세대 비판하기를 좋아한다. 특히 모유수유에 관해서는 친정어머니도 경험이 없을지 모른다. 기껏해야 "왜 그렇게 오래 안고 있니?" 또는 "나는 그런 방법으로 하지 않았는데"라는 식으로 애매모호하게 한마디씩 던질지도 모른다. 그런 상황에서는 도움을 구해봐야 아무 소용이 없다. 산모는 그렇지 않아도 스트레스가 겹쳐서 주체하기 힘든 상태다. 그렇다고 어머니의 출입까지 막으

후원자 관리는 이렇게 하자

다음은 도와주는 사람들을 최대한 활용하는 요령이다.

- 사람들이 알아서 도와줄 것이라고 기대하지 말고 도움을 청한다.
- 특히 처음 6주 동안은 사람들에게 쇼핑 · 요리 · 청소 · 세탁 등을 맡기고 아기와 함께 지내면서 아기에 대해 배우는 시간을 갖는다.
- 합리적이 되자. 상대가 해줄 수 있는 것을 부탁하자.
- 아기의 일과표를 만들어 사람들이 참고할 수 있도록 하자.
- 고함을 질렀다면 사과하자. 분명 고함지르는 일이 생길 것이다.

라는 것은 아니지만 때로는 어머니의 한계를 인정하고 의지하지 않는 것이 현명하다.

산모들은 종종 나에게, 듣고 싶지 않은 충고를 어떻게 처리해야 할지 묻는다. 특히 상대가 서먹서먹한 관계라면 더욱 곤란한 문제다. 나는 편견을 갖지 말라고 한다. 산모는 지금 신경이 예민해져 있다. 자신의 입장을 지키려고 한다. 그래서 누군가 자신이 하고 있는 것과 다른 방법을 제안하면, 그 충고가 도움이 될지라도 자신을 비판하는 말처럼 느낄 수 있다. 그 즉시 자신이 비판을 받고 있다고 결론내리기 전에, 그 충고가 어디서 나온 말인지 고려해 보자. 어쩌면 상대방은 진심으로 도움이 되고자 유익한 조언을 해주고 있을지도 모른다.

모든 종류의 제안에 귀를 기울이자. 친정어머니에서 형제, 이모, 할머니, 소아과 의사, 이웃집 여자들이 하는 말을 들어보자. 다 들어보고 자신에게 맞는 것을 선택하면 된다. 아기를 기르는 문제는 토론의 주제가 아니라는 것을 기억하자. 자기 주장을 하거나 방어할 필요가 없다. 무엇보다, 엄마들이 가정을 꾸려가는 방법은 저마다 다르다. 그래서 모든 가정이 특별한 것이다.

한마디 더

누군가 묻지도 않은 조언을 할 때, 머리 속으로는 "아무리 뭐라고 해도 내 방식대로 할 거야"라고 생각할지라도, "와! 그거 정말 괜찮네요. 당신 가족에게 정말 잘 맞았을 것 같군요"라고 말하자.

보모 구하기

영국 자랑을 하는 건 아니지만, 영국과 비교해서 미국에는 보모 산업이 아직 틀이 잡히지 않았다. 영국에서는 보모를 가정교사라고도 하며, 법으로 엄격하게 규제하고 인정하는 직업이다. 보모가 되려면 인가받은 보모 학교에서 3년 동안 훈련을 받아야 한다. 그런데 미국에 와서, 손톱 다듬는 일은 자격증이 필요하면서 아이들을 돌보는 일은 아무것도 필요하지 않다는 사실을 알고 깜짝 놀랐다. 자연히 보모의 심사 과정은 부모나 직업소개소에 맡겨진다. 나는 일반적으로 처음 몇 주 동안 부모들과 함께 일하기 때문에 보모를 선택하는 자리에 종종 함께 있게 된다. 그것은 어렵다 못해 스트레스가 엄청나게 쌓이는 일이다.

한마디 더

보모를 구하려면 세 달 전부터, 적어도 두 달 전부터 알아보는 것이 좋다. 아기가 6주에서 8주 정도 되었을 때 직장으로 돌아갈 계획이라면 임신중에 시작해야 한다.

적당한 보모를 구한다는 것은 힘든 일이다. 이 세상의 그 무엇과도 바꿀 수 없는 소중한 아기를 돌볼 사람을 구하는 일이므로 신중하게 현명한 선택을 해야 한다. 우선, 고려해야 할 점들은 다음과 같다.

♥ 나에게 필요한 것은 무엇인가? 먼저 자신의 상황을 평가해야 한다. 전일 근무 입주자가 필요한가, 아니면 시간제로 고용할 것인가? 만일 후자라면 정해진 시간을 지킬 수 있는가 또는 필요로 할 때 와줄 수 있는가?

또 가정에서의 경계 범위에 대해 생각해 보자. 만일 보모와 함께 살게 된다면 어떤 구역을 출입금지로 할 것인가? 식사는 따로 할 것인가 아니면 가족과 함께 할 것인가? 아기가 자고 있을 때는 옆에 있어 주기를 원하는가? 따로 방을 제공할 것인가? 전화와 주방은 제한 없이 사용하도록 할 것인가? 집안일도 함께 해주기를 바라는가? 그렇다면 가격이 얼마나 올라가는가? 보통 경험 많은 보모들은 아기 옷을 세탁하는 것 외에 다른 일은 하지 않으며, 어떤 사람들은 그것도 거절한다. 읽고 쓰는 능력이 어느 정도인가? 적어도 읽고 메시지를 받아 적고 '보모 일지'(291쪽 참고)를 기록할 수 있는 정도는 되어야 한다. 또 컴퓨터를 사용할 수 있기를 바라는가? 영양학적인 지식을 갖춘 사람을 원하는가?

보모를 알아보기 전에 먼저 자신이 원하는 사항을 자세하게 확인해 두면 면접을 좀더 요령있게 할 수 있다.

한마디 더

보모가 해주기를 바라는 일을 모두 적어본다. 자신이 무엇을 원하는지 분명히 해두고 보모 후보들이 방문했을 때 아기와 집안일에 관련된 의무뿐 아니라 봉급, 휴가, 금지사항, 비번일, 보너스, 초과근무 수당까지 자세하게 의논하자.

♥ 면접을 하면서 자세히 살펴보자. 보모가 원하는 것이 무엇인지 알아보자. 그것이 직무내용설명서와 일치하는가? 일치하지 않는다면 차이점에 대해 상의한다. 어떤 교육을 받았는가? 전에 일했던 곳과 왜 그만두었는지 물어본다(보충 설명 '보모로 부적당한 사람' 참고). 애정, 원칙, 방문객에 대해서는 어떤 생각을 갖고 있는가? 스스로 알아서 하는 사람인가 아니면 시키는 대로 하는 사람인가? 이것은 엄마가 어떤 보모를 바라는지에 따라 결정된다. 보조 역할을 원했는데 감독관이 들어온다면 당연히 불편할 것이다. 원만한 관계를 이끌어갈 수 있는 성격인지 알아보고 건강에 대해서도 질문해 보자.

♥ 나에게 적당한 사람인가? 서로 궁합이 잘 맞아야 한다. 친구가 아끼던 보모가 내게서는 냉정하게 떠날지도 모른다. "나는 특별히 어떤 사람을 원하는가?" 하고 자신에게 물어보자. 아무도 완벽할 수는 없다. 고려해야 할 중요한 조건 중에는 나이와 민첩성이 있을 것이다. 젊고 활발한 사람이 필요할지도 모르고, 이런저런 이유로 나이가 지긋하고 좀더 안정된 사람을 원할 수도 있다.

♥ 엄마 자신의 책임에 유념한다. 보모는 일종의 동업 관계이지 노예가 아니다. 직무내용설명서는 양쪽 모두에게 적용되므로, 과외로

보모로 부적당한 사람

- 최근에 여러 번 자리를 옮겨다녔다면, 한 가지 일을 오래 못 하거나 고용주와 원만하게 지내지 못하는 사람일 수 있다. 한두 곳에서 3년 이상 일했다면 대개 유능하고 책임감이 있는 사람으로 볼 수 있다.
- 최근까지 일을 하지 않았다면, 아팠거나 고용이 불가능한 사람일 수 있다.
- 다른 엄마에 대해 나쁘게 말하는 사람들이 있다. 내가 면접해 본 어떤 사람은 전에 자신이 일했던 집 엄마가 매일 밤 너무 늦게까지 일을 시켰다고 계속 불평했다. 왜 그 엄마와 직접 상의를 하지 않았는지 이해되지 않았다.
- 자기 아이가 있는 보모는 아이들의 전염병을 옮길 수도 있고, 급한 일이 생겨서 가버리면 곤란한 상황이 될 수 있다.
- 첫인상이 좋지 않은 경우, 직감을 믿어도 된다. 느낌이 좋지 않은 사람은 고용하지 말자.

다른 일을 맡기지 말자. 보모에게 집안일을 시키지 않기로 했다면 기대도 하지 말아야 한다. 또 일을 잘할 수 있도록 필요한 모든 수단, 예를 들어 비상시에 연락할 수 있는 전화번호 등을 알려준다. 그리고 보모도 자신의 가족이나 친구들과 시간을 가질 휴일이 필요하다는 것을 기억하자. 혼자서 일만 하는 것은 바람직하지 않다. 하루종일 아기에게 매달려 있는 것이 엄마에게 좋지 않다면, 마찬가지로 보모도 다른 사람들과 만나는 시간이 필요하다.

♥ 보모의 일을 정기적으로 평가하고, 잘못된 일은 즉시 바로잡아준다. 어떤 사람과 좋은 관계를 유지하는 최선의 방법은 솔직한 대화를 나누는 것이다. 그것은 보모와의 관계에서도 아주 중요한 일이다. '보모일지'를 기록하도록 하여, 엄마가 부재중일 때에도 돌아가는 상황을 확인할 수 있도록 하자. 그러면 예컨대 아기가 밤에 평소와는 다른 행동을 하거나 어떤 알레르기 반응을 보였을 때, 그 원인을 좀더 확실하게 파악할 수 있을 것이다. 보모에게 어떤 제안을 하거나 다른 방법을 원할 때에는 솔직하고 분명하게 이야기하자. 개인적으로 만나서 기분이 상하지 않도록 대화한다. 같은 말이라도 "왜 내가 시키는 대로 하지 않느냐"는 식이 아니라 "나는 이런 식으로 하기를 바란다"고 좀더 긍정적으로 표현할 수 있다.

♥ 엄마 자신의 감정을 탐지하자. 엄마는 다른 사람 손에 아기를 맡기는 것에 대한 말못할 두려움 때문에 보모를 부정적인 태도로 대할 수 있다. 질투는 정상적이고 다른 엄마들도 느낄 수 있는 감정이다. 나는 우리 어머니가 사라를 돌보고 있을 때에도 약간은 시샘을 했다. 나는 많은 일하는 엄마들로부터, 훌륭하고 믿을 만한 사람을 찾은 것이 뛸 듯이 기쁘면서도 한편으로는 그 사람이 아기의 첫 미소나 첫 걸

음마를 보게 될 것이라는 생각을 하면 속이 상한다는 이야기를 듣는다. 내가 해줄 수 있는 충고는, 그런 감정을 남편이나 친한 친구에게 솔직하게 털어놓으라는 것이다. 그것은 부끄러워할 일이 아니다. 거의 모든 엄마들이 그런 감정을 갖고 있다. 그리고 엄마는 나 자신이고 아무도 그 자리를 대신할 수 없다는 것을 기억하자.

보모일지

보모에게 엄마가 집에 없을 때 일어난 일들을 간단한 일지로 기록하게 하자. 아래 견본을 참고하여 각자의 형편에 맞게 보모일지를 만들어보자. 보모일지를 참고로 아기가 성장하고 변화하는 모습을 기록해 둘 수도 있다. 보모가 작성하는 데 너무 많은 시간이 걸리지 않도록 자세하면서도 간단한 양식을 만들자.

음식
수유 시간 :
오늘 새로 먹음 음식 :
아기의 반응 : 가스 딸꾹질 구토 설사
세부 사항 :
활동
실내 : 이불 속 기어다니기 ___분 볼풀 ___분
기타
실외 : 공원 산책___분 수영장___분
기타
전환점
웃었다. 머리를 들었다. 뒤집었다. 앉았다. 일어섰다. 첫발을 옮겼다.
기타
약속
검진
나들이
특별한 사건
사고
화가 난 일
평소와 다른 일

8장

기대에 어긋난 특수 상황 대처법

지혜로운 엄마는 앞을 멀리 내다볼 줄 안다

비상사태와 위기상황이 닥치면

우리의 생명력이 생각보다 훨씬 강하다는 사실을 알게 된다.

—윌리엄 제임스

기대를 벗어난 뜻밖의 상황들

누구나 가족계획을 할 때에는 수월하게 수태가 되어 무사히 임신 기간을 보내고 순산을 해서 건강한 아기를 낳으리라고 생각한다. 하지만 세상이 항상 순리대로 움직이는 것은 아니다.

임신이 안 되어 입양을 할 수도 있고 체외수정 또는 시험관아기 시술 등의 다양한 대안을 제공하는 ART(보조생식술)를 이용해야 할지도 모른다.

또 임신 후에 예기치 못했던 상황에 맞닥뜨릴 수도 있다. 쌍둥이나 세쌍둥이를 임신하는 것은 분명 축복이지만 동시에 부담스럽기도 하다. 또는 임신중에 요양을 해야 할 상황에 부딪힐 수도 있다. 35세가 넘어 임신을 하면, 특히 배란촉진제를 복용했다면, 젊은 엄마들보다 좀더 조심해야 할 것이다. 임신 전에 당뇨 같은 문제가 있었다면 위험도가 높은 임산부로 간주된다.

마지막으로, 이상분만 문제가 있다. 조산을 하거나 출산 후 문제가 생겨서 입원 기간이 길어질 수 있다. 엄마들은 아기를 곧바로 안을 수 없을 때 힘들어한다. 카일라는 샤샤가 예정일보다 3주 먼저 태어났기 때문에 혼자 퇴원해야 했다. 작고 연약한 샤샤는 폐에 물이 차서 6일을 더 신생아중환자실(NICU)에서 보내야 했다. 운동을 좋아하는 카일라는 그때의 심정을 이렇게 회고한다.

"마치 게임을 하려고 준비를 했는데 누군가 와서 '경기가 연기되었습니다'라고 말하는 것 같더군요."

많은 책들이 불임, 입양, 쌍둥이, 이상분만 등에 관해 다루고 있지만, 여기서는 아기를 어떤 식으로 임신하고 분만했는지와 관계없이 그리고 어떤 문제가 일어난다고 해도 이 책의 중심 개념들을 적용하는 것이 목적이다.

문제가 문제를 낳는다

앞에서 여러 가지 문제에 대해 대략 설명했지만, 지금부터는 문제점들을 하나하나 짚어보면서 특수 상황과 예기치 않은 사건에 대비할 수 있는 해결책을 제시하려고 한다. 우리가 어떻게 반응하는가에 따라 결정이 달라지고, 아기를 보고 듣는 방법이 달라지고, 규칙적인 일과에 영향이 미친다. 다음은 특수한 상황이나 문제에 부딪친 엄마들이 보편적으로 느끼는 감정들로, 미리 알고 있다면 마음의 준비를 할 수 있을 것이다.

♥ 일반 산모보다 더 피곤하고 감정적으로 더 지치고, 따라서 모든 것이 더 걱정스럽다. 힘든 임신 기간을 보냈거나 난산을 했다면 아기가 태어난 후에 완전히 기진맥진해진다. 쌍둥이나 세쌍둥이를 낳으면 훨씬 더 힘들다. 또 출산중에 무언가 갑자기 잘못되어 뜻밖의 일들이 생기면, 몸 전체에 충격을 받아 며칠이고 몇 주일이고 그 여파가 계속된다. 누구나 출산 후에는 지치게 마련이지만, 이런 예기치 않은 상황으로 인해 더욱 쇠약해질 수 있다. 더구나 지속적인 긴장은 육아 능력뿐 아니라 남편과의 관계에도 영향을 줄 수 있다.

그 모든 것을 한꺼번에 해결할 수 있는 뾰족한 수는 없다. 위기가 닥치면 감정이 격해지기 마련이다. 그럴 때 우리가 할 수 있는 일은 필요한 휴식을 취하고 모든 도움을 받아들이는 것이다. 지금의 상황을 분명히 알고 언젠가는 어려움이 끝날 것이라고 스스로 위안해야 한다.

♥ 아기가 태어난 후에도 아기를 잃어버릴까 봐 더 두려워질 수 있다. 임신하려고 6~7년간 노력했거나 또는 임신이나 출산이 힘들었다

면, 처음부터 불안한 마음이 있었겠지만 아기가 태어난 후에 더 심해질 수 있다. 입양한 경우에도 사소한 일에 전전긍긍하기 쉽다. 아기가 작은 소리만 내도 지나치게 귀를 기울이고 가슴이 철렁 내려앉을지도 모른다. 그래서 '뭔가 잘못될' 것이라고 스스로 믿는다.

카일라와 폴은 자신들이 '아기를 죽일까 봐' 두려워했다고 한다. 샤샤는 처음에 아무 문제 없이 젖을 잘 빨았다. 그러나 3주 되었을 때 젖을 자꾸 물었다 뺐다 했다. 그 무렵에 아기는 점점 젖을 잘 빨고 먹는 시간도 빨라지고 있었다. 그러나 카일라는 그러한 행동이 '문제'라고 해석했다.

그 해결책은 역시 엄마가 자기 자신에 대해 아는 것이다. 엄마가 너무 불안한 나머지 상황을 정확히 파악하지 못하고 있을지도 모른다는 것을 알아야 한다. 성급한 결론을 내리기 전에 사실을 확인해 보자. 담당 소아과 의사, 신생아중환자실의 간호사 또는 아기를 키운 적이 있는 친구들에게 전화해서 물어보자. 유머감각도 도움을 줄 수 있다. 카일라는 당시를 회상한다.

"내가 '당신은 어떻게 기저귀를 이 따위로 채운 거예요'라는 식으로 완전히 신경질적으로 말하거나 샤샤가 배고파하거나 울지 않는데도 '지금 아기에게 젖을 먹여야 해요'라고 소리를 지를 때마다 남편이 말했죠. '당신은 지금 고장난 라디오처럼 변하고 있어.' 내가 '변덕스러운 엄마'라는 뜻으로 하는 말이었죠. 그 말을 들으면 내 자신을 돌아보며 진정을 하곤 했죠." 카일라는 샤샤가 3개월이 되자 편안한 엄마가 되었다. 그때쯤이면 보통 불안해하던 많은 엄마들이 진정한다.

♥ "과연 내가 잘한 것인가?" 회의가 들지도 모른다. 아이를 갖기 위해서 얼마나 많이 생각하고 얼마나 힘들게 노력했던가. 몇 년 동안 임신을 시도하고 지루하게 긴 절차를 밟으면서 실망도 많이 했을 것이

다. 그러다가 마침내 부모가 되었을 때 또는 불임치료에 흔히 따라오는 쌍둥이나 세쌍둥이 엄마가 되어 감당하기 어려울 때, 정말 그만한 노력을 할 가치가 있었는지에 대해 회의가 들지도 모른다.

많은 엄마들이 이렇게 느끼지만, 자신의 감정을 좀처럼 인정하려 들지 않는다. 그런 감정을 느끼면 당황스럽고 부끄러워 감추려 한다. 따라서 자신의 감정이 일반적이라는 이야기를 듣지 못한다. 정말 아기를 취소하고 싶어하는 엄마는 물론 없다. 그럼에도 불구하고 자신의 감정 때문에 완전히 주눅이 들어 침묵하고 혼자 속으로 끙끙 앓기 때문에, 그런 부정적인 감정과 두려움이 영원히 지속될 것처럼 느껴진다.

만일 이 같은 감정을 갖고 있다면 용기를 내자. 특히 그 감정이 영원히 지속되지 않는다는 사실을 기억한다면 얼마든지 벗어날 수 있다. 상담원이나 단체 이와 같은 일을 겪어본 다른 부모들을 만나보자. 입양을 했거나 쌍둥이가 태어났거나 또는 이상 분만으로 인해 아기에게 특별한 주의가 필요하다면 거기에 맞는 도움을 줄 만한 사람들이 있을 것이다.

♥ 자신의 판단보다 외적인 근거에게 의존한다. 불임클리닉을 다녔다면, 상담하면서 그 분야의 많은 전문가들을 알게 되었을 것이다. 미숙아를 낳았다면, 병원의 신생아중환자실에서 일하는 간호사들에게 의지했을지도 모른다. 그러다가 아기를 집에 데려오면 많은 엄마들이 시계와 저울의 노예가 된다. 수유를 할 때마다 '아기에게 필요한 만큼 먹이고 있는 걸까?' 걱정하고 매일 아기의 몸무게를 재본다. 끊임없이 의사와 간호사들에게 전화를 걸어 상담하지만 여전히 고립되고 헤매는 기분이 든다.

나는 전문적인 지식과 정확한 측정이 불필요하다고 말하는 것이 아통계로 보면…

- 입양 미국에서는 1990년대 매년 약 12만 건의 입양이 있었다. 약 40퍼센트는 친족에 의한 입양이지만 15퍼센트는 공공기관, 35퍼센트는 민간시설이나 의사 또는 변호사 등을 통해 이루어졌다. 10퍼센트는 해외 입양이다.*

- 쌍둥이 전체 쌍둥이 비율은 100건의 출산 중 1.2건, 세쌍둥이는 6,889건 중 1건이다. 그 숫자는 배란촉진제로 인해 급증세에 있다. 클로미드를 복용하면 쌍둥이를 낳을 확률이 100건당 8건, 세쌍둥이는 100건당 0.5건으로 증가한다. 페르고날을 복용할 경우에는 쌍둥이를 낳을 확률이 100건당 18건, 세쌍둥이는 100건당 3건이다.

- 미숙아 해마다 임산부 중 10퍼센트 정도가 37주 이내에(38~40주가 정상) 분만을 한다. 산모가 35세 이상이거나 쌍둥이를 가졌거나 아니면 극도의 스트레스, 당뇨, 감염, 전치 태반과 같은 임신 중 이상증상을 한 가지 이상 갖고 있으면 조산할 확률이 높다.

니다. 처음에는 아기가 잘 자라고 있는지 확인할 필요가 있다. 그러나 부모들은 아기가 고비를 넘겼는데도 계속 초조해하는 경향이 있다.

* 우리나라의 입양기관을 통한 입양건수는 1991~1995년 총 1만 6,791건 중 해외 입양 1만 974건, 국내 입양 5,817건(34.6%)이었다. 1996~2000년에는 총 1만 8,828건 중 해외 입양 1만 1,349건, 국내 입양 7,479건(39.7%)으로 국내 입양의 비율이 점차 높아지고 있다. 현재의 입양특례법에 따르면, 입양기관을 통하지 아니하는 개인적인 입양은 공식적으로 인정되지 않는다.

일단 아기의 체중이 늘고 있는 것을 확인하면 하루에 한 번이 아니라 1주일에 한 번 정도 체중을 재면 된다. 어떤 일이 있어도 전화를 하지 말라는 것이 아니다. 전화를 하기 전에 잠시 시간을 갖고 지금 무엇이 잘못되었고 어떤 해결책이 있는지를 생각해 보자. 전문가에게 의지하기보다 확인하는 쪽으로 가다 보면 자신의 판단에 대해 점차 자신감이 붙을 것이다.

♥ 아기를 개성을 가진 인격체로 생각하기 어려울 수 있다. 아기에게 문제가 있는 부모들이 자칫 잘못하면 빠지는 함정이 있다. 두려움과 걱정으로 판단이 흐려져서 자신의 감정이나 조산 또는 난산의 충격에서 벗어나지 못하는 것이다. 자신의 아이를 그저 '아기'라고 칭한다면 아기를 인격체로 생각하지 않는다는 신호일지도 모른다. 자신의 아기가 힘들게 세상에 나온 만큼 한 사람의 개인이라는 사실을 기억하고 존중해 주자.

강보에 쌓인 채 신생아중환자실의 인큐베이터에 누워 여기저기 튜브를 꽂고 있는 1.5킬로그램짜리 아기를 보면서 그렇게 생각하기는 어려울지도 모른다. 그래도 아기와 대화를 시작해야 한다. 아기와 말을 하면서 반응을 살피고 아기의 성격을 알아보자. 일단 아기를 집에 데려오면 분만 예정일을 넘긴 후까지 계속 주의깊게 관찰하자.

쌍둥이를 낳는 경우에도 비슷한 상황이 일어날 수 있다. 엄마는 쌍둥이들을 그저 '아기'로 생각한다. 실제 연구에 의하면, 쌍둥이의 부모들은 아기들을 따로따로 보지 않고 둘을 합쳐서 보는 경향이 있다. 소중한 아기들을 각자 개인으로 바라보자. 눈을 똑바로 들여다보자. 분명 각각 특별한 성격과 요구를 갖고 있을 것이다.

♥ 규칙적인 일과를 거부할 수 있다. 조산아나 미숙아는 물론 정상

아보다 좀더 자주 먹고 잠도 더 많이 자야 한다. 게다가 약물치료를 받아야 할지도 모른다. 그러나 아기가 보통 2.5킬로그램이 되면 E.A.S.Y.를 따라가는 것이 가능하고 또 바람직하다. 문제는 몇 달 후에 아기가 다른 또래 아이들만큼 성장해도 부모는 계속 아기를 걱정스러운 눈으로 본다는 것이다.

입양한 부모들도 역시 규칙적인 일과를 종종 거부하는데, 이는 많은 변화를 겪어야 하는 아기를 안쓰러워하기 때문이다. 그래서 아기를 따라가려고 하다가 어김없이 혼란에 빠지곤 한다. 아기가 하자는 대로 따라한다면 어떻게 되겠는가? 아기를 지나치게 떠받들어 키우는 극단적인 과보호의 경우에는 아기가 가정을 지배하는 '왕'이 된다. 아기를 소중히 여기지 말라고 하는 이야기가 아니다. 사실은 그 반대다. 하지만 너무 지나쳐서 아기가 모든 것을 좌지우지하는 것은 보고 싶지 않다.

사실, 어떤 부모들이나 그런 함정에 빠질 수는 있지만 특수 상황에서 시작해야 하는 경우에는 더 비틀거리기 쉽다. 이제, 각각의 특수 상황에 수반될 수 있는 문제점들에 대해 살펴보자.

입양

입양을 통해 부모가 되면 병원, 입양기관, 변호사 사무실 또는 공항에서 아기를 맞이하게 된다. 그 순간이 오기까지 그들은 신청 절차, 가정 방문, 끝없는 전화 그리고 다 된 일이 마지막 순간에 틀어지고 취소되면서 실망하는 등 길고도 험난한 길을 걷게 된다.

여자가 임신을 하면 아홉 달 동안 준비를 한다. 그 동안 생각이 달라질 수도 있지만, 어쨌든 임신 기간 동안 충분히 아이 엄마가 된다는 생각에 익숙해진다. 그러나 갑자기 아기가 생겨서 팔에 안게 되는 경우에는 당황할 수 있다. "나는 여자들이 탑승구로 걸어오던 것을 기억해요." 아이를 입양한 한 엄마는 말했다. "모두들 팔에 아기를 안고 있더군요. '오, 세상에! 저 중에 하나가 내 아기라니' 하고 생각했죠." 그러고 나서 양부모는 보통 처음 만난 아기와 여행을 해야 한다. 만남의 충격이 채 가시기도 전에 아기를 집으로 데려가면서 쩔쩔맨다.

입양을 하면 다행히 임신과 출산에 따르는 육체적인 후유증은 없다. 적어도 조깅이나 평소에 하던 활동을 하면서 긴장을 풀 수 있다. 하지만 종종 육아 부담이 어깨를 무겁게 짓누르면서 정서적으로 흔들릴 수 있다. 입양을 하는 경우는 생모가 너무 어리거나 나이가 많아서 또는 경제적으로나 정서적으로 아기를 키울 여건이 되지 않기 때문에 아기를 포기하는 경우가 많다. 생모는 아기의 탄생 전후에 양부모와 접촉을 가질 수도 있고 아닐 수도 있다. 또는 양부모가 누구인지 모를 수도 있다.

나는 어느 일요일에 태미의 전화를 받았다. 그녀는 입양을 신청했

걱정해야 할 때

아기가 다음과 같은 증상을 보이면 소아과 의사를 찾아가자.

- 입안이 마르고 눈물이 나오지 않거나 소변색이 어두울 때 (탈수증세일 수 있다)
- 대변에 고름이나 피가 섞여 있거나 계속 푸른 변을 볼 때
- 설사가 8시간 이상 계속되거나 구토를 동반할 때
- 고열이 날 때
- 심한 복통이 있을 때

다고 하면서 와서 일해줄 수 있는지 물었다. 그런데 놀랍게도 그 다음 주 목요일, 그러니까 나흘 뒤에 그녀가 다시 전화를 했다. "트레이시, 내일 당장 아기를 데리고 가라는군요." 미처 준비할 시간 여유가 없었다! 태미는 비행기로 먼 길을 날아가서, 보통 입양아들에게 어떤 문제가 없는지 확인하기 위해 실시하는 의료검사를 받고 병원에서 아기를 데리고 왔다. 생모와는 만나지 않았다. 이제, 깨끗한 건강진단서를 받고 그녀의 팔에 안긴 작고 무기력한 존재에게 사랑을 쏟아붓는 일만 남아 있었다.

첫 만남

아기를 집에 데려오면 몇 가지 해야 할 일들이 있다.

♥ 계속 대화를 하자. 양모가 제일 먼저 해야 할 일 중에 하나는 아기와 대화하는 것이다. 아기가 이미 태내에서 양모의 목소리를 들었다면 좋겠지만, 대부분의 경우에 그것은 불가능하다. 정식으로 자신을 소개하고 엄마가 된 것이 얼마나 기쁜지 이야기하자. 만일 다른 나라의 아기를 입양했다면 새 엄마의 목소리에 익숙해지기까지 시간이 좀더 걸릴 것이다. 어조와 억양과 말의 유형이 아기가 들었던 것과는 다르기 때문이다.

♥ 처음 며칠은 힘들 거라고 각오하자. 아기가 처음 집에 오면, 아직 탄생의 충격에서 벗어나지 못한데다가 낯선 사람들을 만나고 오랜 여행을 한 후라 어리둥절할 수 있다. 따라서 많은 입양아들이 처음에는 돌보기가 까다롭다. 태미가 입양한 헌터도 그랬다. 울음을 그치고 새

로운 환경에서 편안하게 느끼도록 하기 위해, 태미는 처음 이틀 동안 헌터가 낮잠을 잘 때만 겨우 눈을 붙이면서 하루종일 함께 지냈다. 그녀는 끊임없이 아기와 대화를 나누었다. 드디어 3일째가 되자 아기는 덜 보챘다. 내 생각에는, 아기가 투정을 부리는 이유가 오래 비행기 여행을 한 탓도 있지만 태내에서 듣던 엄마 목소리를 그리워하기 때문일 수도 있을 것 같다.

♥ 모유를 줄 수 없다고 낙심하지 말자. 아이에게 젖을 먹이는 경험을 하고 싶다거나 영양학적으로 우수한 모유를 먹이고 싶어하는 많은 양모들이 느끼는 문제다.

♥ E.A.S.Y.를 시작하기 전에 며칠 동안 아기를 관찰하자. 되도록이면 빨리 규칙적인 일과를 세워주는 것이 좋지만, 우선 며칠 동안 관찰해야 한다. 물론 언제 아기를 데려오느냐에 따라 달라지기도 한다. 하지만 보통은 며칠에서 몇 달까지의 간격이 있다(다 자란 아이를 입양하는 경우도 있지만 여기서는 신생아의 경우만 이야기하겠다). 두 달, 석 달 또는 넉 달이 된 아기들은 그 동안 보호시설이나 아기를 맡아 기르는 위탁 가정에서 규칙적인 생활을 해왔을 것이다. 그래도 입양아가 치러내야 하는 스트레스는 많기 때문에 적응할 시간이 필요하다. 가장 중요한 것은 엄마가 아기에게 귀를 기울이는 것이다. 아기 스스로 필요한 것을 말해줄 것이다.

병원에서 곧장 데리고 온 신생아일 경우에도 아기가 좋아하는 것과 요구하는 것이 무엇인지 조심스럽게 관찰할 필요가 있다. 태미의 아들 헌터의 경우, 4~5일 정도 지나자 안정되기 시작했고 '모범생 아기'라는 것을 분명히 알 수 있었다. 잘 먹고 기분을 쉽게 예견할 수 있었으며 거의 2시간씩 깨지 않고 잤다. 헌터를 E.A.S.Y. 일과에 따라가게 하는 일은 그리 어렵지 않았다.

그러나 입양아마다 경험하는 것이 다르다. 따라서 아기가 어떤 일을 겪었는지 알아볼 필요가 있다. 아기가 특별히 혼란스러워하는 것 같으면 계속 대화를 하고 많은 신체 접촉을 해주어야 한다. 사실, 처음 나흘 동안은 그야말로 아기를 가슴에 매달고 살면서 태내의 환경을 재연해 줄 필요가 있다. 그러나 그 이상은 하지 말자. 일단 아기가 진정되고 엄마의 목소리에 좀더 반응하게 되면 E.A.S.Y. 를 시작해 보자. 그렇게 하지 않을 경우 다음 장에서 이야기할 '임기응변식 육아' 문제가 생길 수 있다.

이미 다른 누군가의 시간표에 익숙해진 아기를 데려온 경우 아기가 수유 후 곧바로 잠든다면 살며시 습관을 바꿔줄 수는 있지만, 이때에도 역시 며칠의 여유가 필요하다. 우선 아기가 얼마나 먹는지 알아보자. 대부분의 입양아들은 분유를 먹는다. 분유는 보통 1시간에 30cc의 비율로 소화된다고 알려져 있으므로, 3시간 간격으로 충분히 먹이면 된다. 만일 젖병을 물고 잠드는 습관이 들어 있다면 아기를 깨운다. 수유 후에 잠시 아기와 놀면서 깨어 있도록 한다. 그러다 보면 며칠 안에 E.A.S.Y.에 적응할 것이다.

♥ 양모는 생모나 다름없는 부모라는 사실을 기억하자. 입양을 통해 아기를 데려오면, 처음에는 아이 엄마라는 생각이 들지 않고 어색할지도 모른다. 그러나 처음 3개월이 지나면 자기 속으로 낳은 아기나 별반 다르지 않을 것이다. 입양한 사실에 대해 미안하게 생각할 필요 없다. 부모에게는 낳은 정보다 기른 정이 더 각별하기 때문이다. 아기와 함께 지내면서 아기가 아플 때 뜬눈으로 밤을 지새고 모든 면에서 부모의 역할을 다해왔다면, 엄마나 아빠라는 칭호를 얻기 위해 생물학적인 인연은 필요하지 않다.

많은 양부모들은 마음속으로, '이 아이가 자라서 생모를 찾지 않을까?'라는 의문을 갖는다. 그것은 있을 수 있는 일이지만 걱정할 일은 아니다. 자신의 과거를 알고자 하는 권리를 존중해 주면 된다. 그것은 아이의 뿌리에 관한 문제이므로 아이 스스로 결정할 일이다. 사실, 부모가 아이의 호기심을 두려워할수록 아이는 더 알고 싶어한다.

♥ 사실을 공개하자. 아이와 입양 문제를 자연스럽게 이야기해서 굳이 '적절한 시기'에 아이의 출생에 대해 알릴 필요가 없도록 하자.

반드시 생모와 계속 연락을 취할 필요는 없다. 그 문제는 부부가 자신들의 형편을 고려해서 신중을 기해야 하는 복잡하고 개인적인 결정이다. 어쨌든 아이에게는 출생에 관해 솔직하게 이야기할 필요가 있다.

♥ 임신을 한다고 해도 놀라지 말자. 확실하게 말하는 사람은 없지만, 불임 여성이 아이를 입양한 후 갑자기 임신한 것처럼 보인다는 이야기가 전혀 터무니없는 소리만은 아닌 것 같다. 레지나는 아이를 가질 수 없다는 말을 듣고 신생아를 입양했다. 며칠 후, 정말 신기하게도 그녀는 임신을 했다. 더 이상 임신을 해야 한다는 스트레스를 받지 않았기 때문인지도 모른다. 어쨌든 그녀는 이제 9개월 터울의 두 아기를 갖게 되었다. 레지나는 양자 덕분에 임신을 했다고 확신하고 그를 '기적을 만드는 아기'라고 부른다.

조산과 위태로운 출발

하루를 넘기기도 힘들 것 같던 미숙아나 의료 문제를 가진 아기가 정

위기 상황에서 느끼는 감정의 기복

- 충격 너무 놀라서 분명하게 이해하거나 생각하기 어렵다. 친구나 가족이 대신 옆에서 듣고 질문해 줄 필요가 있다.
- 부정 현실로 믿으려 하지 않는다. 의사들도 틀릴 수 있다고 생각한다. 그러나 신생아중환자실에서 아기를 보면 결국 현실로 받아들이게 된다.
- 비탄 완벽하고 건강한 아기를 출산하지 못한 것을 한탄한다. 스스로 연민을 느끼고 아기를 집에 데려가지 못한다는 생각에 더욱 슬퍼진다. 애간장이 타고 매순간이 고통스럽다. 자주 운다. 그러면 다소 도움이 된다.
- 분노 "왜 하필 우리 아기야?"라고 묻는다. 문제를 미리 예방할 수도 있었다는 죄의식을 느끼기도 한다. 남편과 가족에게 분풀이를 할 수도 있다.
- 인정 인생은 그래도 계속되어야 한다는 것을 인정한다. 자신이 변화시키고 제어할 수 있는 일과 할 수 없는 일이 있다는 사실을 이해한다.

한마디 더

인생에서 중요한 것은, 무슨 일이 일어나는지가 아니라 우리가 그것을 어떻게 처리하는가이다.

상적인 아기로 무럭무럭 건강하게 자라는 모습을 지켜보는 것보다 더 가슴 뿌듯한 일은 없다. 나는 우리 작은딸이 7주 먼저 나왔기 때문에 그 심정을 충분히 알고 있다. 우리 아이는 병원에 5주나 더 입원해 있었다. 영국에선 엄마가 아기와 함께 있어도 되기 때문에 처음 3주 동안은 나도 병원에서 지내다가, 그 다음 2주는 집과 병원을 오가면서 밤에는 집에서 사라와 지내고 낮에는 병원에서 소피와 함께 보냈다.

그 고통을 직접 겪어보았기 때문에 미숙아나 신생아중환자실에 입원한 아기의 부모에게 정말 동정이 간다. 하루는 희망을 가졌다가도 다음날은 금방이라도 아기의 숨이 끊어질 것 같아 안절부절하게 된다. 체중이 단 몇 그램이라도 늘지 않았는지 연연하고 감염이 될까봐 걱정하며, 혹시라도 정신지체나 다른 문제가 생길까 두려워하는 심정이 오죽하겠는가. 아기가 신생아중환자실에 누워 있는 것을 보면 엄마는 완전히 무기력해진다. 산후조리도 해야 하고 호르몬은 주체할 수 없이 요동치는데, 아기가 죽지 않을까 두려움에 떨어야 하는 것이다.

의사가 하는 말 한마디 한마디에 매달리지만 십중팔구는 무슨 말을 들었는지 잊어버린다. 나쁜 소식을 들어도 일말의 희망이 있다고 스스로 믿으려고 한다. 하지만 일분일초가 초조하다. "우리 아이가 살 수 있을까?"

어떤 아기들은 살지 못할 수도 있다. 심각한 이상증세나 영아 사망의 60퍼센트 정도가 조산 때문이다. 그 비율은 물론 아기가 얼마나 일찍 나오느냐에 따라 달라진다. 살아난다고 해도 지속적으로 문제가 발생하거나 수술을 해야 하면 부모의 걱정은 더 태산같아진다. 하지만 이 가운데 많은 아기들이 살아날 뿐 아니라 무럭무럭 잘 자라서 3개월 안에 다른 아이들과 똑같아진다.

조산아를 안고 집에 오면 일단 고비를 넘겼다고 해도, 부모들은 그동안 너무 혼쭐이 난 나머지 예전처럼 살 수 있을 것 같지가 않다. 아기뿐 아니라 부모가 살아남으려면 다음과 같은 지침을 따르자.

♥ 정상아로 키우고 싶다면 출산 예정일까지 기다리자. 병원에서는

미숙아의 생존율

마지막 월경 주기로부터 몇 주가 지났는지 계산한다. 아래 숫자는 신생아중환자실에 입원한 아기들의 평균치이므로 개별적으로는 차이가 있다.

23주 10~35퍼센트
24주 40~70퍼센트
25주 50~80퍼센트
26주 80~90퍼센트
27주 90퍼센트 이상
30주 95퍼센트 이상
34주 98퍼센트 이상

아기의 생존율은 23주에서 24주 사이에 1일당 3~4퍼센트씩 증가하며, 24주에서 26주 사이에는 1일당 2~3퍼센트씩 증가한다. 26주 후에는 생존율이 이미 높기 때문에 하루 증가율은 그다지 뚜렷하지 않다.

아기가 2.5킬로그램이 되면 집으로 데려가라고 하지만, 출산 예정일까지는 계속 주의해서 살펴야 한다. 되도록이면 많이 먹고 많이 자고, 놀라지 않도록 해야 한다. 나는 이 경우에 유일하게 아기가 요구할 때마다 수유를 하라고 권한다.

사실 아직 엄마 뱃속에 있어야 하는 시간이라는 것을 기억하고 아기에게 태내의 조건을 만들어주도록 하자. 아기를 태아 자세로 강보에 싸고, 실내 온도를 22도 정도로 유지한다. 신생아중환자실에서는 시각 자극을 피하기 위해 아기 눈을 가려둔다. 따라서 집에서도 방을 어둡게 하는 것이 좋다. 아기에게 흑백 무늬의 장난감을 보여주지 말

자. 아기의 뇌가 아직 완전히 형성되지 않았으므로 충격을 주면 안 된다. 아기들은 모두 세균에 노출되지 않도록 조심해야 하지만 미숙아는 더욱더 청결에 신경써야 한다. 폐렴에 걸릴 확률이 높기 때문이다. 젖병은 항상 소독해야 한다.

어떤 부모는 밤에 교대로 가슴에 아기를 올려놓고 잔다. '캥거루 육아'라고 불리는 이 방법은 미숙아의 폐와 심장 발달에 도움이 되는 것으로 알려져 있다. 런던에서의 한 연구에 의하면, 인큐베이터에서 자란 아이들과 비교해 볼 때 엄마의 가슴에 살을 맞대고 키우면 더 빨리 체중이 늘고 건강 문제도 줄어든다고 한다.

♥ 가능하면 모유도 젖병으로 먹이자. 아기가 2.5킬로그램이 될 때까지의 섭생에 대해서는 신생아 전문의가 결정한다. 그러나 일단 집에 데리고 오면 엄마는 의지할 데가 없어진다. 물론 중요한 관심 중 하나가 체중을 늘리는 것이다. 얼마나 먹여야 하는지 담당 의사와 상의할 필요가 있다. 이런 경우 내가 젖병으로 먹이라고 하는 이유는, 아기가 얼마나 먹고 있는지 알 수 있기 때문이다(모유를 짜서 주면 가장 이상적이다). 더구나 어떤 아기들은 엄마젖을 잘 빨지 못한다. 아기가 너무 일찍 나왔다면 빠는 반사가 아직 발달하지 않았을 수도 있다. 아기는 수태 후 32주나 34주가 되어야만 빨기 시작하므로 그 전에 태어난 아기는 빠는 법을 모를 것이다.

♥ 엄마는 자신의 근심을 탐지하고 분출구를 찾자. 엄마는 그 동안 잃어버린 시간을 벌충하기 위해 끊임없이 아기를 안고 싶어한다. 겁을 먹은 나머지 아기가 잠들면 깨어나지 않을까 걱정한다. 그 동안 겪은 일들을 생각하면 충분히 이해할 수 있다. 하지만 근심한다고 해서 아기에게 도움이 되지는 않는다. 오히려 해가 될 뿐이다.

연구에 따르면, 아기들은 직관적으로 엄마의 심리적인 불안을 감지하고 부정적인 영향을 받을 수도 있다고 한다. 따라서 엄마에게는 마음속 깊은 곳에 있는 두려움을 털어놓고 팔에 안겨 울 수 있는 사람이 절대적으로 필요하다. 그 상대가 남편이 될 수도 있다. 엄마가 느끼는 두려움에 대해 아빠보다 뼈저리게 공감할 수 있는 사람은 없다. 하지만 부부는 같은 곤경에 처해 있기 때문에, 각자가 의지할 수 있는 또 다른 사람이 필요하다. 운동을 하면 스트레스를 푸는 데 도움이 될 수 있다. 또는 명상으로 마음을 다스릴 수도 있다. 어떤 식이든지 각자에게 효과적인 방법을 택하자.

♥ 위기를 넘기면 미숙아나 병이 있는 아기로 보지 말자. 아기가 조산아였거나 예정일은 채웠지만 다른 문제를 겪었다면, 엄마에게 가장 큰 장애물은 그 경험에서 비롯된 불길한 예감을 떨쳐버리지 못하는 것이다. 그래서 여전히 허약하거나 병든 아이를 가진 부모처럼 행동할 수 있다.

실제로 부모들이 아기를 먹이거나 재우는 문제로 전화하면 나는 제일 먼저 "조산을 했나요?"라고 묻는다. 그 다음에는 "태어나서 어떤 문제를 겪었나요?" 하고 묻는다. 그러면 보통 적어도 한 가지는 그렇다고 대답한다. 처음에 아기의 체중에 연연하던 부모들은 아기가 정상 수준을 한참 넘었는데도 자꾸만 더 먹이려고 한다. 나는 8개월이 될 때까지 부모가 아기를 가슴 위에 올려놓고 자면서 한밤중에 젖을 먹이는 것을 보았다.

이때의 해결책은 E.A.S.Y.밖에 없다. 규칙적인 일과를 따라가면 아기에게 도움이 되고 부모도 훨씬 쉬워진다.

두 배의 기쁨

다행히 요즘에는 경이로운 초음파 기술 덕분에 쌍둥이를 낳고 혼비백산하는 경우는 드물다. 쌍둥이나 세쌍둥이를 임신하면 마지막 석 달이나 적어도 한 달 정도는 누워서 휴식을 취해야 한다. 게다가 쌍둥이는 조산 확률이 85퍼센트에 이른다. 따라서 나는 부모들에게 예정일 석 달 이전에 아기방을 준비하라고 한다. 하지만 그것도 너무 늦을 수 있다. 나는 얼마 전에 임신하고 15주 만에 자리에 누운 엄마를 만났다. 그녀는 쌍둥이를 키울 준비를 다른 사람 손에 맡겨야 했다.

쌍둥이를 가진 엄마들은 임신 과정도 힘들고 출산도 종종 제왕절개를 해야 하기 때문에, 일단 아기가 태어나면 두세 배 힘이 더 든다. 따라서 산후조리도 더 잘해야 한다. 그러나 나는 쌍둥이 엄마가 "당신 정말 큰일났소"라는 말을 절대로 듣고 싶어하지 않는다는 것을 알고 있다. 그런 말은 보통 아이를 하나만 낳은 사람들이 하는 인사치레에 불과할 뿐 하나도 도움이 되지 않는다. 나 같으면 이렇게 말하겠다. "기쁨이 두 배나 되었군요. 게다가 엄마가 벌써 아기들에게 단짝을 만들어주었네요."

쌍둥이를 조산했거나 아기들이 2.5킬로그램 이하일 때에는 앞에서 설명한 '조산에 대한 주의사항'들을 지키자. 물론 분명한 차이점이 있다. 돌봐야 할 아기가 하나가 아니라 둘이라는 사실이다. 쌍둥이들은 성장발달이 서로 다르므로 항상 같이 집에 오지는 않는다. 한 명이 다른 아기보다 체중이 덜 나가거나 훨씬 약할 수 있다.

어쨌든 나는 두 명을 함께 같은 침대에 둔다. 8~10주가 되면 동작이 활발해지면서 서로 할퀼 염려가 있으므로 이때부터 차츰 둘을 따로 떼어놓기 시작한다. 2주에 걸쳐서 아기들을 조금씩 멀리 떼어놓는다. 그러다가 마침내 각각 자신의 침대에 넣는다.

일단 문제가 생길 가능성에서 벗어나면 두 아기의 일과를 엇갈리게 조정하는 것이 바람직하다. 물론, 두 아기에게 한꺼번에 젖을 먹일 수도 있지만 그러면 각자에게 관심을 주기가 어렵다. 또 엄마도 더 힘들다. 그리고 수유를 동시에 할 수 있다고는 해도 트림을 시키고 기저귀를 가는 등의 일들은 따로따로 할 수밖에 없다.

쌍둥이를 키울 때의 문제 가운데 하나는, 엄마가 쉴 틈이 없기 때문에 각각의 아기와 함께 있는 시간을 갖기가 어렵다는 것이다. 그래서 쌍둥이를 가진 엄마들은 생활을 단순화시켜 주는 규칙적인 일과를 선뜻 받아들인다.

쌍둥이 엄마인 바바라는 내가 조셉과 헤일리를 E.A.S.Y.에 따라가게 하자고 제안하자 반가워했다. 조셉은 체중 미달로 3주를 더 병원에서 지내야 했다. 바바라는 조셉을 떼어놓는 것이 가슴아팠지만, 먼저 헤일리를 규칙적인 일과에 적응시킬 수 있는 여유가 생겼다. 헤일리는 병원에서 3시간 간격으로 수유했기 때문에 그 궤도를 유지하는 것은 아주 수월했다. 그 다음에 조셉이 집에 왔을 때, 우리는 헤일리보다 40분 후에 조셉을 먹이기 시작했고 따라서 각자의 일과를 엇갈리게 했다.

바바라는 혼합 수유를 하지 않기로 했지만 나는 종종 엄마들에게 그 방법을 권한다. 제왕절개를 하고 나서 계속 젖을 짜 먹인다는 것은 매우 어려운 일이다. 물론, 이미 아기가 있는 집에 다시 쌍둥이가 태어나면 훨씬 더 힘들다.

캔디스는 큰딸 타라가 세 돌이 되었을 때 아들 딸 쌍둥이를 낳았다. 캔디스의 쌍둥이들은 엄마보다 먼저 퇴원했다. 캔디스가 정상 분만을 하는 과정에서 출혈이 심했기 때문이다. 그녀는 혈소판 수가 감소해서 정상치로 돌아올 때까지 사흘을 더 입원해야 했다. 캔디스의 어머니와 나는 아기들을 돌보면서 곧바로 E.A.S.Y.를 시작했다.

캔디스는 집에 왔을 때 곧바로 전투에 참여할 준비가 되어 있었다. "다행히 예정일을 채우고 출산했기 때문에 건강한 몸으로 시작할 수 있었어요." 캔디스는 이번이 첫아기가 아니기 때문에 그다지 힘들지 않을 거라고 믿었다. 또 처음부터 크리스토퍼와 사만다의 성격을 알고 각각에게 맞추어줄 수 있었다.

"크리스토퍼는 병원 신생아실에서도 아주 순해서 간지럼을 태워야 겨우 울었죠. 하지만 사만다는 성격이 불같아요. 요즘도 기저귀를 갈 때조차 마치 내가 고문을 하기라도 하는 듯 야단법석을 떤답니다."

캔디스는 처음 10일 동안 모유가 나오지 않았고 6주 후에도 양이 충분하지 않았으므로, 쌍둥이에게 분유와 모유를 함께 먹였다. 이리저리 발에 채이는 세 살배기 타라까지 돌보느라 캔디스는 손이 열 개라도 모자랄 지경이었다.

"매주 수요일을 타라와 함께 보냈지만 하루종일 집에 있는 날에는 수유를 하고 젖을 짜고 기저귀를 갈고 재우고를 끝없이 되풀이했습니다. 30분 정도 쉬고 나면 다시 또 시작되었죠."

재미있는 사실은, 일단 초기의 적응 기간을 극복하고 나면 쌍둥이들이 서로 함께 놀기 때문에 돌보기가 더 쉽다는 것이다. 하지만 그건 나중 일이다. 캔디스 역시 쌍둥이 엄마들이 대부분 인정하는 사실을 깨달았다. 아기들을 울도록 내버려둘 수밖에 없는 때가 있다는 것이다. "나는 종종 '이래도 되는 건지 모르겠군' 하고 생각했죠. 하지만 한 번에 한 명씩 돌봐줄 수밖에 없었어요. 아이가 운다고 죽지는 않으니까요."

맞는 말이다. 이 장을 끝내면서 다시 한 번 되풀이하겠다. 우리 인생에서 무슨 일이 일어나는지가 아니라 우리가 그것을 어떻게 처리하느냐가 중요하다는 것이다. 또 여러 가지 뜻밖의 상황과 출산의 충격은 몇 달 후에는 그저 먼 기억으로 남는다는 사실을 기억하자. 정상적

아기보다 먼저 퇴원해야 할 때

조산을 했거나 아기에게 다른 이상이 있다면, 엄마가 아기보다 먼저 집에 가게 된다. 그럴 때 엄마가 무기력감에 빠지지 않고 아기에게 도움을 주고 있다는 느낌을 가질 수 있는 방법들이 있다.

- 모유를 짜서 6시간 내지 24시간 안에 신생아중환자실에 가져간다. 모유를 계속 먹일 계획이 아니라고 해도 초유는 먹이는 것이 좋다. 그러나 모유가 나오지 않는다면 분유를 먹여도 상관없다.
- 매일 아기를 찾아가서 신체 접촉을 해보도록 하자. 하지만 병원에서 살다시피 하지는 말자. 산모 역시 휴식을 취해야 한다.
- 우울한 기분을 각오하자. 그것은 정상적인 감정이다. 울고 싶으면 울고 솔직히 이야기하자.
- 내일 일은 생각하지 말자. 통제할 수 없는 미래에 대해 걱정하는 것은 부질없는 일이다. 오늘 할 수 있는 일에 집중하자.
- 문제를 갖고 있는 다른 엄마들과 이야기하자. 우리 아기만 문제가 있는 것은 아니다.

인 육아 문제들과 마찬가지로 뜻밖의 상황이나 충격을 넘기는 비결은 앞을 멀리 내다보는 것이다. 다음 장에서 부모들이 건전하고 합리적으로 생각하지 못할 때 발생하는 문제들에 대해 알아보자.

9장

3일 마술—임기응변식 육아의 해결책, ABC처방

엄마에게도 쉬는 시간이 필요하다

만일 아이에게 고치고 싶은 점이 있다면 먼저 그 문제를 자세히 살피면서

부모 쪽에서 더 나은 방향으로 바꿀 수 있는지 생각해 보자.

—칼 융

"우리 생활이 없어요"

부모가 제때 시작하지 않으면 결국에는 내가 '임기응변식 육아'라고 부르는 상황으로 치달을 수 있다.

멜라니와 스탠을 예로 들어보자. 그들의 아들 스펜서는 예정일보다 3주 일찍 태어났으므로 처음부터 아기가 요구하는 대로 먹였다. 아기는 곧 충격에서 회복되었지만, 멜라니는 집에 온 후 처음 몇 주 동안 걱정에서 벗어나지 못했다. 그녀는 스펜서를 데리고 잤다. 그렇게 하면 한밤중에 몇 차례씩 수유하기가 쉬웠기 때문이다. 낮에 스펜서가 울 때마다 부모는 한 팀으로 활약했다. 그들은 번갈아가며 아기를 차에 태우고 다니거나 안고 걸어다니면서 흔들고 달래서 잠을 재웠다. 결국 아기를 안고 달래서 재우는 '캥거루식 육아'가 습관이 되었다. 멜라니는 아기가 칭얼거리는 듯하면 곧바로 젖을 물렸다. 아기는 입 안이 가득 차서 울음을 멈추었다.

그렇게 8개월을 보낸 후에야 이 부부는 사랑스러운 작은 아들이 그들의 삶을 점령했다는 사실을 깨달았다. 스펜서는 엄마나 아빠가 안고 방안을 돌아다니지 않으면 잠들지 않았다. 그리고 이제 2.7킬로그램이 아니라 13킬로그램이 넘었다! 그들은 종종 저녁식사도 제대로 할 수 없었다. 멜라니와 스탠은 스펜서를 제때 아기침대로 옮겨갈 시기를 놓치고 말았다. 멜라니가 스펜서와 함께 부부의 침대에서 자면 스탠은 잠을 설치지 않기 위해 거실로 나갔다. 다음날에는 아빠가 당직을 섰다. 당연히 성생활은 꿈도 꿀 수 없었다.

이 부부는 분명 의도적으로 '임기응변식 육아'를 한 것은 아니었다. 설상가상으로 그들은 가끔 서로를 탓하면서 부부싸움을 했다. 때로는 자신들이 훈련시킨 대로 하고 있을 뿐인 아이를 원망하기도 했다. 내가 방문했을 때 집안에는 팽팽한 긴장감이 감돌고 있었다. 아무도 행복하지 않았다. 하지만 스펜서는 아무 죄가 없다!

나는 멜라니와 스탠처럼 시기를 놓친 부모들로부터 1주일에 5건에서 10건의 전화를 받는다. 그들은 마치 아기가 반항을 하고 있다는 듯이 말한다. "아기가 도무지 내려놓지를 못하게 하는군요." 또는 "한 번에 10분씩밖에 먹지 않아요." 하지만 사실은 자신들이 본의아니게 아기에게 잘못된 습관을 들인 것이다.

이 장에서 내 목표는, 그런 부모들을 나무라는 것이 아니라 '임기응변식 육아'로 빚어진 결과들을 원래의 상태로 되돌리는 법을 가르쳐주는 것이다. 부부관계가 원만치 못할 뿐만 아니라 잠을 설치고 정상적인 생활을 할 수 없게 만드는 어떤 문제가 있다면, 분명히 그에 대한 해결책도 있다. 그러나 먼저 다음의 3가지 기본 전제를 인정해야 한다.

♥ 첫째, 아기는 고의나 악의가 있는 행동을 하는 것이 아니다. 부모 자신이 아기에게 영향을 주고 있다는 사실을 깨닫지 못하고, 아기로 하여금 어떤 식의 기대를 하게 만들었기 때문이다.

♥ 둘째, 아기의 습관은 고칠 수 있다. 부모 자신의 습관, 즉 아기를 어떻게 키워왔는지 분석해 보면 자신도 모르게 아기에게 부추겼던 잘못된 습관들을 바꾸는 방법을 알아낼 수 있을 것이다.

♥ 셋째, 버릇을 고치기까지는 시간이 걸린다. 아기가 아직 3개월이 안 되었다면 대개 3일 이내로 고쳐진다. 하지만 아기가 그보다 더 자랐고 특별한 습관이 계속 지속되었다면, 단계적으로 변화를 만들어가야 할 것이다. 따라서 시간이 좀더 걸릴 것이다. 보통 각 간계마다 3일 정도가 필요하다. 낮잠이나 수유 문제 등 고쳐보려고 하는 습관을 '사

라지게' 만들 때까지 상당한 인내가 요구될 뿐만 아니라 일관성 또한 필요하다. 너무 빨리 포기하거나 방법을 자꾸 바꾸다가는 잘못된 습관을 더욱 굳어지게 할 뿐이다.

잘못된 습관은 ABC 처방으로 고치자

멜라니 부부와 같은 상황에 처한 부모들은 종종 어디서부터 시작해야 할지 몰라 자포자기한다. 그래서 나는 부모가 스스로 문제를 분석해서 잘못된 습관을 바꿀 수 있는 ABC 처방을 고안해 냈다. 간단한 작전을 세워볼 수 있을 것이다.

♥ 'A'는 앞서 어떻게 해왔는지에 대한 내력(Antecedent)을 의미한다. 지금까지 아기에게 무슨 일이 있었고 부모가 아기에게 한 것은 무엇이고 하지 않은 것은 무엇인가? 아기의 주변에서 다른 무슨 일이 일어났는가?

♥ 'B'는 지금 아기가 보이는 행동(Behavior)을 의미한다. 아기가 우는가? 화가 난 것처럼 보이는가? 겁이 난 것처럼 보이는가? 배가 고픈 것은 아닌가? 아기가 지금 하고 있는 행동이 습관적인가?

♥ 'C'는 A와 B로 인해 습관화된 결과(Consequences)를 의미한다. 임기응변식으로 아이를 키우는 부모들은 자신이 아기의 습관을 길들이고 있다는 것을 모르고 지금까지 해오던 대로 계속한다. 예를 들어, 아기를 재울 때 흔들거나 입에 젖을 물린다. 그리면 딩징은 해결되지만 결국은 습관화된다. 따라서 어떤 결과를 변화시키는 열쇠는 지금

까지 해왔던 방법을 바꾸는 것이다. 즉 옛 습관이 사라지게 하려면 새로운 습관을 들여야 하는 것이다.

구체적인 예를 들어보자. 스펜서는 이미 8개월이었고, 한밤중에도 부모가 관심을 보여주는 환경에 아주 익숙해 있었으므로, 분명히 아주 어려운 경우였다. 멜라니와 스탠이 그들의 잃어버린 생활을 되찾기 위해서는 몇 가지 단계를 거쳐 '임기응변식 육아'의 결과를 해결해야 했다. 나는 ABC 처방을 사용해서 우선 그들의 현재 상황을 분석해 보도록 했다.

이 경우는 처음에 미숙아를 염려하는 합당한 이유에서 시작된 멜라니와 스탠의 끊임없는 두려움이었다. 스펜서에게 좀더 잘 먹이기 위해 부모 중 한 사람이 항상 가슴 위에 아기를 안고 흔들어 재웠다. 게다가 아기를 달래기 위해 젖을 물렸다. 스펜서는 역시 변함없이 칭얼거리고 투정을 부렸다. 그 행동은 스펜서가 울 때마다 부모가 달려들어 언제나처럼 반복하면서 확고하게 굳어졌다. 그 결과, 스펜서는 8개월이 되도록 스스로 위안을 찾거나 혼자 잠드는 법을 배우지 못했다. 물론 멜라니와 스탠이 그런 식으로 아들을 키우려고 했던 것은 아니다. 하지만 어쨌든 '임기응변식 육아'의 결과를 바꾸기 위해서는 뭔가 다른 방법이 필요했다.

한 번에 한 가지씩 해결하자

나는 멜라니와 스탠으로 하여금 실제로 스펜서의 습관을 부채질했던 내력을 되짚어보고 단계적으로 해결해 가도록 도와주었다. 다시 말해 원상태를 회복해 가도록 도와주었던 것이다. 그 과정은 다음과 같다.

♥ 관찰하면서 방법을 찾아본다. 처음에 나는 그냥 지켜보기만 했다. 저녁에 멜라니가 스펜서를 목욕시킨 후 새로 기저귀를 채우고 잠옷을 입혀서 침대에 눕힐 때 스펜서의 행동을 관찰했다. 엄마가 그를 안고 침대에 가까이 가자 그는 겁을 내면서 엄마에게 달라붙었다. 나는 멜라니에게 아기가 하는 말을 전해주었다. "엄마 뭐 하는 거예요? 여기는 내가 자는 곳이 아니잖아요. 여기 있고 싶지 않아요."

"아기가 왜 겁을 먹을까요?" 내가 물었다. "전에 어떤 일이 있었죠?" 스펜서가 자기 침대를 무서워하게 된 내력은 분명했다. 멜라니와 스탠은 아기가 그들의 가슴 위에서 자는 습관을 고치기 위해 안간힘을 썼다. 그들은 잠재우기에 대한 책은 모조리 사서 읽고, 잠버릇에 문제가 있는 아기를 가진 친구들에게 물어보았다. 그들이 제시해 준 해결책은 그냥 내버려두라는 것이었다. "아기가 울도록 내버려두려고 했지만 아기가 매번 계속 울어대는 바람에 남편과 저도 함께 따라 울 수밖에 없었죠." 세 번째 시도에서 스펜서는 너무 심하게 울다가 먹은 것을 토해냈고 그들은 결국 포기했다.

우리가 맨 먼저 회복해야 하는 것은 분명해졌다. 스펜서로 하여금 자신의 침대가 안전하다는 느낌을 갖도록 해주는 것이었다. 우리는 아기가 전에 받은 충격을 다시 떠올리지 않도록 인내심을 갖고 조심스럽게 접근했다. 그후에 비로소 스펜서의 잠버릇과 2시간마다 젖을 달라고 하는 버릇을 고치는 단계로 넘어갈 수 있었다.

♥ 각 단계는 천천히 진행하자. 그 과정을 서둘러 할 수도 없을 뿐더러 서두를 필요도 없다. 스펜서는 자신의 침대에 대한 공포를 극복하기까지 꼬박 보름이 걸렸다. 우리는 그 과정을 작은 단계들로 나누어 낮잠 시간부터 해결해 갔다. 나는 멜라니에게 스펜서의 방에 들어가서 블라인드를 내리고 편안한 음악을 틀라고 했다. 그리고 그녀는 흔

들의자에 앉아 스펜서를 안고 있기만 했다. 그 첫날 오후에는 침대 근처에도 가지 않았는데, 스펜서는 계속 방에서 나가고 싶다는 듯 문 쪽을 바라보았다.

"이렇게 해서는 안 되겠어요." 멜라니가 말했다.

"아닙니다, 될 거예요. 하지만 갈 길이 멀지요. 단계적으로 해결해 가야 합니다." 초초해하는 멜라니에게 내가 말했다.

사흘 동안 나는 옆에서 멜라니를 도와주며 같은 장면을 반복했다. 아기방으로 들어가서 블라인드를 내리고 조용한 음악을 틀었다. 멜라니는 먼저 흔들의자에 앉아서 스펜서에게 나지막이 노래를 불러주기만 했다. 자장가가 두려움을 잊는 데 도움이 되었지만 스펜서의 눈은 계속 문 쪽으로 향했다. 그러다가 그녀는 스펜서를 안고 놀라지 않게 조심하면서 침대 가까이 다가갔다. 그 다음 사흘에 걸쳐서 멜라니는 점점 가까이 다가갔고 마침내 침대 바로 옆에 서 있어도 스펜서가 몸을 비틀지 않게 되었다. 1주일째 되는 날 그녀는 스펜서를 아기침대에 눕히고 옆에서 몸을 굽히고 있었다. 아직 아기를 안고 있는 것이나 마찬가지였지만 적어도 아기는 침대에 누워 있게 되었다.

그것은 커다란 진전이었다. 사흘 후에 멜라니는 스펜서를 안고 방에 들어가 조명을 어둡게 하고 음악을 틀고 흔들의자에 앉아 있다가 침대로 가서 그를 눕혔다. 하지만 계속 스펜서에게 몸을 숙이고 옆에서 안심을 시켰다. 처음에 스펜서는 침대 가장자리에만 있었으나 며칠이 지나자 조금 마음을 놓았다. 스펜서는 주의를 딴 데로 돌리고 엄마에게서 떨어져 장난감 토끼 쪽으로 움직여갔다. 하지만 엄마에게서 너무 멀리 떨어졌다고 느끼자마자 재빨리 다시 돌아왔다.

우리는 이 의식을 매일 반복하면서 또 다른 단계를 향해 나아갔다. 옆에서 아기를 안고 있는 대신 멜라니는 이제 침대 옆에 서 있었다. 15일째가 되자 스펜서는 기꺼이 자기 침대에 누웠다. 하지만 잠이 들려고 하면 다시 깨어나서 앉았다. 그럴 때마다 우리는 그를 다시 눕혔다. 스펜서는 다시 편안해지기 시작했으나 잠에 빠져드는 3단계로 접어들면서는 조금 칭얼거렸다. 나는 그 시점에서 멜라니가 끼여들지 못하게 했다. 그러면 아기의 수면 과정을 방해해서 처음부터 다시 시작해야 한다. 마침내 스펜서는 혼자서 자는 법을 배우게 되었다.

♥ 한 번에 한 가지씩 해결하자. 우리는 스펜서가 두려움을 극복하도록 도와주었지만 아직 낮 시간만 해결된 셈이었다. 밤에 일어나는 또 다른 문제, 즉 엄마 아빠와 함께 자다가 깨서 젖을 먹는 버릇을 바로잡는 문제가 남았다. 이처럼 문제가 겹쳐 있으면 시간과 인내가 좀 더 필요하다. 하지만 스펜서가 일단 자기 침대를 더 이상 낯설어하지 않는 것을 보고 이제 다른 문제 해결을 시도해도 될 만큼 안정이 되었다는 판단이 섰다.

"이제 밤 수유를 중단할 때가 된 것 같군요." 내가 멜라니에게 말했다. 이미 고형식을 먹기 시작한 스펜서는 보통 저녁 7시 반에 젖을 먹고 부모 침대로 들어가서 자다깨다 하다가 새벽 1시부터 2시간마다 젖을 조금씩 빨았다. 지금까지는 스펜서가 한밤중에 깰 때마다 배가 고픈 것 같아 젖을 주었지만 한 번에 30~60cc 정도 빨다가 그만두었다. 아기가 밤에 깨는 습관은 멜라니가 아무 생각 없이 젖을 물리는 것으로 인해 굳어졌다. 그 결과 스펜서는 2시간마다 먹어야 되는 것으로 알게 되었다. 그건 8개월 된 아기가 아닌 미숙아에게 적당한 섭생법이다.

우리는 다시 단계를 밟아가기로 했다. 처음 사흘 밤은 새벽 4시까지 기다렸다가 젖을 먹이고, 그후에는 시간을 연장해서 6시에 젖병으로 먹이기로 했다. 다행히 스펜서는 엄마젖과 젖병으로 먹는 것을 둘 다 해왔기 때문에 그 변화를 쉽게 받아들였다. 부모는 계획대로 스펜서가 맨 처음 깨어날 때 엄마젖 대신 노리개젖꼭지를 주고 6시에 젖병으로 먹였다. 스펜서는 나흘째 밤부터 새로운 시간표에 적응했다.

1주일이 지난 후, 나는 멜라니와 스탠에게 내가 그 집에서 자면서 부모들을 쉬게 해주고, 스펜서가 자기 침대에서 엄마 아빠나 젖병 없이 잘 수 있도록 훈련할 때가 되었다고 말했다. 스펜서는 낮 동안 고형식과 충분한 모유를 먹고 있었으므로 밤에 먹을 필요가 없었다. 그리고 이미 열흘 정도 자기 침대에서 낮잠을 잤다. 이제는 밤에도 자기 침대에서 잘 법했다.

♥ 오래된 습관은 쉽게 고쳐지지 않으므로 어느 정도의 퇴행은 감수해야 한다. 무슨 일이 있어도 계획대로 밀고나가야 한다. 첫날 밤에 스펜서를 목욕시키고 아기 침대에 눕히면서 우리는 낮에 했던 것과 같은 의식을 했다. 그러면서 신기할 정도로 진행이 순조롭다고 생각했다. 그런데 침대에 들어갈 때 피곤해 보이던 아기가 내려놓는 순간 눈을 번쩍 뜨더니 칭얼거리면서 일어나 침대 가장자리에 앉았다. 우리는 아기를 다시 눕히고 침대 옆에 의자를 놓고 앉았다. 스펜서는 다시 울면서 일어났고 우리는 다시 눕혔다. 그렇게 31번을 한 후에 마침내 스펜서는 누워서 잠들었다.

첫날 밤에 스펜서는 정확하게 1시에 깨어나 울기 시작했다. 내가 방에 들어가자 그는 벌써 일어나 앉아 있었다. 나는 살며시 다시 눕혔다. 아기에게 자극을 주지 않으려고 아무 말도 하지 않고 눈도 마주치지 않았다. 몇 분 후에 그는 다시 칭얼거리면서 일어났다. 그리고 계속 울면서 일어나 앉으면 나는 다시 눕혔다. 그렇게 43번을 거듭한 후에 스펜서는 마침내 지쳐서 잠들었다. 새벽 4시에 또 울음소리가 들려왔다. 그는 버릇이 너무 확고하게 들어서 시계처럼 정확했다. 나는 다시 그를 눕혔다. 이번에 우리의 작은 오뚝이는 21번 일어났다.

나는 정말 숫자를 셌다. 잠버릇을 해결해 달라고 부탁하는 엄마들은 종종 "얼마나 오래 걸릴까요?" 하고 묻는다. 나는 어느 정도 정확하게 알려주려고 한다. 어떤 아기와는 100번을 넘긴 적도 있었다.

다음날 아침, 내가 멜라니와 스탠에게 무슨 일이 있었는지 이야기하자 스탠은 미심쩍어했다. "이렇게 해서야 되겠어요? 트레이시, 아이가 말을 듣지 않을 거예요." 나는 고개를 끄덕여 자신감을 보여주고 이틀 밤을 더 하기로 약속했다. "믿기지 않겠지만, 최악의 고비는 넘겼어요." 내가 말했다.

이틀째 밤에 스펜서는 6번 만에 잠들었다. 새벽 2시에 보채는 소리가 들렸을 때 나는 방으로 살며시 들어가서 그가 일어나려고 할 때 어깨를 지그시 눌렀다. 이번에는 5번 만에 잠이 들어서 아침 6시 45분까지 잤다. 전에 없던 일이었다. 다음날 밤 스펜서는 새벽 4시에 칭얼거렸지만 일어나지는 않았고 아침 7시까지 잤다. 그 이후로는 계속해서 밤새 12시간을 내리 잤다. 멜라니와 스탠은 마침내 그들의 생활을 되찾았다.

"아기를 내려놓을 수가 없어요"

또 다른 흔한 문제로, 아기를 항상 안고 있어야 하는 문제를 ABC 처방으로 분석해 보자. 2장에서 만났던 사라와 라이안의 3주 된 아기 테디가 그런 경우였다.

"테디는 내려놓는 것을 싫어해요." 사라가 푸념했다. 그 내력은 테디가 태어났을 때 여행중이었던 남편 라이안이 집에 오기만 하면 아기를 계속 안고 다닌 것이다. 또 보모가 과테말라 출신이었는데 그곳에서는 아기들을 좀처럼 내려놓지 않는다.

테디의 습관은 당연한 결과였고, 나는 그와 똑같은 아기들을 수도 없이 보아왔다. 테디는 내가 안으면 종달새처럼 즐거워하다가 내려놓으려는 순간, 내 가슴에서 30센티미터도 떨어지기 전에 울기 시작했다. 다시 방향을 바꿔 안아주면 즉시 울음을 그쳤다. 사라는 테디가 내려놓는 것을 '허락'하지 않는다면서 항상 굴복하다가 그 버릇을 확고하게 만들었다. 그 결과 테디는 항상 누군가에게 안겨 있으려고만 했다.

아기를 끌어안고 비비고 하는 것은 잘못된 일이 아니다. 그리고 우는 아기는 어쨌거나 적절히 달래주어야 한다. 문제는, 내가 앞에서도 언급했듯이, 부모들이 아기에게 위안을 주는 것으로 끝나지 않고 나쁜 습관을 들인다는 사실을 모르는 것이다. 그들은 아기의 요구가 해결된 후에도 계속 안고 다닌다. 그래서 아기는 판단한다(물론 아기에게도 생각이 있다). "아, 이런 식으로 사는 거구나. 엄마아빠는 나를 항상 안고 다니는 거야." 그러다가 아기가 좀더 무거워지거나 부모가 일을 하느라고 아기를 안아주지 못하면 어떻게 될까? 아기는 말한다. "이봐요, 잠깐만요. 당신은 날 안아주는 사람 아닌가요? 나는 혼자서 여기 누워 있지 않을 거라구요."

어떻게 해야 할까? 부모가 해오던 방법을 바꾸어야 한다. 아기를 끝없이 안아주지 말고 울음을 그치면 내려놓아야 한다. 만일 다시 울면 그때 안아준다. 그리고 조용해지면 다시 내려놓는다. 그렇게 계속 반복한다. 아기를 수십 번 들어올려야 할지도 모른다. 그때마다 "괜찮아. 나는 여기 있다. 혼자 있어도 괜찮아"라는 암시를 주는 것이다. 필요 이상으로 아기를 달래주는 부모의 습관으로 돌아가지만 않는다면 언젠가는 끝난다고 장담할 수 있다.

3일 마술의 비밀

부모들은 종종 내가 마술을 부린다고 생각하지만 사실은 상식일 뿐이다. 어떤 습관을 고치려면, 멜라니와 스탠의 경우에서 보았듯이 몇 주일이 걸려야 할지도 모른다. 한편 테디는 끊임없이 안아달라고 하는 버릇을 단 이틀 만에 고칠 수 있었는데, 그 이유는 아빠와 보모가 아기를 안고 다닌 내력이 단지 몇 주 동안이었기 때문이다.

나는 정확히 어떤 방식의 '3일 마술'이 필요한지를 판단하기 위해서 ABC 처방을 사용한다. 때때로 한두 가지 방법으로 오래된 습관을 고치기도 한다. 3일에 걸쳐 점차적으로, 부모는 자신이 해왔던 행동을 거두고 아이의 독립심과 자립심을 길러줄 수 있는 방법으로 대체해야 한다. 물론 아이가 자라면 그만큼 오래된 습관을 버리기가 힘들다. 사실, 내게 전화하는 부모들은 아이가 5개월이 넘은 경우가 대부분이다.

♥ 잠버릇 3개월 이후에도 밤에 잠을 자지 않거나 혼자서 잠들지 못하는 아기에게는, 항상 먼저 자기 침대에 익숙하게 해주고 나서 누가 달래주지 않아도 혼자 잘 수 있는 법을 가르쳐야 한다. 흔히 '임기응변식 육아'가 몇 개월간 계속되었을 때 아기는 자신의 침대를 두려워할 수 있다. 아니면 누군가 안거나 흔들어주는 데 익숙해진다. 그 결과 혼자 잠드는 방법을 배우지 못한다.

산드라는 사람 가슴이 자기 '침대'라고 확신하고 있었다. 내가 안아주면 마치 자석처럼 달라붙었다. 매번 내려놓으려고 할 때마다 울음을 터뜨렸다. 자기식대로 "나는 이런 식으로 자지 않아요"라고 말하는 것이다. 처음에는 내 옆에 뉘어 재우는 것조차 불가능했다. 내가 할 일은 산드라에게 다른 방식으로 자는 법을 가르치는 것이었다.

"나는 너에게 혼자 자는 법을 가르쳐줄 거야." 나는 산드라에게 말했다. 물론 처음에는 잘 따라주지 않았다. 첫날 밤에는 아기를 들어올렸다가 내려놓기를 126번이나 반복해야 했다. 이틀째 밤에는 30번, 그리고 사흘째 밤에는 4번을 했다. 나는 아기가 울도록 내버려두지도 않았지만, 부모가 아기를 달래기 위해 사용했던 '캥거루 육아법'으로 돌아가지도 않았다.

♥ 수유 문제 먹는 버릇이 문제가 되는 경우, 그 내력은 보통 부모들이 아기의 신호를 잘못 알고 있기 때문인 예가 많다. 게일은 릴리에게 젖을 먹이는 데 1시간이 걸린다고 불평했다. 나는 당시 한 달 된 릴리가 실제로 1시간 내내 먹을 거라고는 믿지 않았다. 단지 빨고 있을 뿐일 거라고 생각했다. 게일은 아기에게 젖을 먹이면서 긴장이 풀려 종종 잠이 들었다. 그녀가 젖을 먹이면서 깜박 잠이 들었다가 깜짝 놀라 깨어보면 릴리는 아직도 젖을 빨고 있었다.

나는 많은 엄마들에게 타이머를 쓰레기통에 던져버리라고 했지만, 게일에게는 타이머를 45분으로 맞춰놓으라고 했다. 그리고 무엇보다 릴리가 어떻게 빨고 있는지 관찰하라고 했다. 게일은 자세히 지켜본

ABC 처방

우리가 없애려고 하는 나쁜 버릇(B)은 우리가 해온 내력(A)으로 인해 부지불식간에 빚어진 결과(C)다. 만일 지금까지 해오던 대로 계속한다면 그 결과가 점점 굳어질 것이다. 무언가 다른 방법을 찾아서, 지금 하는 방법을 바꾸고 그 버릇을 없애야 한다.

결과, 릴리가 젖을 다 먹고 나서도 계속 빨고 있다는 사실을 알아냈다. 우리는 타이머가 울리면 릴리에게 엄마 젖꼭지 대신 노리개젖꼭지를 물려주었다. 사흘 후, 게일은 아기가 요구하는 것을 충분히 이해하게 되었으므로 타이머를 치워버렸다. 릴리는 시간이 지나면서 더 이상 노리개젖꼭지를 필요로 하지 않았다. 자기 손가락을 발견한 것이다.

수유에 문제가 있다면 자세히 관찰해 보자. 릴리가 그랬던 것처럼 습관적으로, 필요한 양을 섭취한 후에도 계속 빠는 것일 수 있다. 또 젖꼭지를 물었다 놓았다 할 때는 "엄마, 나는 이제 잘 먹을 수 있어서 엄마젖을 금방 다 비운답니다"라고 말하려는 것일지도 모른다. 그 말을 이해하지 못하는 엄마는 아기에게 다시 젖을 물리고, 아기는 자동적으로 계속 빨 것이다. 더 이상 필요하지 않은데도 한밤중에 깨어나 먹을 수도 있다. 그렇게 되면 아기는 엄마젖이나 젖병을 위안 삼아 빠는 버릇이 들게 된다.

어떤 문제가 있든지, 나는 제일 먼저 규칙적인 일과를 제안한다. E.A.S.Y.를 따라하면, 아기가 언제 배가 고파질지 알기 때문에 짐작으로 젖을 먹이는 일이 줄어들 것이고 그러면 아기가 칭얼거리는 다른 이유들을 찾을 수 있을 것이다.

나는 또 부모들에게 지금 일어나고 있는 상황을 관찰하고 아기를 정말 먹여야 하는지 판단하도록 한다. 그러면서 점차적으로 불필요한 수유를 줄여가고, 다른 방식으로 자기 위안을 찾는 법을 가르치면 된다. 처음에는 아기가 젖꼭지를 물고 보내는 시간을 줄이거나 먹는 양을 줄일 수 있다. 나는 물이나 노리개젖꼭지를 주어 보완한다. 결국 신통하게도 아기는 이전의 습관을 기억조차 하지 않게 된다.

"우리 아기는 산통이 있어요"

이제 나의 '3일 마술'이 진가를 발휘할 때가 되었다. 아기가 울면서 다리를 가슴으로 끌어올린다. 변비에 걸린 것일까? 가스가 찬 것일까? 때때로 그다지 고통스러워 보이지 않아도 부모는 가슴이 철렁 내려앉는다. 소아과 의사나 같은 경험을 한 다른 엄마들은 그것이 산통이라고 말하고, 모두들 불길한 경고를 한다. "별 도리가 없어요." 어떤 면에서는 맞는 말이다. 산통에는 뾰족한 치료법이 없다. 게다가 어떤 문제가 있을 때마다 갖다 붙이는 포괄적인 수식어가 되어버렸다. 그러나 대부분의 경우 산통은 곧 낫는다.

나는 아기에게 산통이 있으면 아기에게나 부모에게 모두 악몽이 될 수 있다는 사실을 잘 알고 있다. 아기들 가운데 약 20퍼센트가 일종의 산통을 갖고 있는 것으로 추정되며, 그 중 10퍼센트는 심각한 경우이다. 산통이 있는 아기는 위장이나 요(尿)생식로를 둘러싼 근육조직이 발작적으로 수축한다. 아기는 보채는 것으로 시작해서 심하게 울고 때로는 몇 시간씩 계속 울어댄다. 그 증상은 흔히 매일 같은 시간대에 찾아온다. 소아과 의사들은 산통을 진단할 때 하루 3시간, 1주일에 3일 그리고 3주 이상 운다는 의미로 '3가 원칙'을 적용하기도 한다.

전형적인 산통을 앓았던 나디아는 평소에 잘 웃고 놀다가 매일 저녁 6시에서 10시 사이에, 때로는 지속적으로 때로는 산발적으로 울어댔다. 아기를 달래기 위해 엄마는 매일 그 시간이 되면 외부 자극으로부터 차단된 어두운 골방에서 안고 앉아 있어야 했다.

불쌍한 나디아의 엄마 알렉시스는 아기만큼이나 힘들어했고 다른 산모들보다 잠을 더 못 잤다. 나디아만큼이나 도움이 필요했던 그녀는 자기 감정을 추스르기에도 바빴다. 내가 산통을 앓는 아기의 엄마에게 해줄 수 있는 최선의 충고는 '자신에게 관대해지라'는 것이다.

산통은 때로 아기가 3~4주 되었을 때 갑자기 나타났다가, 3개월 정도가 되면 홀연히 사라지는 것처럼 보인다. 사실 불가사의한 일은 아니다. 대부분의 경우 소화기관이 성숙하면서 발작이 줄어든다. 또 아기가 팔다리를 좀더 자유롭게 움직이게 되면 자신의 손가락을 빨면서 스스로 위안을 찾을 수 있다.

그러나 나는 이른바 산통이라고 하는 증상의 일부는 '임기응변식 육아'가 원인이라는 것을 경험으로 알고 있다. 부모는 아기가 울면 흔들어서 재우거나 엄마젖 또는 젖병을 물려서 달래려고 한다. 그러면 적어도 잠시 동안은 '치료 효과'가 있는 것처럼 보인다. 한편, 아기는 혼란을 느낄 때마다 그러한 종류의 위안을 기대하기 시작한다. 그렇게 몇 주가 지나면 아기는 막무가내로 떼를 쓰게 되고 모두들 그것을 산통이라고 생각한다.

아기가 산통이라고 말하는 부모들은 2장에서 만났던 클로에와 세스의 사례와 비슷한 사연을 갖고 있는 경우가 많다. 클로에는 전화를 걸어 이사벨라가 산통을 앓고 있다고 말했다. "거의 하루종일 울어대요." 내게 문을 열어준 세스는 통통하고 천사 같은 아기를 안고 있었다. 엘리자베스는 곧바로 나에게 안겨 내가 엄마 아빠와 이런저런 이야기를 하는 15분 내내 무릎에 앉아서 잘 놀았다.

기억할지 모르지만, 이 사랑스러운 젊은 부부 클로에와 세스는 아기의 충직한 하인들이었다. 그들의 5개월 된 까다로운 딸에게 규칙적인 일과가 장기적으로 도움이 될 수 있다는 말을 꺼내면 보나마나 펄쩍 뛸 것이 분명했다. 하지만 모든 것을 느슨하게 풀어놓고 싶어하는 자유방임적인 생활 방식이 그들의 귀여운 이사벨라를 결국 어떻게 만들었는가?

"이제 조금 나아진 편이에요." 클로에가 말했다. "크면서 산통도 없어지겠죠." 이사벨라는 태어나면서 처음부터 부모 침대에서 잤고 아직도 밤에 어김없이 깨서 소리를 지른다고 했다. 낮에는 더욱 심했다. 한두 시간마다 악을 쓰고 울며, 심지어는 젖을 먹다가도 그런 일이 있다고 클로에가 말했다. 나는 아기를 달래기 위해 어떻게 했는지 물었다.

"어떤 때는 아기에게 우주복을 입혔어요. 그러면 많이 움직이지 못하니까요. 아니면 그네에 태우고 도어스의 앨범을 틀어주었죠. 정말 심하게 울 때에는 움직이면 나아질까 해서 드라이브를 시켜주죠." 클로에가 계속 말했다. "그래도 소용이 없으면 차 뒷자리로 가서 젖을 물려줍니다." "활동을 바꿔주면 종종 울음을 그치기도 했어요." 세스가 옆에서 거들었다.

이 부부는 자신들이 이사벨라를 즐겁게 해주고 보살펴주려고 하는 모든 것이 대부분 역효과를 내고 있다는 사실을 모르고 있었다. 나의 ABC 처방으로 분석해 보니, 그 상황은 5개월에 걸쳐서 점점 더 악화되어 왔다는 사실이 드러났다. 그들은 이사벨라를 규칙적인 일과와는 동떨어지게 키웠으므로, 아기의 신호를 계속 잘못 이해하고 모든 울음을 '배가 고프다'는 뜻으로 해석하고 있었다.

내력(A)은 너무 많이 먹이고 지나친 자극을 준 것이었고, 아기가 보이는 행동(B)은 비명을 지르는 것이었다. 그리고 결과(C)는 아기가 지쳤을 때 어떻게 해야 쉴 수 있는지를 모르게 된 것이다. 부모가 아기의 신호를 오해하여 울음을 그치게 한다고 시도한 방법들이 오히려 아이를 더 힘들게 만들고 문제를 더 복잡하게 만들었다.

마침 그때 이사벨라가 조그맣게 기침을 하듯이 울기 시작했다. 그것은 적어도 나에게는 분명히 "엄마, 이제 그만 쉬고 싶어요" 하는 말이었다.

"이것 보세요." 클로에가 말했다.

엄마도 쉬는 시간을 가져야 한다

방안 가득 모여 있는 엄마들 중에서 아기가 산통을 앓는 엄마는 쉽게 구별할 수 있다. 가장 지쳐 보이기 때문이다. 그녀는 자기가 잘못해서 아이가 '몹쓸병'에 걸렸다고 생각한다. 터무니없는 생각이다! 만일 아기가 진짜 산통이라면 그것은 물론 문제지만 엄마 때문은 아니다. 그리고 산통을 해결하기 위해서는 엄마도 아기만큼 도움을 받을 필요가 있다.

안타깝게도 어떤 부부들은 서로를 원망한다. 그러나 누구를 탓하기 전에 엄마 아빠는 서로를 위로할 필요가 있다. 산통을 앓는 아기는 대개 시계처럼 정확하게, 예를 들어 매일 3시에서 6시 사이에 운다. 교대를 하자. 하루 엄마가 아기를 맡으면 다음날은 아빠가 해야 한다.

만일 편모라면 가족과 친구들에게 그 마법의 시간에 돌아가면서 아기를 봐달라고 부탁하자. 그리고 도와줄 사람이 오면 옆에서 아기가 우는 것을 듣고 있지 말고 집에서 나가자. 산책을 하거나 드라이브를 하거나 어쨌든 그 환경에서 벗어나자. 무엇보다, 아기의 산통은 영원할 것처럼 느껴지지만 곧 사라진다는 사실을 기억하자.

"이렇다니까요." 세스가 맞장구를 쳤다.

"잠시만요, 엄마 아빠." 나는 아기 목소리를 흉내내 이사벨라 대신 말했다. "난 단지 피곤할 뿐이에요."

그리고 설명했다. "아기가 너무 지치기 전에 내려놓아야 해요." 클로에와 세스는 나를 2층으로 안내해서 퀸사이즈의 침대와 벽에 그림들이 산뜻 걸려 있는 햇살 가득한 방으로 들어갔다. 당장 간단하게 해결할 수 있는 한 가지 문제점이 눈에 들어왔다. 침실이 너무 밝고 시각에 자극을 주는 것들이 너무 많아서 이사벨라가 자신을 진정시킬 수 없다는 것이었다.

나는 클로에와 세스에게 아기를 강보에 싸는 방법을 보여주었다.

복통 가라앉히는 법

음식 조절로 가스통을 어느 정도 예방할 수는 있지만, 모든 아기는 언젠가 복통을 겪을 때가 있을 것이다. 그럴 때 나는 아래와 같은 방법들을 시도한다.

- 아기에게 트림을 시키는 가장 좋은 방법은(특히 가스가 찼을 때) 위장이 있는 복부 왼쪽을 손바닥으로 위를 향해 문지르는 것이다. 만일 5분 정도 해도 트림을 하지 않으면 아기를 내려놓는다. 그때 숨을 헐떡거리고 몸을 비틀고 눈을 굴리고 미소 비슷한 표정을 지으면 가스가 찬 것이다. 다시 아기를 안아서 아기 팔을 엄마의 어깨 너머로 올리고 다리는 아래로 똑바로 내려서 다시 트림을 시켜보자.
- 아기를 똑바로 눕힌 다음 다리를 위로 올려서 천천히 자전거 타는 동작을 한다.
- 한쪽 팔 위에 아기를 엎드려놓고 손바닥으로 지그시 눌러 복부를 압박한다.
- 목욕수건을 10~13센티미터 넓이의 밴드로 접어서 아기 배에 두르는데, 너무 단단히 묶지 않도록 주의한다(만일 아이 얼굴이 창백해지면 너무 꽉 끼는 것이다).
- 아기를 안고 엉덩이를 두드려주면서 아기가 가스를 내보내기 위해 어디에 힘을 주어야 할지 알게 한다.
- 거꾸로 쓴 C자(원이 아니다) 모양을 그리면서 대장을 따라가며(왼쪽에서 오른쪽, 아래 순서로 한 뒤 오른쪽에서 왼쪽으로) 마사지한다.

나는 아기의 한 팔을 빼놓으면서 5개월이 되면 아기가 팔을 움직이면서 자신의 손가락을 빨 수 있다고 설명했다. 그리고 침실에서 나와 어두운 복도에서 강보로 감싼 이사벨라를 안고 규칙적으로 다독거렸다. 편안한 목소리로 아기를 안심시켰다. "괜찮아, 너는 피곤할 뿐이야." 몇 분 후에 이사벨라는 진정되었다. 그 다음에 이사벨라를 계속 다독이면서 눕히자 그 부부의 놀라움은 회의로 변했다. 아기는 잠시 조용하더니 곧 울기 시작했던 것이다. 나는 다시 아기를 들어올려서 달래고 조용해지면 다시 내려놓았다. 그러기를 두 차례 더 하자 이사벨라는 잠이 들었다.

"오래 자지는 않을 거예요." 나는 클로에와 세스에게 말했다. "선잠에 익숙해져 있으니까요. 이제 우리가 할 일은 낮잠 시간을 연장하는 겁니다." 앞에서 나는 아기들도 어른들과 마찬가지로 40분간의 수면 주기를 거친다고 했다. 하지만 '삐약' 하는 소리에도 부모가 달려간다면 아기는 다시 잠드는 방법을 배우지 못한다. 아기가 만일 10분 내지 15분 후에 깨어난다면 잠을 다 잔 것이 아니므로 살며시 다시 꿈나라로 보내야 한다. 그러다 보면 아기는 혼자 다시 잠드는 법을 배울 것이고 낮잠 시간이 길어질 것이다.

"하지만 산통은 어떻게 하죠?" 세스가 걱정스러운 얼굴로 물었다.

"내 생각에는 산통이 아닌 것 같군요." 내가 설명했다. "하지만 만일 산통이라고 해도 우리가 하기에 따라 좋아질 수 있습니다."

나는 그들에게 이사벨라가 만일 진짜 산통이라면 체계 없는 생활이 아기의 육체적인 문제를 더 악화시킬 뿐이라는 사실을 깨닫게 해주려고 했다. 이사벨라가 겪는 불쾌감은 분명 '임기응변식 육아' 때문이었다. 울 때마다 젖을 먹인 결과 아기는 엄마젖을 위안으로 삼게 된 것이다. 또 조금씩 자주 먹기 때문에 모유에서 가스를 유발할 수 있는 유당이 많은 부분만 먹고 마는 경우가 많았다. "그런 식으로 밤새 먹으면 어린 소화기관이 쉴 수가 없죠." 내가 지적했다. 무엇보다 큰 문제는, 아기가 밤이나 낮에 양질의 휴식을 취하지 못해서 끊임없이 피곤해한다는 것이다. 지친 아기가 세상을 차단하는 방법이 무엇이겠는가? 우는 것이다. 아기가 울면 공기를 마시게 되므로 가스가 차거나 위장에 이미 잠복하고 있던 문제를 부채질한다. 마지막으로, 부부는 아이를 달랜답시고 드라이브를 하고, 그네에 태우고, 쿵쾅거리는 음악을 들려주었다. 그러면서 이사벨라를 진정시키기는커녕 오히려 스스로 위안을 찾는 능력을 앗아갔다.

나는 그들에게 다음과 같은 조언을 했다. 이사벨라를 E.A.S.Y.에 따라 키워라. 일관성을 가져라. 계속 강보에 싸두어라. 6개월이 되면 양쪽 팔을 내놓아도 좋다. 그때가 되면 손을 흔들다가 자기 얼굴을 할퀴는 일이 적어질 것이다. 6시, 8시 그리고 10시에 집중 수유를 해서 밤새 필요한 칼로리를 섭취하게 한다. 만일 다시 깨어나더라도 먹이지는 말고 대신 노리개젖꼭지를 줘라. 울 때는 달래주고 안심시켜 주어라.

나는 우선 낮잠에서 시작해서, 이사벨라가 지치거나 혼란스러워하지 않도록 단계적으로 변화시켜 가자고 했다. 때로 낮잠을 잘 자는 것만으로도 밤잠에 좋은 영향을 미칠 수 있다. 어쨌든 나는 그들에게 이러한 변화를 거치면서 몇 주 동안은 아이와 함께 울 각오를 하라고 경고했다. 사실 그들로서는 더 이상 잃을 것도 없었다. 그들은 이미 아기가 괴로워하는 모습을 보면서 몇 달을 견뎌왔다. 적어도 이제는 한 줄기 희망이 있었다.

내가 잘못 판단한 것이라면? 이사벨라가 정말 산통이라면? 그렇다고 해도 상관없다. 소아과 의사들은 가스통을 진정시키기 위해 종종 약한 제산제를 처방하지만, 실제로 산통을 치료하는 약은 없다. 하지만 아기가 제대로 먹고 잘 자면 대개 통증은 사라진다. 게다가 과식과 수면 부족은 산통처럼 보이는 행동을 유발할 수 있다. '진짜' 산통이라고 해도 다를 것이 없다. 아기는 마찬가지로 불편하다. 어른이라면 어떨지 상상해 보자. 밤새 깨어 있다면 어떤 기분이 들겠는가? 분명 괴로울 것이다. 유당을 소화하지 못하는 어른이 우유를 마시면 어떻게 되는가? 아기들도 역시 위장증세를 겪는다. 가스가 차면 어른들도 괴로운데 하물며 혼자 스스로 편한 자세를 취하거나 배를 문지르거나 말로 표현할 수 없는 아기들은 어떻겠는가?

나는 세스와 클로에에게 수유를 아무 때나 하지 말고 시간에 맞춰 하면 이사벨라의 요구를 이해하기가 쉬워질 것이라고 설명했다. 그러면 아기가 울 때 '아, 아직은 배가 고픈 것이 아니야. 30분 전에 먹였으니까. 아마 가스가 찼을 거야' 하고 좀더 논리적으로 생각할 수 있을 것이다. 그리고 아기의 얼굴 표정과 신체 언어를 이해하기 시작하면 통증 때문에 우는 울음("음, 얼굴을 찡그리고 다리를 들어올리는 걸 보니…")과 피곤해서 우는 울음("두 번 하품을 했으니까…")의 차이를 구별하게 된다.

나는 규칙적인 일과를 실천하면 이사벨라의 잠버릇이 좋아지고 더 이상 까다로운 아기가 되지 않을 것이라고 장담했다. 무엇보다 아기 스스로 충분한 휴식을 취할 수 있을 뿐 아니라, 부모도 걷잡을 수 없는 울음이 터지기 전에 아기가 요구하는 것이 무엇인지 알 수 있게 된다.

"젖을 떼지 않아요"

모유 수유로 인해 소외감을 느끼거나 아내가 1년이 지나도록 계속 아이에게 젖을 먹이는 경우 아빠들에게 종종 듣는 말이다. 엄마가 젖을 떼지 못하는 이유가 바로 자기에게 있다는 사실을 모른다면 상황이 매우 힘들어질 수 있다. 내 생각에, 아기가 젖을 떼지 못하는 이유는 아기에게 있는 것이 아니라 거의 항상 엄마들에게 있다. 엄마들은 종종 아기에게 젖을 먹이면서 느끼는 친밀감과 자신만이 아기를 달랠 수 있다는 은밀한 자부심을 갖는다. 젖을 먹이면서 평화롭고 행복한 기분을 느낄 뿐 아니라 아기가 자신에게 의지하고 있다는 생각에 뿌듯해지기도 하는 것이다.

아드리아나는 나다니엘이 두 돌 반이 지났는데도 아직 젖을 먹이고 있었다. 남편 리처드는 더 이상 참을 수가 없었다.

"이 일을 어떻게 하면 좋죠, 트레이시. 나다니엘이 투정을 부릴 때마다 아내는 젖을 물립니다. 나에게는 그런 사실을 숨기고 있었어요. 모유수유협회에서 아기에게 젖을 줘서 달래는 것이 '자연스럽고 좋은' 거라고 했다더군요."

나는 아드리아나에게 그녀가 어떻게 느끼고 있는지 물었다.

"저는 나다니엘을 편안하게 해주고 싶어요, 트레이시. 아이에게는 내가 필요해요."

그러나 그녀는 남편이 점점 더 못마땅하게 생각하는 것을 알고 그 사실을 감추기 시작했다고 고백했다.

"남편에게는 나다니엘이 젖을 뗐다고 말했어요. 하지만 얼마 전에 친구 집의 일요일 바비큐 파티에 갔는데 나다니엘이 내 가슴을 잡아당기면서 떼를 썼죠. '찌찌 줘, 찌찌 줘' 하구요. 남편이 나를 흘겨보더군요. 그는 내가 거짓말했다는 것을 알고 엄청 화를 냈어요."

모유를 먹이고 싶어하는 엄마에게 마음을 바꾸라고 하는 것이 아니다. 그것은 매우 개인적인 문제다. 그러나 나는 아드리아나에게 적어도 남편에게는 솔직해야 한다고 충고했다. 그리고 무엇보다 가족 전체를 생각해야 한다고 강조했다. "내가 당신에게 젖을 떼라고 강요할

처지는 아니지만, 그것 때문에 가족들이 어떤 영향을 받고 있는지 생각해 봐요. 당신은 아기와 남편을 모두 생각해야 해요. 그런데 아기가 전부인 것 같군요." 그리고 덧붙여 말했다. "그리고 만일 당신이 나다니엘에게 남편 등 뒤에서 젖을 먹어도 된다는 생각을 하게 만든다면 아이까지 사람을 속이도록 만드는 겁니다."

나는 아드리아나에게 지금 어떤 일이 일어나고 있는지 그리고 젖을 먹이는 자신의 동기가 무엇인지 생각해 보라고 했다. 남편에게 거짓말을 하고 나다니엘에게 나쁜 본보기를 보여주는 결과를 감수하겠는가? 물론 그럴 리는 없었다. 단지 거기까지는 생각해 본 적이 없을 뿐이었다. "내가 보기에는 나다니엘은 이제 젖을 먹지 않아도 될 것 같군요." 내가 솔직하게 말했다. "문제는 엄마에게 있는 것 같아요. 그 문제가 무엇인지 스스로 생각해 봐요."

기특하게도 아드리아나는 정신적으로 중요한 발견을 했다. 그녀는 나다니엘을 자신이 직장에 나가지 않는 구실로 삼고 있다는 사실을 깨달았다. 그녀는 사람들에게 '간절하게' 직장에 다시 다니고 싶다고 이야기해 왔다. 그러나 속으로는 전혀 다른 생각을 하고 있었다. 그녀는 몇 년 더 쉬면서 나다니엘과 함께 있다가 아이를 하나 더 낳고 싶었다.

아드리아나는 마침내 남편에게 자신의 속마음을 털어놓았다. "남편은 대찬성이었어요." "그는 내가 돈을 벌지 않아도 된다고 하면서 저를 아이 엄마로서 자랑스럽게 생각한댔어요. 하지만 자신도 똑같은 부모라는 사실을 느끼고 싶어했죠." 아드리아나는 남편에게 진심으로 젖을 떼겠다고 말했다.

그녀는 처음에 낮 시간에만 젖먹이기를 중단했다. 어느 날 "이제 더 이상 찌찌는 안 돼! 잘 때만 줄 거야"라고 말했다. 그녀는 처음 며칠 동안 몇 차례 나다니엘이 그녀의 옷을 걷어올리려고 할 때마다 되풀이했다. "이제 찌찌는 안 돼!" 그리고 대신 컵으로 마시게 했다. 1주일 후에는 밤에도 젖먹이기를 중단했다. 나다니엘이 "5분만!"이라고 졸라댔지만 그녀는 계속해서 말했다. "더 이상 찌찌는 안 돼!" 나다니엘은 그로부터 2주를 더 조르다가 마침내 포기했다.

한 달 후 아드리아나가 찾아와서 말했다. "정말 놀랐어요. 마치 젖을 먹었다는 걸 전혀 기억하지 못하는 것 같아요. 믿어지지 않아요." 더 중요한 것은 아드리아나가 자신의 가족을 되찾은 것이다. "남편과 나는 다시 신혼생활을 하고 있답니다."

아드리아나는 자기성찰과 분별력에 관련된 귀중한 교훈을 얻었다. 부모가 되면 그 두 가지가 모두 필요하다. 이른바 '문제'라고 하는 것은 상당수, 엄마 아빠가 자신의 입장에서 아기를 생각하고 있다는 사실을 모르고 있기 때문에 생겨난다. 따라서 항상 자신에게 물어보아야 한다. "내가 이것을 하는 이유는 우리 아기를 위해서인가 나 자신을 위해서인가?"

나는 더 이상 아기를 안을 필요가 없는데도 안아주고, 젖을 줄 필요가 없는데도 젖을 먹이는 부모들을 자주 만난다. 아드리아나는 아이를 구실로 자신을 속이고 있었다. 게다가 그런 사실을 깨닫지 못하고 남편까지 속이고 있었다. 그녀가 일단 현실을 있는 그대로 보고, 자신과 남편에게 솔직해지고, 잘못된 상황을 고칠 수 있는 힘이 있다고 느끼자 자연히 더 훌륭한 부모, 더 훌륭한 아내 그리고 더 강한 사람이 될 수 있었다.

버릇 고치기

다음은 부모들이 종종 나에게 해결해 달라고 부탁하는 장기적인 문제들이다. 아기가 한 가지 이상의 문제를 갖고 있다면 한 번에 한 가지씩 해결해야 한다는 사실을 기억하자. 우선 자기 자신에게 물어보자. "무엇을 변화시키고 싶은가?" 그리고 "어떤 식으로 변화되기를 원하는가?" 수유와 잠버릇이 모두 문제라면 두 가지가 서로 관련되어 있는 경우가 많다. 하지만 아기가 자신의 침대에 혼자 있는 것을 두려워한다면 그 두 가지를 모두 해결할 수는 없을 것이다. 맨먼저 무엇을 해야 하는지를 생각할 때 상식적으로 판단하자. 해결책은 생각보다 가까운 곳에 있다.

결과	예상 내력	어떻게 할까
"우리 아기는 항상 안겨 있으려고 해요."	부모나 보모가 처음에 아기를 안아주기를 좋아했을 것이다. 아기가 안겨 있는 것에 익숙해지면 부모의 인생이 고달파진다.	아기가 위안을 필요로 하면 안아서 달래주어야 하지만 울기를 멈추면 바로 내려놓아야 한다. "나 여기 있다! 나는 아무 데도 가지 않았단다"라고 말하자.
"우리 아기는 거의 1시간 동안 먹는 것 같아요."	아기가 엄마젖을 위안으로 삼는 것일 수 있다. 엄마가 수유하면서 전화를 하거나 다른 일을 하면서 아기가 어떻게 먹고 있는지 주의를 기울이지 않는 것은 아닌가?	우선 아기가 열심히 빨면서 처음에 나오는 모유를 꿀꺽꿀꺽 넘기고 있는지 소리를 들어보자. 마침내 되직한 후반부의 모유가 나오면 아기는 길고 힘있게 빤다. 그냥 빨기만 할 때는 아기의 아래턱이 움직이는 것이 보여도 젖을 당기는 느낌은 없을 것이다. 아기가 어떻게 먹는지 주의해 보자. 45분 이상은 먹이지 말라.

결과	예상 내력	어떻게 할까
"우리 아기는 1시간이나 1시간 반마다 배고파해요."	아기의 신호를 잘못 이해하고 울 때마다 배고픈 것으로 해석하고 있을지 모른다.	젖병이나 엄마젖을 주는 대신 주변 환경을 바꾸어주거나 노리개젖꼭지를 물려서 빠는 욕구를 채워준다.
"우리 아기는 젖병이나 엄마젖을 물려야 잠들어요."	자기 전에 젖병이나 엄마젖을 기대하게끔 훈련시켰을 것이다.	아기를 E.A.S.Y.에 따라가게 하고 수면과 수유를 연결하지 않도록 한다.
"우리 아기는 5개월이 되었는데도 밤에 잠을 깨요."	낮과 밤이 바뀌었을지도 모른다. 임신 기간을 돌이켜보자. 태아가 주로 밤에 발로 차고 낮 동안에는 움직임이 없었다면 그런 신체 리듬을 갖고 태어날 수 있다. 또는 아기에게 처음 몇 주 동안 낮잠을 오래 재웠다면 거기에 익숙해진 것이다.	낮 동안 3시간마다 아기를 깨워서 습관을 바꾼다. 첫날은 낮에 피곤해하겠지만 이틀째에는 좀더 활발해지고 사흘이면 생체시계가 바뀔 것이다.
"우리 아기는 흔들어주지 않으면 잠을 자지 않아요."	아기의 수면 신호를 놓치는 바람에 아기가 지나치게 피곤해진 것인지도 모른다. 아니면 아기를 흔들어 재웠기 때문에 혼자 잠드는 법을 배우지 못했을 것이다.	첫 번째나 두 번째 하품을 살핀다. 만일 한동안 흔들면서 재워왔다면 아기가 흔드는 것과 수면을 연결시킬 것이다. 흔드는 것을 그만두려면 다른 습관으로 대체해야 한다. 아기를 안고 서 있거나 의자에 앉아서 흔드는 대신 속삭이고 다독여주자.

결과	예상 내력	어떻게 할까
"우리 아기는 하루종일 울어요."	말 그대로 하루종일 운다면 과식이나 과로 또는 지나친 자극이 문제일 수 있다.	아기가 하루종일 우는 일은 드물다. 의사와 상담해 보자. 만일 산통이라면 뾰족한 수가 없다. 사라질 때까지 참고 견뎌야 한다. 하지만 산통이 아니라면 부모의 태도를 바꾸어볼 필요가 있다. 어떤 경우든지 E.A.S.Y.와 '합리적인 재우기'로 대개 해결된다.
"우리 아기는 항상 밤에 깨서 칭얼거려요."	성격에 관계없이, 충분한 잠을 자지 못하면 밤에 깨서 칭얼거릴 수 있다. 만일 아기가 잠들려고 할 때 부모가 끼여들면 충분한 휴식을 취하지 못할 수 있다.	아기가 칭얼거리는 소리를 듣자마자 뛰어들어가지 말자. 몇 분 동안 기다리면서 다시 스스로 잠들게 하자. 낮잠을 좀더 재우자. 아기가 지나치게 피곤하면 밤에 오히려 잠을 잘 자지 못한다.

에필로그

베이비 위스퍼러의 조언

신중하게 흐트러짐 없이 발걸음을 옮기면서 인생의 균형을 유지해야 한다.

민첩하고 요령 있게 걷는 것을 잊지 말라. 절대 오른발과 왼발이 엉키면 안 된다.

그러면 성공할 수 있을까? 물론! 성공할 것이다!

—세스 박사의 『멋진 곳을 향해 가자!』 중에서

누구나 훌륭한 부모가 될 수 있다

이 책을 끝내면서 여러분에게 하고 싶은 말은, 아기를 키우면서 즐거운 시간을 만끽하라는 것이다. 여러분이 부모로서 좋은 시간을 갖지 못한다면 '베이비 위스퍼러'의 조언은 아무 쓸모도 없다. 물론 어려운 일이라는 것을 알고 있다. 특히 처음 몇 달 동안 산모가 지쳐 있을 때가 가장 힘들다. 하지만 부모가 된다는 것이 얼마나 특별한 선물인지 기억해야 한다.

또한 아기를 키우는 것은 우리가 해왔던 그 어떤 일보다 훨씬 더 중요하게 생각해야 하는 평생의 사명임을 기억하자. 우리는 한 사람을 지도하고 구현하는 책임을 지고 있으며, 그보다 위대하고 숭고한 임무는 없다. 그 출발이 특히 힘들 때 좀더 멀리 앞을 내다보자. 갓난아기를 돌보는, 두렵기도 하고 소중하기도 한 시간은 순식간에 지나가 버린다. 언젠가는 지금의 달콤하고 단순한 시간을 아쉬워하면서 돌아보게 된다는 말이 조금이라도 의심스럽다면 먼저 아기를 키운 부모들이 하는 말을 들어보라. 그 시간은 마치 레이더에 잠깐 '반짝' 하고 나타나는 수신음처럼, 한순간에 우리 인생에서 사라져버렸다고 모두들 안타까워할 것이다.

나는 여러분이 아기를 키우면서, 아무리 어려울 때라도 그 순간을 즐길 수 있기를 바란다. 나의 목표는 단순히 정보나 기술을 제공하는 것보다 여러분 스스로 자신감을 갖고 문제를 해결할 수 있는 능력을 갖추도록 하는 것이다.

누구나 훌륭한 부모가 될 수 있는 능력을 갖고 있다. 지금껏 내가 이 책에 소개한 비밀은 더 이상 나 혼자만의 것이 아니다. 여러분이 이 비밀들을 활용해서 아기를 진정시키고 서로 교감하고 의사소통을 하는 경이로운 순간을 즐길 수 있기 바란다.

옮긴이의 말

영국 작가인 P.L. 트레버스의 동화에 등장하는 메리 포핀스는 우산을 타고 하늘에서 내려와 아이들을 꿈과 모험의 나라로 안내한다. 영국의 보모들은 메리 포핀스처럼 마술을 부리지는 않아도 전문 교육기관이나 대학에서 교육을 받고 자격증을 취득한 후에 "자질과 소명의식을 가지고 철저하게 준비를 하는 전문 직업인"으로 활동한다. 가정교육을 중시하는 영국에서 보모는 아이들에게 어렸을 때부터 실생활을 통해 올바른 예절과 인성을 가르치는 입주 가정교사에 가깝다. 황태자비 다이애너도 결혼 전에는 보모였다고 한다.

영국 태생의 보모인 저자는 이 책에서 20년이 넘는 세월 동안 5,000명 이상의 아기들을 직접 보살피면서 터득한 비법을 고스란히 전수해준다. 무엇보다, 풍부한 경험을 바탕으로 육아에 관한 지식을 전달하는 차원을 넘어서 부모들 스스로 어려움과 문제점들을 진단하고 해결할 수 있는 마음자세를 갖추게 해준다. 마치 할머니가 귀한 손자를 키우는 며느리에게 특별한 지혜를 담은 편안하고 정감에 넘치는 이야기를 들려주는 듯하다.

엄마들은 종종 첫아이는 키우기가 까다로웠는데 둘째아이는 훨씬 수월하다는 말들을 한다. 첫아이 때는 너무 힘들어서 아이를 키우는 재미도 느끼지 못하고 아이가 예쁜 줄도 잘 모르고 지나갔다고 한다. 이 책을 읽어보면 그 이유는 분명 아이가 아닌 부모에게 있는 것 같다. 둘째아이가 훨씬 수월하게 느껴지는 건 첫아이를 키우면서 당황하지 않고 느긋하게 여유를 갖는 법을 배우기 때문이다. 초보엄마들은 문제가 생기면 허둥지둥하다가 마음에 두고 있던 원칙이나 일관성은 모두 포기하고 아이의 버릇을 잘못 들이기 때문에 점점 더 어려워질 수밖에 없다.

아이를 키우는 엄마이고 독자의 한 사람으로서 공감가는 부분이 매우 많았다. 무엇보다도 아기가 태어났을 때부터 규칙적인 생활습관을 통해 먹고 자는 가장 근본적인 문제를 바로잡아야 한다는 것에는 고개를 끄덕일 수밖에 없었다. 실제로 아이들이 커가는 모습을 지켜보노라면 세상을 긍정적이고 적극적으로 마주하는 태도와 능력이 처음 태어나서부터 먹고 자는 가장 기본적인 욕구를 해결하는 습관에서 시작되는 것 같다는 생각이 든다. 저자의 육아방식이 추구하는 궁극적인 목적은 "아기에게 지식보다는 자연스러운 호기심과 예절, 즉 세상이 어떻게 움직이며 사람들과 어떤 식으로 소통하는지를 가르쳐주는 것이다. 그러면 아기를 더 똑똑하게 만들 수 없을지는 모르지만(똑똑해질 수도 있다) 적어도 원만하고 밝은 성격으로 자랄 수 있다"라는 말에서 알 수 있다.

그런 의미에서 이 책은 초보엄마들이 꼭 한 번쯤 읽어보아야 할 육아서이다. 물론 이 책에서 제안하는 방법들을 어느 정도 적용해서 얼마만큼 도움을 받을 수 있는지는 결국 독자들에게 달려 있다. 그리고 요즘에는 육아잡지나 인터넷을 통해 얼마든지 요긴한 육아 정보를 얻을 수 있다. 하지만 이 책을 읽고 부모로서 아이를 소신 있게 키울 마음가짐과 자세를 갖출 수 있다면 충분히 값진 소득이라고 본다.

이 책은 여러모로 아주 특별하다. 또 다른 장점은 경험이 풍부한 보모의 기지에 넘치는 말솜씨와, 가정문제에 관한 글을 전문적으로 집필하는 작가의 뛰어난 글솜씨가 한데 어우러진 역작이어서 여느 육아서와는 달리 읽는 재미가 남다르다는 것이다. 역자로서는 원서의 재미를 충분히 전달할 수 있었는지 조심스러운 마음이 들기도 한다. 입양 관련 자료를 제공해주신 홀트 아동복지회 노혜정 선생님께 감사드린다.

2001년 10월

노혜숙

찾아보기

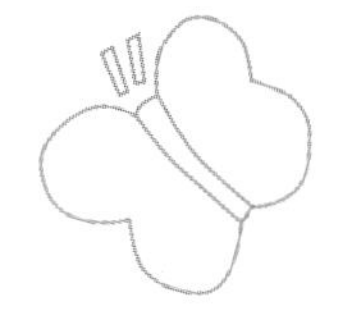

ㄱ

ㄴ

ㄷ

ㄹ

ㅁ

ㅂ

ㅅ

ㅇ

ㅈ

ㅊ

ㅌ

ㅍ

ㅎ